Datenbasierte Beschreibung der Prozessperformance in der Auftragsabwicklung

Data-based Description of Process Performance in Order Processing

Von der Fakultät für Maschinenwesen
der Rheinisch-Westfälischen Technischen Hochschule Aachen
zur Erlangung des akademischen Grades eines
Doktors der Ingenieurwissenschaften
genehmigte Dissertation

vorgelegt von

Seth Schmitz

Berichter:

Univ.-Prof. Dr.-Ing. Dipl.-Wirt. Ing. Günther Schuh
Univ.-Prof. h. c. Dr. h. c. Dr. ir. Wil van der Aalst

Tag der mündlichen Prüfung: 07. April 2022

ERGEBNISSE AUS DER PRODUKTIONSTECHNIK

Seth Schmitz

Datenbasierte Beschreibung der Prozessperformance in der Auftragsabwicklung

Herausgeber:
Prof. Dr.-Ing. T. Bergs
Prof. Dr.-Ing. Dipl.-Wirt. Ing. G. Schuh
Prof. Dr.-Ing. C. Brecher
Prof. Dr.-Ing. R. H. Schmitt

Band 23/2022

WZL | RWTH AACHEN UNIVERSITY

Fraunhofer IPT

Bibliografische Information der Deutschen Nationalbibliothek
Die Deutsche Nationalbibliothek verzeichnet diese Publikation in der Deutschen Nationalbibliografie; detaillierte bibliografische Daten sind im Internet über https://portal.dnb.de abrufbar.

Seth Schmitz:

Datenbasierte Beschreibung der Prozessperformance in der Auftragsabwicklung

1. Auflage, 2022

Gedruckt auf holz- und säurefreiem Papier, 100% chlorfrei gebleicht.

Apprimus Verlag, Aachen, 2022
Wissenschaftsverlag des Instituts für Industriekommunikation und Fachmedien an der RWTH Aachen
Steinbachstr. 25, 52074 Aachen
Internet: www.apprimus-verlag.de, E-Mail: info@apprimus-verlag.de

Druck: CPI Druckdienstleistungen GmbH, Ferdinand-Jühlke-Straße 7 | 99095 Erfurt

ISBN 978-3-98555-079-1

D 82 (Diss. RWTH Aachen University, 2022)

Vorwort

Die vorliegende Dissertation entstand während meiner Zeit als wissenschaftlicher Mitarbeiter am Lehrstuhl für Produktionssystematik des Werkzeugmaschinenlabors WZL der RWTH Aachen University. Mein besonderer Dank gilt meinem Doktorvater Herrn Professor Günther Schuh für die Möglichkeit der Promotion. Sein Vertrauen und das von ihm geschaffene einzigartige und praxisnahe Umfeld waren Grundlage und Antrieb für die Realisierung dieser Arbeit. Mein Dank gilt zudem Herrn Professor Wil van der Aalst für die Übernahme des Koreferats. Als Gründungsvater des Process Minings haben seine inspirierende Art, sein hoher Praxisbezug und die wertvollen Diskussionen meine Begeisterungen für das Themengebiet geprägt. Ebenso danke ich Frau Professorin Julia Kowalski für die Übernahme des Prüfungsvorsitzes und Frau Professorin Kirsten Bobzin für die Übernahme des Prüfungsbeisitzes.

Für die unvergessliche Zeit möchte ich mich bei meinen ehemaligen und heutigen Kolleginnen und Kollegen am WZL, insbesondere in der Abteilung Produktionsmanagement, bedanken. Durch eine überdurchschnittliche Leistungsbereitschaft, gepaart mit einem freundschaftlich-kollegialem Umgang, habt ihr es geschafft, ein Umfeld zu erzeugen, in dem ich mich stets äußerst wohlgefühlt habe und wo zahlreiche Freundschaften bestehen und entstehen konnten. Meinen Oberingenieuren Dr. Jan-Philipp Prote und Dr. Andreas Gützlaff möchte ich für die Förderung und Forderung rund um mein Dissertationsthema danken. Auch möchte ich mich bei meinen studentischen Mitarbeiterinnen und Mitarbeitern sowie Abschlussarbeiterinnen und Abschlussarbeitern für die wertvolle Unterstützung bedanken.

Mein größtmöglicher Dank gilt meiner Familie. Meine Mutter, mein Vater, meine Brüder sowie meine Großeltern haben mich bei all meinen Entscheidungen in meinem Leben vorbehaltlos und immerwährend unterstützt. Ich möchte mich bei euch für den andauernden Zuspruch, das Vertrauen und den Rückhalt zutiefst bedanken. Mein tiefster Dank gilt abschließend Dir, Antonie, für die vielen entbehrten Stunden, Deine unendliche Geduld, Deine unbeschreibliche Liebe und Deine bedingungslose Unterstützung in allen Lebensphasen. Euch widme ich diese Arbeit.

Aachen, im April 2022

Seth Schmitz

Inhaltsübersicht

Inhaltsverzeichnis

Abbildungsverzeichnis

Formelzeichenverzeichnis

$\forall$	-	Für alle
Δt	-	Zeitintervall
%	-	Prozent
A	-	Menge Anforderungen aus Anforderungsanalyse
a	-	Aktivität
b_i	{0,1}	Kundenauftrag wurde zum vereinbarten Zeitpunkt fertiggestellt (1) oder nicht (0)
D	-	Datenverfügbarkeit des AoEL
$\in$	-	Element
$d_{i,j}$	{0,1}	Ereignis ist durch Flattening entstanden (1) oder nicht (0)
E_i	-	Anzahl der Ereignisse der Spur i
EL_i	-	prozessspezifische Ereignislogs
f	-	Abbildung
G	-	Übertragungsfunktion
i	-	Objekttyp
inf	-	Infimum, untere Grenze
J	-	Menge der Objekte eines Objekttyps
j	-	Objekte
$klVE_i$	-	objekttypspezifisch kleinste Verrechnungseinheit
m	-	Anzahl an Reihen des Ereignislogs
N	-	Anzahl zurückgemeldete Aktivitäten
n	-	Anzahl an Spalten des Ereignislogs

n_{Ende}	-	Letztes Ereignis des Clusters
n_{Start}	-	Erstes Ereignis des Clusters
o_{ji}	-	Objekt j des Objekttyps i
OT_E	-	Objekttyp der kleinsten Verrechnungseinheit
OT_M	-	Objekttyp der Zielmenge
OT_N	-	Objekttyp der Ausgangsmenge
ρ_A	-	Aktivitätsdichte der Auftragsabwicklung
$\rho_{A,max}$	-	Grenzdichte
p_{i,i_2}	{0,1}	Ob Spur i gleiche Aktivitäten für alle Ereignisse enthält wie Spur i_2
$\rho_{nStart,nEnde}$	-	Aktivitätsdichte von Aktivität n_{Start} bis n_{Ende}
PPI_D	-	Prozesszeit der Auftragsabwicklung
$PPI_{D,a}$	-	Prozesszeit einer Aktivität a
$PPI_{D,i}$	-	Prozesszeit einer Spur i der Auftragsabwicklung
PPI_R	-	Auftragsreaktionszeit der Auftragsabwicklung
$PPI_{R,i}$	-	Auftragsreaktionszeit einer Spur i
PPI_T	%	Termintreue der Auftragsabwicklung
$PPI_{T,a}$	%	Termintreue einer Aktivität a
$PPI_{T,i}$	%	Termintreue einer Spur i der Auftragsabwicklung
PPI_V	-	Prozessverzögerung der Auftragsabwicklung
PPI_Z	%	Prozesszuverlässigkeit der Auftragsabwicklung
$PPI_{Z,a}$	%	Prozesszuverlässigkeit einer Aktivität a
$PPI_{Z,i}$	%	Prozesszuverlässigkeit einer Spur i
T	-	Anzahl an Spuren
$\tau_{i,a}$	{0,1}	Aktivität a wird in Spur i genau einmal durchgeführt (1) oder nicht (0)
u	-	Anzahl an Objekten eines Objekttyps pro Ereignis
X	-	Eingangsgröße

$x_{i,j,a}$	{0,1}	Aktivität ist im Ereignis enthalten oder nicht
Y	-	Ausgangsgröße
$y_{i,j}$	{0,1}	Das auftragsspezifische Ereignis j einer Spur i wurde am geplanten Ende fertiggestellt oder nicht
ZA_i	-	Zeitpunkt des Kundenauftragseingangs der Spur
$ZB_{i,1}$	-	Startzeit des ersten Ereignisses der Spur
$ZB_{i,j}$	-	Startzeit des Ereignisses j in der Spur i
ZG_{i,E_i}	-	Geplantes Bearbeitungsende des Kundenauftrags der Spur i
$ZG_{i,j}$	-	Geplantes Bearbeitungsende des Ereignisses j der Spur i
$z_{i,a}$	{0,1}	Aktivität a wird im Auftragsdurchlauf i mindestens einmal durchgeführt oder nicht
ZS_{i,E_i}	-	Endzeit des letzten Ereignisses der Spur
$ZS_{i,j}$	-	Endzeit des Ereignisses j in der Spur i

Abkürzungsverzeichnis

A-G	Teilschritte der Auftragsbearbeitung
AB	Auftragsbestätigung
AE	Auftragseingang
AG	Aktiengesellschaft
AK	Informationsbedarfe aus den Auftragsketten
Akt.	Aktivität
AoEL	Angereicherter oEL der Auftragsabwicklung
$AoEL_{PM}$	Objektzentrierter Ereignislog für die Prozessbeschreibung
$AoEL_{PPI}$	Objektzentrierter Ereignislog für die PPI
ARIS	Architektur Integrierter Informationssysteme
Artikelnr.	Artikelnummer
AUF	Informationsbedarfe aus der Auftragsabwicklung
Auftragsan.	Auftragsannahme
B2B	Business-to-Business
B2C	Business-to-Customer
BDE	Betriebsdatenerfassung
BPM	Business Process Management
BPD	Business Process Diagram
BPMN	Business Process Model and Notation
bspw.	beispielsweise
bzgl.	bezüglich
bzw.	beziehungsweise
Co.	Compagnie
CRM-System	Customer-Relationship-Management-System
CSV	Comma-separated Values (Dateiformat)

d.h.	das heißt
DD	Tag
DFG	Direct-Follows-Graph
DFG	Deutsche Forschungsgemeinschaft
DFM	Directly-Follows-Multigraph
DIK	Data-Information-Knowledge
DIW	Daten-Information-Wissen
DSL	Domain Specific Language
dt.	deutsch
E	Ereignis
e.V.	eingetragener Verein
EL	Ereignislog
engl.	englisch
EPK	Ereignisgesteuerte Prozessketten
ERP-System	Enterprise-Resource-Planning-System
et al.	et alii
ETL	Extrahiert, Transformiert, Geladen (extract, transform, load)
f.	folgend
FE	Freigabe
Fertigungsauf.	Fertigungsauftrag
Fertigungsb.	Fertigungsbezogen
Fertigungsnr.	Fertigungsnummer
ff.	fortfolgend
ggf.	gegebenenfalls
GmbH	Gesellschaft mit beschränkter Haftung
hh	Stunde
i.A.	im Allgemeinen
i.d.R.	in der Regel
IAO	Fraunhofer Institut für Arbeitsorganisation
ID	Identifikator
IEEE	Institute of Electrical and Electronics Engineers
ISO	International Organization for Standardization

KAEP	Kundenauftragsentkopplungspunkt
Kap.	Kapitel
klVE	kleinste Verrechnungseinheit
KPI	Schlüsselperformanceindikatoren
L	Liste
MA	Informationsbedarfe aus den Mindestanforderungen für PM
MDPM	Multidimensionales Process Mining
ME-System	Manufacturing-Execution-System
MM	Monat
Mm	Minute
Montageauf.	Montageauftrag
Montagebez.	Montagebezogen
MS	Microsoft
MVD	Minimum Viable Dataset
MVM	Multiple Viewpoints Models
MXML	Mining eXtensible Markup Language
N.V.	Naamloze Venootshap/Namenlose Partnerschaft
NoSQL	No Structured Query Language
O2C	Order-to-Cash
OCBC	Object-Centric Behavioral Constraint
oEL	objektzentrierter Ereignislog
OT	Objekttyp/Objekttypen
OT_i	Beliebiger Objekttyp
OT_{PPI}	Festgelegter OT zur Beschreibung der Prozessperformance
PAIS	Process-Aware Information Systems
PI	Performanceindikatoren
PPI	Prozessperformanceindikatoren
PM	Process Mining
PM^2	Process Mining Project Methodology
PPS	Produktionsplanung und -steuerung
RWTH	Rheinisch-Westfälische Technische Hochschule
S.	Seite

s.	siehe
SIPOC	Supplier, Input, Process, Output, Customer
SMART	Spezifisch, Messbar, Erreichbar, Relevant, Terminiert
sog.	sogenannter/sogenanntes/sogenannte
ss	Sekunde
u.	und
u.a.	unter anderem
u.s.w.	und so weiter
UML	Unified Modeling Language
Verknüpf.	Verknüpfung
VDI	Verein Deutscher Ingenieure
Versandbez.	Versandbezogen
vgl.	vergleiche
WMM	Warehouse Management Modul
WZL	Werkzeugmaschinenlabor WZL der RWTH Aachen University
XES	eXtensible Event Stream (Dateiformat)
Xlsx	Excel Spreadsheet
XOC	eXtensible Object-Centric (Dateiformat)
YYYY	Jahr

Zusammenfassung

Die Verbesserung des unternehmerischen Auftragsabwicklungsprozesses ist für produzierende Unternehmen essenziell, um wettbewerbsfähig zu bleiben. Hierzu werden in der Praxis Prozessoptimierungen durchgeführt mit dem Ziel, die Prozesseffizienz zu verbessern. Grundlage zur Verbesserung der Auftragsabwicklung ist die Beschreibung der Prozessperformance, um darauf aufbauend Analysen durchzuführen und Verbesserungsmaßnahmen abzuleiten. Die Beschreibung der Prozessperformance berücksichtigt dabei die Illustrierung des Auftragsabwicklungsprozesses sowie die Quantifizierung von Prozessperformanceindikatoren für die gesamte Auftragsabwicklung.

Traditionelle Methoden zur Beschreibung der Prozessperformance sind jedoch durch hohe Subjektivität und Aufwände geprägt und werden in der Praxis nicht auf die gesamte Auftragsabwicklung angewendet. Daraus resultieren unvollständige Prozessperformancebeschreibungen, die zu unfundierten Entscheidungsgrundlagen zur Ableitung von Verbesserungsmaßnahmen führen. Stattdessen bedarf es einer Anwendung aufwandsgerechter und faktenbasierter Ansätze auf die gesamte Auftragsabwicklung. Die Analyse bestehender Praxis- und Forschungsansätze zeigt, dass die aus den Herausforderungen resultierenden Anforderungen nicht voll erfüllt werden.

Das Ziel der vorliegenden Arbeit ist daher die objektive und aufwandsgerechte Beschreibung der Prozessperformance der Auftragsabwicklung, indem basierend auf Rückmeldedaten die Prozesse beschrieben werden und Prozessperformanceindikatoren quantifiziert werden. Die entwickelte Methodik setzt sich aus drei zusammenhängenden Lösungsmodulen zusammen. Grundlage ist die Ableitung und Strukturierung benötigter Datenbedarfe für Unternehmen, um die Prozessperformance der Auftragsabwicklung zu beschreiben. Darauf aufbauend wird die Vorgehensweise zur datenbasierten Prozessperformancebeschreibung erläutert und ein Modul zur verwertungsneutralen Visualisierung der Ergebnisse präsentiert. Die drei entwickelten Lösungsmodule der Methodik werden anhand von Fallbeispielen in der Praxis validiert.

Summary

The improvement of the end-to-end order processing process is essential for manufacturing companies to stay competitive. Therefore, process optimizations are practiced to improving process efficiency. The improvement of the order processing process is based on process performance descriptions to derive improvement measures based on analyses. The description of process performance includes the illustration of the end-to-end order processing process as well as the quantification of process performance indicators for the entire order processing process.

In practice, traditional methods for process performance descriptions are characterized by high subjectivity and effort and are not applied to the entire order processing process. This results in incomplete process performance descriptions that lead to unsubstantiated decision-making bases for deriving process improvement measures. Instead, effortless and fact-based approaches that are applied to the entire order processing process are needed. The analysis of existing practice and research approaches shows that the requirements resulting from these challenges are not fully met.

Therefore, this dissertation aims to describe the process performance of order processing processes in an objective and effortless manner by describing processes and quantifying process performance indicators based on feedback data. The developed methodology consists of three interrelated solution modules. The basis is the derivation and structuring of required data for companies to describe the process performance of order processing. Based on this, the procedure for data-based process performance descriptions is described and a module for a valuation-neutral visualization of the results is presented. The three developed solution modules of the methodology are validated in practice by case studies.

1 Einleitung

Zu Beginn der Dissertationsschrift wird die Motivation für das Forschungsvorhaben dargelegt (vgl. Kapitel 1.1). Sodann erfolgen die Beschreibung der Zielsetzung sowie die Formulierung der Haupt- und Teilforschungsfragen für das Dissertationsvorhaben in Kapitel 1.2. Anschließend werden die der Arbeit zugrundeliegenden forschungsmethodischen Rahmen erläutert (vgl. Kapitel 1.3), bevor die Erklärung des Aufbaus der Arbeit die Einleitung abschließt (vgl. Kapitel 1.4).

1.1 Motivation

Produzierende Unternehmen fertigen Sachleistungen, welche die Bedürfnisse und Erwartungen von Kunden erfüllen und den wirtschaftlichen Unternehmenserfolg sicherstellen. Die Leistungserzeugung ist dabei das Prozessergebnis vieler beteiligter Prozesse.[1] Um wettbewerbsfähig zu bleiben, ist es für produzierende Unternehmen essenziell, die Effizienz der Unternehmensprozesse kontinuierlich zu verbessern.[2] Die Effizienz der Unternehmensprozesse gibt an, wie wirtschaftlich Umsatz und Unternehmenserfolg durch das bereitgestellte Prozessergebnis erzielt werden und wird durch die Prozessperformance (vgl. Kapitel 2.2.1) gemessen. Die Prozessperformance beschreibt die Leistung eines Prozesses im Hinblick auf definierte Zeit-, Kosten- oder Qualitätsziele.[3] In einer Studie des Fraunhofer Institut für Arbeitsorganisation (IAO) mit 193 produzierenden Unternehmen konnte die Wichtigkeit einer hohen Prozessperformance im Hinblick auf die Wettbewerbsfähigkeit von Unternehmen festgestellt werden. Indikatoren wie hohe Termintreue, kurze Prozessdurchlaufzeiten oder hohe Prozesstransparenz wurden in der Studie als wichtigste Ziele zur nachhaltigen

1 vgl. Schmelzer, H./Sesselmann, W. (2020) Geschäftsprozessmanagement, S. 63.
2 vgl. Kasim, T./Haracic, M./et al. (2018) The Improvement, S. 31 f.
3 vgl. van der Aalst, W. (2016) Process mining, S. 85.

Sicherstellung des Unternehmenserfolgs bewertet.[4] Dies bestätigt eine Studie der Unternehmensberatung Deloitte mit 106 Teilnehmern, in der die Steigerung der Prozesstransparenz sowie die Durchlaufzeitenreduzierung als wichtige Befähiger zur Verbesserung des Unternehmenserfolgs genannt werden.[5]

Für die Wettbewerbsfähigkeit eines Unternehmens ist der unternehmensspezifische Auftragsabwicklungsprozess von besonderer Relevanz.[6] Als Kernprozess eines Unternehmens umfasst der Auftragsabwicklungsprozess alle Geschäftsaktivitäten zur Erfüllung von Kundenaufträgen (vgl. Kapitel 2.1.2.3). In einer Studie der Unternehmensberatung BearingPoint zum Thema Digitalisierung gaben über 80 % der produzierenden Unternehmen an, dass die Unterstützung der Prozessperformance der Kernprozesse (d.h. Auftragsabwicklungsprozesse) das wichtigste Ziel ist.[7] Zur fundierten Steigerung der Wettbewerbsfähigkeit muss die Prozessperformance folglich entlang des gesamten Auftragsabwicklungsprozesses beschrieben werden.[8]

Zur Beschreibung der Prozessperformance werden Unternehmensprozesse beschrieben und Prozessperformanceindikatoren quantifiziert, was als Grundlage zur Prozessoptimierung dient (vgl. Kapitel 2.2.1.3). Prozessoptimierungen werden jedoch in 96 % der Fälle lediglich auf Produktionsbereiche angewendet.[9] Aufgrund mangelnder Berücksichtigung der gesamten Auftragsabwicklung bleiben Optimierungspotenziale somit verborgen. Die Fokussierung einzelner Prozesse reicht nicht aus, da die Summe optimierter Einzelprozesse nicht das Optimum für den Gesamtprozess ergibt. Vielmehr resultieren aus fragmentierten Einzelprozessoptimierungen Rahmenbedingungen, die sich negativ auf die vor- oder nachgelagerten Prozessbereiche auswirken und so die Gesamtprozessperformance verschlechtern.[10] Um die verbleibenden Potenziale zu heben, müssen Prozessoptimierungen, und damit Prozessperformancebeschreibungen, auf den gesamten Auftragsabwicklungsprozess angewendet werden.

---

4 vgl. Hämmerle, M./Rally, P./et al. (2010) Wertschöpfung steigern, S. 43.

5 vgl. Galic, G./Wolf, M. (2021) Delivering Value with, S. 10 f.

6 vgl. Dombrowski, U./Kubin, G./et al. (2020) Reifegradbasierte Implementierung, S. 904.

7 vgl. Bahrenburg, S./Görtzen, M. (2016) Reifegrad und Relevanz, S. 4.

8 vgl. Blasini, J./Leist, S./et al. (2018) Blasini et al. 2018, S. 53.

9 vgl. Schuh, G./Gützlaff, A./et al. (2020) Data-based description, S. 381.

10 vgl. Kletti, J./Schumacher, J. (2014) Die perfekte Produktion, S. 38.

Zur Beschreibung der Prozessperformance existieren eine Vielzahl an traditionellen Methoden (bspw. Wertstromdesign). Aus den traditionellen Methoden resultieren jedoch subjektive, statische sowie unvollständige und unfundierte Prozessperformancebeschreibungen.[11] So werden bspw. Prozesse durch Interviews, Workshops, Beobachtungen und Fragebögen aufwendig über mehrere Wochen aufgenommen und (trotzdem) oft lückenhaft dokumentiert.[12] Damit bilden nicht reale, sondern illusionistische und subjektive Beschreibungen der Prozessperformance die Grundlage für Prozessoptimierungen.[13] KNOLL ET AL. betonen, dass traditionelle Methoden in der industriellen Praxis aufgrund der Vielzahl an produktspezifischen Prozessen und zeitbezogenen Dynamiken nicht ökonomisch anwendbar sind.[14] Um die Wirksamkeit von Prozessoptimierungen zu erhöhen, braucht es folglich eine aufwandsarme, faktenbasierte und objektive Beschreibung der Prozessperformance der Auftragsabwicklung.[15]

Um fundierte Schlüsse aus der Beschreibung der Prozessperformance der Auftragsabwicklung zu ziehen, ist die Data-Analytics-Technologie Process Mining ein vielversprechender Ansatz. Process Mining erkennt, überwacht und verbessert reale Prozesse durch Extrahieren von Wissen aus Ereignisdaten. Damit setzt Process Mining dort an, wo traditionelle Prozessperformancebeschreibungen an ihre Grenzen stoßen, indem datenbasiert die realen Geschäftsprozesse dynamisch, transparent, aufwandsarm und objektiv dargestellt werden.[16] Anwendungsfälle in der Praxis affirmieren den quantitativen Nutzen von Process Mining zur Beschreibung der Prozessperformance. Der Industriekonzern *Siemens AG* konnte durch Anwendung von Process Mining Kosten in zweistelliger Millionenhöhe einsparen, die manuelle Nacharbeit um 11 % reduzieren sowie über 10 Millionen manuelle Aktivitäten eliminieren.[17] In Analogie zur persönlichen Hygiene wird die Beschreibung der Prozessperformance mittels Process Mining auch als Prozesshygiene verstanden, welche essenziell für die „Gesundheit“ und

---

[11] vgl. van der Aalst, W. (2016) Process mining, S. 56; Lugert, A. (2019) Dynamisches Wertstrommanagement, S. 100 f.; Peters, R./Nauroth, M. (2019) Process-Mining, S. 25; Flack, C./Dreher, S./et al. (2020) Process Mining, S. 829.

[12] vgl. Dumas, M./La Rosa, M./et al. (2018) Fundamentals of Business, S. 175 f.

[13] vgl. Peters, R./Nauroth, M. (2019) Process-Mining, S. 17 f.

[14] vgl. Knoll, D./Reinhart, G./et al. (2019) Enabling value stream, S. 130.

[15] vgl. Schuh, G./Gützlaff, A./et al. (2020) Data-based description, S. 381 f.

[16] vgl. Reinkemeyer, L. (2020) Process Mining, S. 3 ff.

[17] vgl. van der Aalst, W./Carmona, J./et al. (2019) A Tour in, S. 8; Nguyen, G.-T. (2020) Siemens: Driving Global, S. 53.

das „Wohlbefinden" des Unternehmens ist und deren Nichtanwendung Rechtfertigung erfordert.[18] Obwohl sich bereits diverse Publizierende und Unternehmen mit der Anwendung von Process Mining auseinandergesetzt haben, mangelt es an einer praxistauglichen Anwendung von Process Mining zur Beschreibung der Prozessperformance der Auftragsabwicklung.[19] An dieser Stelle setzt die vorliegende Arbeit an.

1.2 Zielsetzung und Konzeption der Forschungsfrage

Das Ziel der vorliegenden Dissertation ist, ein praxistaugliches Vorgehen zur datenbasierten Beschreibung der Prozessperformance der Auftragsabwicklung zu entwickeln. Das Vorgehen soll eine fundierte Grundlage zur Steigerung des wirtschaftlichen Unternehmenserfolges schaffen. Im Fokus steht die Beschreibung multipler Auftragsarten des Auftragsabwicklungsprozesses mit anwendungstauglichen Process-Mining-Verfahren. Dies stellt eine der größten Herausforderungen in der Praxis dar.[20] Die datenbasierte Beschreibung der Prozessperformance fusioniert sich aus einer datenbasierten Prozessbeschreibung und der Quantifizierung von Prozessperformanceindikatoren. Dabei sind die Schaffung von Transparenz der Auftragsabwicklung sowie die Quantifizierung der zeitlichen Prozessperformance zur Messung der Prozesseffizienz relevante Komponenten der Prozessperformancebeschreibung.[21] Zur Zielerreichung wird die Methodik in drei wesentliche Bausteine unterteilt: Das Eingangsmodul, zur Definition der erforderlichen Datenbedarfe, das Vorgehensmodul, welches die Vorgehensweise zur separierten Beschreibung des Auftragsabwicklungsprozesses und zugehöriger Indikatoren spezifiziert, sowie das Ergebnismodul, welches die Prozessperformance zur domänenwissensunabhängigen Analyse bewertungs- und anwendungsneutral in einem Prozessabbild darstellt.

Nach der Konstruktionsstrategie empirischer Forschung von KUBICEK wird Forschung als ein Lernprozess verstanden, der auf Erfahrungswissen beruht und in dem durch Beantwortung von theoretisch geleiteten Fragen an die Realität neues Erfahrungswissen und Realitätsbilder gewonnen werden. Die Beantwortung der Fragen geschieht

---

[18] vgl. van der Aalst, W. (2020) Academic View: Development, S. 195.

[19] vgl. Schuh, G./Gützlaff, A./et al. (2020) Data-based description, S. 381 f.

[20] vgl. van der Aalst, W. (2020) Academic View: Development, S. 191-193.

[21] vgl. Galic, G./Wolf, M. (2021) Delivering Value with, 11 u. 21; Utescher-Dabitz, T./Mix, L./et al. (2021) Arbeitswelt der Zukunft, S. 10.

dabei im Wechselspiel von verfahrens- und datentechnischen Komponenten mit konzeptionellen Komponenten. Elementar für den Lernprozess durch Forschung sind die Motivation, die Zielformulierung und das Vorverständnis des Autors für das zugrundeliegende Praxisproblem, welches sich durch Forschungsfragen formulieren lässt.[22] Aus den vorangegangenen Erläuterungen lässt sich daher die der Forschungsarbeit zugrundeliegende Hauptforschungsfrage nachfolgend explizit formulieren:

Wie kann die Beschreibung des Auftragsabwicklungsprozesses durch Anwendung von Process-Mining-Verfahren aufwandsgerecht und objektiv gestaltet werden?

Das der Hauptforschungsfrage zugrundeliegende Vorverständnis des Autors lässt sich nach KUBICEK in einem heuristischen Bezugsrahmen abbilden. Der heuristische Bezugsrahmen dient der gezielten Gewinnung von Erfahrungswissen im Rahmen des Forschungsprozesses, in dem das Vorverständnis zur Ausarbeitung einer differenzierteren Perspektive herangezogen werden kann. Damit besitzen heuristische Bezugsrahmen Potenzial für wissenschaftlichen Fortschritt. Die Nutzung des Potenzials erfolgt durch Beantwortung abgeleiteter Fragen und damit einer Gewinnung von Erfahrungswissen.[23] Der heuristische Bezugsrahmen für das geplante Dissertationsvorhaben ist in Abbildung 1-1 dargestellt und wird durch die nachfolgenden Teilforschungsfragen spezifiziert. Das Vorverständnis des Autors gründet auf den gesammelten Erfahrungen als wissenschaftlicher Mitarbeiter am Werkzeugmaschinenlabor WZL der RWTH Aachen University in der Gruppe „Prozessmanagement". Während dieser Institutszugehörigkeit konnte der Autor zahlreiche Industrie- und Forschungsprojekte zur Prozessoptimierung der Auftragsabwicklung im Produktionsumfeld begleiten, durchführen und leiten, deren Erfahrungen in Problembeschreibung und Lösungsfindung eingeflossen sind. Darüber hinaus wurde relevante Literatur zur datenbasierten Prozessperformancebeschreibung analysiert und ausgewertet sowie die Praxis- und Forschungsrelevanz mit Industrie- und Fachkollegen kritisch reflektiert. Dies hat zur inhaltlichen Ausrichtung einer praxistauglichen Lösungskonzeption beigetragen. Durch die Betreuung einer Vielzahl wissenschaftlicher Abschlussarbeiten im Themenfeld wurde das Verständnis des Autors ergänzt und weiterentwickelt. Die Ergebnisse dieses iterativen Lernprozesses sind in der vorliegenden Arbeit dokumentiert.

---

[22] vgl. Kubicek, H. (1977) Heuristische Bezugsrahmen, S. 13-17.
[23] vgl. Kubicek, H. (1977) Heuristische Bezugsrahmen, S. 16-24.

Zur Strukturierung des forschungsmethodischen Vorgehens wird die Hauptforschungsfrage in weitere untergeordnete Teilforschungsfragen gegliedert:

- Welche Informations- und Datenbedarfe sind zur Beschreibung der zeitbezogenen Prozessperformance der Auftragsabwicklung erforderlich?
- Wie sieht eine aufwandsarme Methodik zur datenbasierten Beschreibung der Prozessperformance aus? Welche vorbereitenden Schritte sind zur Bildung eines *Minimum Viable Datasets* zur Anwendung von Process Mining in der Auftragsabwicklung notwendig?
- Wie sieht ein digitales Prozessabbild zur verwertungsneutralen Beschreibung der Prozessperformance aus?

Die im Rahmen der Forschungsarbeit gewonnenen Erkenntnisse richten sich in erster Linie an Unternehmen der Varianten- oder Rahmenfertigung, die in Kleinserien- oder Serienproduktion kundenauftragsspezifische Produkte herstellen, sowie an Anbieter von Software zur datenbasierten Prozessperformancebeschreibung, welche eine Anwendung in der Auftragsabwicklung im Produktionsumfeld forcieren.

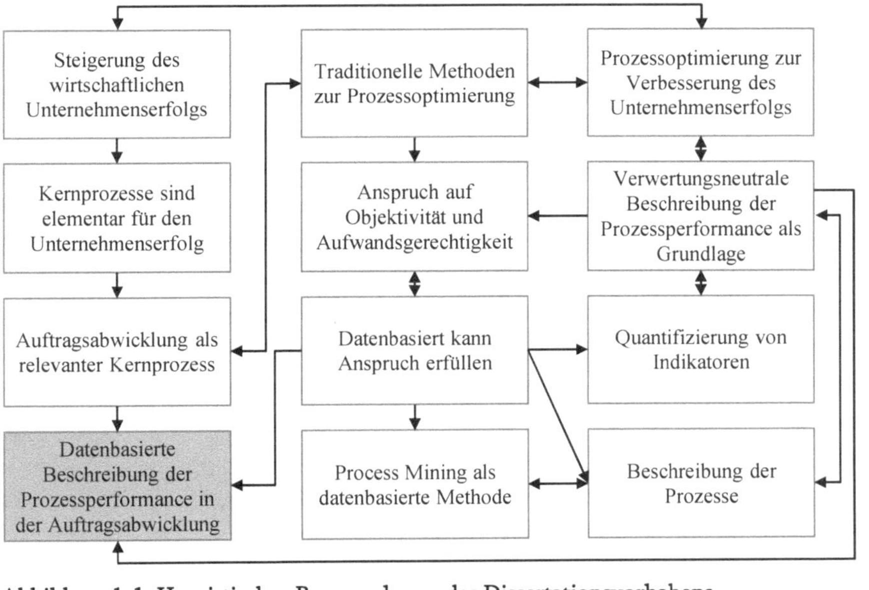

Abbildung 1-1: Heuristischer Bezugsrahmen des Dissertationsvorhabens

Die Forschungsarbeit leistet einen wissenschaftlichen Beitrag zum Excellenzcluster *Internet of Production* (Förderkennzeichen: 930621612) der RWTH Aachen University, das von der Deutschen Forschungsgemeinschaft (DFG) gefördert wird, sowie zum Forschungsprojekt *Process Mining der Auftragsabwicklung im produktionstechnischen Kontext*, welches von der Marga und Walter Boll-Stiftung gefördert wird. Das Exzellenzcluster verfolgt das übergeordnete Ziel, das Produktionsmanagement von betrieblichen Abläufen durch unternehmensbereichsübergreifende und datengetriebene Entscheidungsgrundlagen zu verbessern. Ziel des seit dem Jahr 2020 laufenden Forschungsprojektes ist die Anwendung von objektzentrierten Process-Mining-Verfahren auf die Auftragsabwicklung produzierender Industrien.

1.3 Forschungsmethodische Rahmen der Arbeit

Der strukturierten Beantwortung der aufgestellten Forschungsfragen dient die Wissenschaft und mit ihr das menschliche Denken nach bestimmten Regeln, Kriterien und Ansprüchen.[24] Wissenschaft kann als Prozess bezeichnet werden, der unseren gesellschaftlichen Vorrat an Wissen vergrößert, indem Erkenntnisse systematisch gewonnen werden.[25] Nach STOLTENBERG, ehemaliger Bundesminister für wissenschaftliche Forschung, ist der Forschungsprozess die *kognitive* Komponente der Wissenschaft. Der Forschungsprozess besteht aus geistigen Tätigkeiten mit dem Ziel, in methodischer und systematischer Weise neue Erkenntnisse zu gewinnen.[26] Dieser Forschungsprozess lässt sich durch Wissenschaftskategorien systematisieren, die es erlauben, die spezifischen Forschungsbedarfe konkreter zu untersuchen. Nach ULRICH UND HILL lässt sich die Wissenschaft in die grundlegenden Kategorien Formal- und Realwissenschaften aufgliedern. Die Formalwissenschaften verfolgen das Ziel der Konstruktion von Sprachen, d.h. Zeichensystemen, mit Regeln zur Verwendung dieser Zeichen. Den Formalwissenschaften lassen sich bspw. die Disziplinen Philosophie oder Mathematik zuordnen. Die Realwissenschaften haben zum Ziel, sinnlich-empirisch wahrnehmbare Wirklichkeitsausschnitte zu beschreiben, zu erklären und zu gestalten. Die Realwissenschaften lassen sich ferner in reine Grundlagenwissenschaften und angewandte Handlungswissenschaften untergliedern. Im Fokus der reinen

---

[24] vgl. Ulrich, P./Hill, W. (1976) Wissenschaftstheoretische Grundlagen, S. 305.

[25] vgl. Kornmeier, M. (2007) Wissenschaftstheorie und wissenschaftliches, S. 4.

[26] vgl. Stoltenberg, G. (1969) Bundesbericht Forschung III, S. 4.

Grundlagenwissenschaften steht die Erklärung von empirischen Wirklichkeitsausschnitten. Ihr lassen sich die Naturwissenschaften zuordnen. Hingegen steht die Analyse menschlicher Handlungsalternativen zur Gestaltung sozialer und technischer Systeme im Vordergrund der Handlungswissenschaften. Den Handlungswissenschaften werden die Sozialwissenschaften und mit ihr die Betriebswirtschaftslehre sowie die Ingenieurwissenschaften zugeordnet.[27] Die vorliegende Arbeit lässt sich in das Forschungsgebiet der Ingenieur- bzw. Produktionswissenschaften einordnen und ist damit den angewandten Handlungswissenschaften zugehörig. Durch die datenbasierte Beschreibung der Prozessperformance der Auftragsabwicklung werden Entscheidungen zur Verbesserung des technischen Systems (Auftragsabwicklungsprozess) vorbereitet.

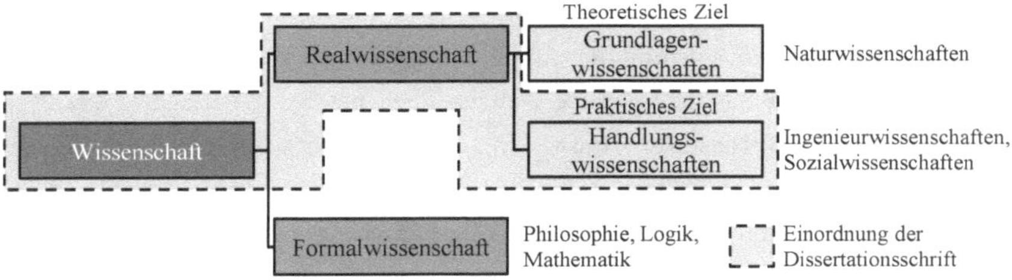

Abbildung 1-2: Einordnung entsprechend der Wissenschaftssystematik[28]

Nachdem die wissenschaftliche Positionierung dieser Arbeit dargelegt wurde, werden zwei dem Forschungsprozess zugrundeliegende Forschungsrahmen erläutert, um den in der Praxis identifizierten Forschungsbedarf einer datenbasierten Beschreibung der Prozessperformance der Auftragsabwicklung forschungsmethodisch im Rahmen des Dissertationsvorhabens zu adressieren. Die Forschungskonzeption orientiert sich am explorativen Forschungszyklus nach TOMCZAK und der Forschungsprozess an der Strategie zur angewandten Forschung im Theorie- und Praxisbezug nach ULRICH. TOMCZAK greift die Interpretation von Forschung als iterativen Lernprozess von KUBICEK (vgl. Kapitel 1.2) auf und kennzeichnet Forschung als ständige Interaktion zwischen Fragen an die Realität, der Sammlung von Daten und der theoretischen Verarbeitung. Im Zentrum steht der anfänglich auf Vorverständnis beruhende heuristi-

---

[27] vgl. Ulrich, P./Hill, W. (1976) Wissenschaftstheoretische Grundlagen, S. 305.
[28] vgl. Ulrich, P./Hill, W. (1976) Wissenschaftstheoretische Grundlagen, S. 305.

sche Bezugsrahmen (vgl. Abbildung 1-1), der durch das forscherische Vorgehen kontinuierlich präzisiert und exploriert wird, bis er genügend Verständnis und Beherrschung für das zu untersuchende Problem liefert sowie Hinweise auf mögliche Lösungen enthält (vgl. Abbildung 1-3, links).[29]

Nach ULRICH beginnt und endet der Forschungsprozess in der Praxis und ist auf die Untersuchung des Anwendungszusammenhangs gerichtet. Während der Praxiszusammenhang vom anwendenden Forscher als wissenschaftliche Hauptaufgabe angesehen wird, kommt der Theorie die Funktion eines Informationslieferanten zu.[30] Der iterative Forschungsprozess der angewandten Wissenschaft, welcher der vorliegenden Arbeit zugrunde liegt, ist in Abbildung 1-3 rechts abgebildet und strukturiert den Aufbau der vorliegenden Dissertationsarbeit.

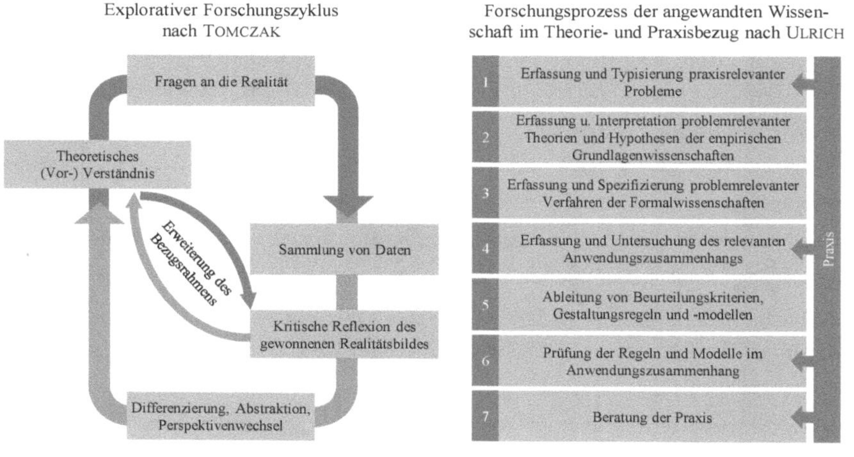

Abbildung 1-3: Forschungsmethodische Rahmen der Arbeit[31]

[29] vgl. Tomczak, T. (1992) Forschungsmethoden, S. 84.
[30] vgl. Ulrich, H./Dyllick, T./et al. (1984) Management, S. 192.
[31] i.A.a. vgl. Ulrich, H./Dyllick, T./et al. (1984) Management, S. 193; Tomczak, T. (1992) Forschungsmethoden, S. 84.

1.4 Aufbau der Arbeit

Der Aufbau der vorliegenden Arbeit orientiert sich entsprechend an den sieben Phasen des Forschungsprozesses von ULRICH, um den aus der Praxis motivierten Anwendungszusammenhang durch erhellende Aspekte aus der Theorie zu untersuchen und den hohen Praxisbezug der Handlungswissenschaften sicherzustellen.[32] Abbildung 1-4 stellt den Aufbau der Arbeit den sieben Phasen der angewandten Forschung im Theorie- und Praxisbezug gegenüber.

In Kapitel 1 wird in das Themenfeld des Dissertationsvorhabens grundlegend eingeleitet sowie die Motivation und Zielsetzung einer datenbasierten Beschreibung der Prozessperformance der Auftragsabwicklung erläutert. Anschließend werden die zugrundliegenden Forschungsfragen und forschungsmethodische Rahmen der Arbeit sowie der Aufbau der Dissertationsarbeit vorgestellt. Im anschließenden Kapitel 2 werden die praxisrelevanten Herausforderungen sowie problemrelevante Theorien und Verfahren erfasst. Hierzu wird in Kapitel 2.1 der Betrachtungsbereich der Auftragsabwicklung abgegrenzt und in Kapitel 2.2 Theorien und traditionelle Verfahren zur Beschreibung der Prozessperformance beschrieben. In Kapitel 2.3 werden grundlegende Theorien und Verfahren zur datenbasierten Beschreibung der Prozessperformance mittels Process Mining spezifiziert, die zum Verständnis und zur Lösungskonzeption der Arbeit relevant sind. Abschließend werden in Kapitel 2.4 die Herausforderungen in der Praxis herausgearbeitet. Basierend auf den identifizierenden praxisrelevanten Herausforderungen werden in Kapitel 3 zunächst Anforderungen an bestehende theorie- und anwendungsorientierte Ansätze zur datenbasierten Beschreibung der Prozessperformance der Auftragsabwicklung genannt. Nachdem die Ansätze vorgestellt und diskutiert wurden, schließt Kapitel 3 mit einem Zwischenfazit zum Forschungsdefizit aus dem Theorie- und Praxiszusammenhang ab. In Kapitel 4 werden auf dem Forschungsdefizit aufbauend inhaltliche und praktische Anforderungen an die zu entwickelnde Methodik formuliert. Nachdem die Kernideen der Arbeit als Lösungshypothesen in Kapitel 4.2 beschrieben wurden, erfolgen in Kapitel 4.3 die Einordnung des Lösungsansatzes in den Anwendungszusammenhang zur Prozessoptimierung sowie die Herleitung eines dreimodularen Grobkonzeptes zur datenbasierten Beschreibung der Prozessperformance der Auftragsabwicklung. Abschließend wird ein Zwischenfazit bzgl. der Anforderungsadressierung durch das Grobkonzept gezogen.

[32] vgl. Ulrich, H./Dyllick, T./et al. (1984) Management, S. 192.

Eingangs-, Vorgehens- und Ergebnismodul des entwickelten Grobkonzeptes werden in Kapitel 5 ausdetailliert. In Kapitel 5.1 werden die Datenbedarfe und das zugehörige Datenmodell zur Beschreibung der Auftragsabwicklung beschrieben. In Kapitel 5.2 wird das Vorgehen zur datenbasierten Beschreibung der Auftragsabwicklung mittels Process Mining beschrieben, dessen Ergebnisse in einem in Kapitel 5.3 konzeptionierten verwertungsneutralen Prozessabbild aggregiert visualisiert werden. Die detaillierte Methodik wird in Kapitel 6.1 prototypisch implementiert und an zwei anonymisierten Fallbeispielen in Kapitel 6.2 und 6.3 angewendet und validiert. Darauf aufbauend wird die Anwendung der Methodik in Kapitel 6.4 kritisch reflektiert. Das Kapitel 7 wird mit einer Zusammenfassung sowie einem Ausblick zur Detaillierung und Weiterführung der Forschungsbedarfe bzgl. einer datenbasierten Beschreibung der Prozessperformance der Auftragsabwicklung abgeschlossen.

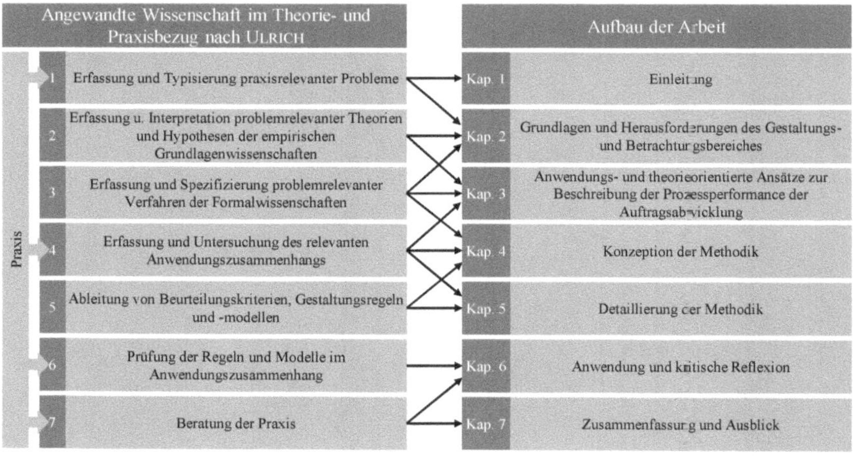

Abbildung 1-4: Phasen der angewandten Forschung[33] und Aufbau der Arbeit

[33] vgl. Ulrich, H./Dyllick, T./et al. (1984) Management, S. 193.

2 Grundlagen und Herausforderungen des Betrachtungs- und Gestaltungsbereichs

Ziel des Kapitels ist die Darstellung der Forschungsfelder Auftragsabwicklung, Prozessperformance und Process Mining mit ihren relevanten theoretischen Grundlagen und Elementen für eine datenbasierte Beschreibung der Auftragsabwicklungsprozessperformance sowie die Ausarbeitung der aktuellen Herausforderungen in der Praxis. Dazu wird die Auftragsabwicklung in Kapitel 2.1 betriebstypologisch eingeordnet und erforderliche Grundlagen beschrieben. Anschließend werden Grundlagen zur Beschreibung der Prozessperformance aufgeführt und Merkmale traditioneller Methoden zur Prozessperformancebeschreibung herausgestellt (Kapitel 2.2). In Kapitel 2.3 werden relevante Grundlagen des Process Minings erläutert und Merkmale, die eine bereichsübergreifende Anwendung von Process Mining kennzeichnen, erläutert. In Kapitel 2.4 wird schließlich die allgemeine Praxisrelevanz herausgearbeitet und resultierender Handlungsbedarf in Kapitel 2.5 geschlussfolgert.

2.1 Betriebstypologien und Grundlagen der Auftragsabwicklung

Dieses Kapitel dient der Einordnung und Definition des Betrachtungsbereichs der Arbeit. Zunächst wird die Auftragsabwicklung in die existierenden Betriebstypologien der produzierenden Industrie eingeordnet (vgl. Kapitel 2.1.1). Anschließend werden Grundlagen der Auftragsabwicklung ergänzend beschrieben und relevante Begrifflichkeiten definiert (vgl. Kapitel 2.1.2).

2.1.1 Betriebstypologische Einordnung der Auftragsabwicklung

Die Auftragsabwicklung produzierender Unternehmen stellt den Untersuchungsbereich der vorliegenden Arbeit dar. Die Unterschiede in der unternehmerischen Auftragsabwicklung erfordern eine betriebstypologische Einordnung der dieser Arbeit zugrundeliegenden Thematik. Das von SCHOMBURG[34] entwickelte betriebstypologische Instrumentarium wurde von BÜDENBENDER[35] adaptiert und eignet sich zur Einordnung des Betrachtungsbereiches. Nach WIKNER UND NOROOZI[36] lassen sich produzierende Industrien zusätzlich nach kontinuierlichen oder diskreten Produktionsprozessen typologisieren. Die Auftragsabwicklung im Betrachtungsbereich wird für diskrete Produkte klassifiziert. Die zur Einordnung der Auftragsabwicklung relevanten Ausprägungen sind in Abbildung 2-1 zusammengefasst sowie die für den Betrachtungsbereich eines Rahmen- und Variantenfertigers (vgl. Kapitel 2.1.2) charakteristischen Ausprägungen farblich hervorgehoben.

<table>
<tr><th colspan="2">Merkmale</th><th colspan="6">Merkmalsausprägung</th></tr>
<tr><td>1</td><td>Auftragsaus-lösungsart</td><td>Produktion auf Bestellung mit Einzelaufträgen</td><td colspan="2">Produktion auf Bestellung mit Rahmenaufträgen</td><td colspan="2">Anonyme Vor-/ kundenauftrags-bezogene Endproduktion</td><td>Produktion auf Lager</td></tr>
<tr><td>2</td><td>Erzeugnis-spektrum</td><td>Erzeugnisse nach Kundenspezifikation</td><td colspan="2">Typisierte Erzeugnisse mit kundenspezifischen Varianten</td><td colspan="2">Standard-erzeugnisse mit Varianten</td><td>Standard-erzeugnisse ohne Varianten</td></tr>
<tr><td>3</td><td>Bevorratung</td><td>Keine Bevorratung von Bedarfspositionen</td><td colspan="2">Bevorratung von Teilen und Baugruppen</td><td colspan="2">Bevorratung von Teilen, Bau- und Hauptgruppen</td><td>Bevorratung von Erzeugnissen</td></tr>
<tr><td>4</td><td>Fertigungsart</td><td>Einmalfertigung</td><td colspan="2">Einzel- und Kleinserienfertigung</td><td colspan="2">Serienfertigung</td><td>Massen-fertigung</td></tr>
<tr><td>5</td><td>Ablaufart in der Fertigung / Montage</td><td>Werkstattfertigung / Baustellenmontage</td><td colspan="2">Inselfertigung / Gruppenmontage</td><td colspan="2">Reihenfertigung / Reihenmontage</td><td>Fließfertigung / Fließmontage</td></tr>
<tr><td>6</td><td>Fertigungs-struktur</td><td colspan="2">Fertigung mit geringer Tiefe</td><td colspan="2">Fertigung mit mittlerer Tiefe</td><td colspan="2">Fertigung mit großer Tiefe</td></tr>
<tr><td>7</td><td>Kundenände-rungseinflüsse</td><td colspan="2">Änderungseinflüsse in großem Umfang</td><td colspan="2">Änderungseinflüsse gelegentlich</td><td colspan="2">Änderungseinflüsse unbedeutend</td></tr>
</table>

Charakteristische Ausprägungen der Auftragsabwicklung eines Rahmen- und Variantenfertigers

Abbildung 2-1: Einordnung des Betrachtungsbereichs durch Betriebsmerkmale[37]

[34] vgl. Schomburg, E. (1980) Entwicklung eines betriebstypologischen, S. 88.

[35] vgl. Büdenbender, W. (1991) Ganzheitliche Produktionsplanung, S. 33.

[36] vgl. Wikner, J./Noroozi, S. (2016) A modularised typology, S. 1347.

[37] vgl. Schomburg, E. (1980) Entwicklung eines betriebstypologischen, S. 88; Büdenbender, W. (1991) Ganzheitliche Produktionsplanung, S. 33.

Die *Auftragsauslösungsart* ist das zentrale Unterscheidungsmerkmal zur Auslösung der Auftragsabwicklung und charakterisiert den Kundenbezug.[38] Die Initiierung der Auftragsabwicklungsprozesse kann durch Kundenaufträge oder anhand von Absatzprognosen erfolgen.[39] Bei der Initiierung durch Kundenaufträge erfolgen die Auftragsabwicklungsaktivitäten kundenbezogen auf Basis von Einzel- oder Rahmenaufträgen.[40] In einer Kombination beider Auslösungsarten werden Komponenten basierend auf Absatzprognosen kundenanonym vorgefertigt und nach Kundenauftragseingang bestellungsbezogen komplettiert.[41] Die Auftragsauslösungsart ist das Initialmerkmal zur Unterscheidung der Auftragsabwicklungstypen (vgl. Kapitel 2.1.2).[42]

Das *Erzeugnisspektrum* charakterisiert den Standardisierungsgrad der Erzeugnisse und damit den Kundeneinfluss auf die Konstruktion. Im Betrachtungsbereich der Auftragsabwicklung werden unter Berücksichtigung der Marktbedürfnisse die Erzeugnisausführungen festgelegt und ein kundenspezifischer Einfluss findet nicht statt.[43]

Die *Bevorratung* beschreibt den Umfang der bevorrateten eigengefertigten, fremdgefertigten und zugekauften Bedarfspositionen.[44] Bei im Wettbewerb stehenden Unternehmen unterschreiten die anvisierten Lieferzeiten von Kundenaufträgen häufig die eigenen Herstellungszeiten der erforderlichen Bedarfspositionen.[45] Um die Durchlaufzeiten zur Auftragsabwicklung zu reduzieren, wird von einer kundenanonymen Bevorratung von Teilen, vormontierten Bau- und Hauptgruppen ausgegangen.[46]

Die Häufigkeit der Leistungswiederholung wird durch die *Fertigungsart* charakterisiert.[47] Anhand der Auflagenhöhe und der Wiederholhäufigkeit der Erzeugnisse pro Jahr werden produzierende Unternehmen in Einmalfertigung, Einzel- und Kleinserienfertigung, Serienfertigung und Massenfertigung aufgeteilt.[48] Diese Arbeit typologisiert die Auftragsabwicklung als einen strukturierten Prozess, der Aufträge in einem

---

[38] vgl. Eversheim, W. (2002) Organisation in der, S. 165-167.
[39] vgl. Büdenbender, W. (1991) Ganzheitliche Produktionsplanung, S. 34.
[40] vgl. Schuh, G./Schmidt, C./et al. (2012) Prozesse, S. 124 u. S. 137.
[41] vgl. Büdenbender, W. (1991) Ganzheitliche Produktionsplanung, S. 34.
[42] vgl. Schuh, G./Schmidt, C./et al. (2012) Prozesse, S. 136.
[43] vgl. Schuh, G./Schmidt, C./et al. (2012) Prozesse, S. 125.
[44] vgl. Büdenbender, W. (1991) Ganzheitliche Produktionsplanung, S. 42.
[45] vgl. Schuh, G./Schmidt, C./et al. (2012) Prozesse, S. 130.
[46] vgl. Schuh, G./Schmidt, C./et al. (2012) Prozesse, S. 130.
[47] vgl. Schomburg, E. (1980) Entwicklung eines betriebstypologischen, S. 68.
[48] vgl. Schuh, G./Schmidt, C. (2014) Grundlagen des Produktionsmanagements, S. 29.

festgelegt repetitiven Ablauf bearbeitet.[49] Charakteristisch sind hohe Auflagenhöhen und Wiederholhäufigkeiten sowie ein hoher Automatisierungsgrad sowohl in der Fertigung als auch in der Montage. Dies bringt die Klein- und Serienfertigung mit sich.[50]

Die *Ablaufart der Fertigung* kennzeichnet die Materialflussbeziehungen zwischen den Fertigungsmitteln und die *Ablaufart der Montage* den Bewegungsablauf der Montageobjekte und Arbeitsplätze. Die vier wesentlichen Ablaufprinzipien Werkstatt-, Insel-, Reihen- und Fließfertigung lassen sich durch die zunehmend vorgegebene Materialflussrichtung unterscheiden. In der Montage unterscheiden sich die Baustellen-, Gruppen-, Reihen- und Fließmontage durch stationäre oder bewegte Montageobjekte und Arbeitsplätze.[51] In der Auftragsabwicklung von Massen- und Serienfertigern werden Aufträge meist in kleinen Losen in einer Reihenfertigung und -montage produziert.[52] Typisch für die Reihenfertigung sind ein gerichteter Materialfluss sowie die objektbezogene Zusammenfassung der Fertigungsmittel nach Arbeitsvorgangsfolgen. Die Reihenmontage kennzeichnet die Zuordnung von bewegten Montageobjekten zu stationären Arbeitsplätzen und einem gerichteten aperiodischen Bewegungsablauf.[53]

Die *Fertigungsstruktur* beschreibt die Anzahl aufeinander folgender Fertigungs- und Montageschritte.[54] Bei der Auftragsabwicklung mit mittlerer Tiefe finden durchschnittlich zwischen zehn und zwanzig Arbeitsgänge in der Produktion statt.[55]

Das Merkmal der *Kundenänderungseinflüsse* während der Auftragsabwicklung kennzeichnet den Einfluss von Kundenänderungswünschen, nach Beginn der Auftragsabwicklung, an den beauftragten Erzeugnissen.[56] Bei der Auftragsabwicklung eines Rahmen- oder Variantenfertigers werden die nach der Beauftragung induzierten Kundenänderungseinflüsse als unbedeutend eingestuft.[57]

---

[49] vgl. Di Ciccio, C./Marrella, A./et al. (2015) Knowledge-Intensive Processes: Characteristics, S. 33 f.; van der Aalst, W. (2016) Process mining, S. 387.
van der Aalst, W. (2016) Process mining, S. 387.

[50] vgl. Büdenbender, W. (1991) Ganzheitliche Produktionsplanung, S. 45.

[51] vgl. Schuh, G./Schmidt, C./et al. (2012) Prozesse, S. 131 ff.

[52] vgl. Eversheim, W. (2002) Organisation in der, S. 176 u. 180.

[53] vgl. Büdenbender, W. (1991) Ganzheitliche Produktionsplanung, S. 46 ff.

[54] vgl. Schomburg, E. (1980) Entwicklung eines betriebstypologischen, S. 84.

[55] vgl. Schuh, G./Schmidt, C./et al. (2012) Prozesse, S. 135.

[56] vgl. Büdenbender, W. (1991) Ganzheitliche Produktionsplanung, S. 50.

[57] vgl. Schuh, G./Schmidt, C. (2014) Grundlagen des Produktionsmanagements, S. 40.

2.1.2 Terminologische Grundlagen der Auftragsabwicklung

Im Folgenden werden die Begriffe *Auftrag*, *Auftragsabwicklung*, *Auftragsabwicklungstyp* und *Auftragsabwicklungsprozess* definiert und beschrieben.

2.1.2.1 Auftrag und Auftragsarten

Unter *Auftrag* wird ein komplexes Geschäftsobjekt verstanden, welches für seine Existenz einen Auftraggeber, Auftragnehmer und einen Termin braucht.[58] Nach WIENDAHL erfordert ein Auftrag weitere Information wie den beauftragten Artikel oder die Menge.[59] BROCKHOFF differenziert Aufträge von Aufgaben durch die fremdseitige Aufgabenstellung und den Charakter des Einmaligen.[60] Aufträge lassen sich in die *Auftragsarten* Kundenaufträge, Fertigungsaufträge und Versandaufträge klassifizieren.[61] Als Kundenauftrag wird ein Auftrag eines externen Kunden zur Bereitstellung eines oder mehrerer Artikel in beauftragter Quantität verstanden.[62] Ein Kundenauftrag löst einen oder mehrere Fertigungsaufträge aus.[63] Ein Fertigungsauftrag setzt sich aus mehreren Produktionsschritten zusammen und dient der Herstellung eines Artikels.[64] Als Versandauftrag wird die Gesamtheit aller zu einem Kundenauftrag gehörenden Artikel verstanden, die zum Kunden versendet werden.[65] Kundenaufträge werden als externe Aufträge, Fertigungs- und Versandaufträge auch als unternehmensinterne Aufträge tituliert.[66] Abbildung 2-2 veranschaulicht die Aufgliederung und Zusammenführung von Aufträgen und Auftragsarten im Abwicklungsprozess.

[58] vgl. Schönsleben, P. (2007) Integrales Logistikmanagement, S. 16.

[59] vgl. Wiendahl, H.-H. (2012) Auftragsmanagement der industriellen, S. 85.

[60] vgl. Brockhoff, K. (2002) Geschichte der Betriebswirtschaftslehre, S. 392.

[61] vgl. Hoffmann, W. (1999) Objektorientiertes Qualitätsinformationssystem, S. 89 f.; Hanschke, I. (2012) Enterprise Architecture Management, S. 76.

[62] vgl. Bader, A./Kaufmann, J./et al. (2020) Order Classification, S. 182.

[63] vgl. Lödding, H. (2016) Verfahren der Fertigungssteuerung, S. 167 f.

[64] vgl. Lödding, H./Koch, C. (2020) Value stream analysis, S. 8 f.

[65] vgl. Bichler, K./Krohn, R./et al. (2017) Kompakt-Lexikon Logistik, S. 235.

[66] vgl. Schönsleben, P. (2007) Integrales Logistikmanagement, S. 17 f.

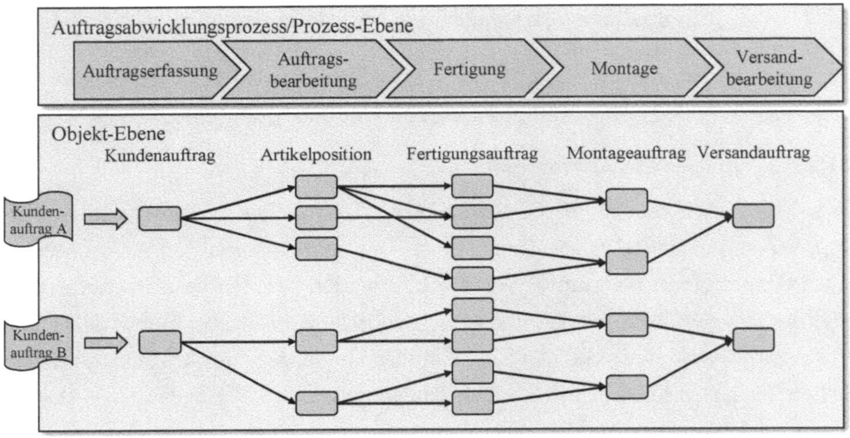

Abbildung 2-2: Auftragsarten im Auftragsabwicklungsprozess[67]

2.1.2.2 Prozess

Ein Prozess soll in der vorliegenden Arbeit als eine geordnete Abfolge von Aktivitäten verstanden werden, die einen definierten Input in einen definierten Output überführen.[68] Aktivitäten sind Aufgaben, Verrichtungen oder Tätigkeiten und stellen atomare Teilprozesse, die nicht weiter dekomponiert werden können, von Geschäftsprozessen dar. Ein Geschäftsprozess ist eine unternehmensbereichsübergreifende Folge wertschöpfender Aktivitäten, um die vom Kunden erwartete Leistung zu erzeugen. Hierarchisch werden Geschäftsprozesse in die Prozessebenen Teilprozesse, Prozessschritte, Arbeitsschritte und Aktivitäten aufgeteilt.[69] Zusätzlich unterstützt ein Geschäftsprozess ein unternehmensbezogenes Ziel, das sich an der Strategie des Unternehmens bzw. der Organisation ausrichtet.[70] Prozesse, die sich vom Bedarf des Kunden bis zur Bereitstellung der gewünschten Leistung beim Kunden erstrecken, werden synonym auch als Geschäftsprozess, Kernprozess, End-to-End-Prozess oder Auftragsabwicklungsprozess (vgl. Kapitel 2.1.2.3) bezeichnet.[71]

---

[67] vgl. Neumann, S. (2003) Gestaltung Workflow-integrierter Architekturen, S. 172.

[68] vgl. Arndt, H. (2008) Supply Chain Management, S. 77.

[69] vgl. Schmelzer, H./Sesselmann, W. (2020) Geschäftsprozessmanagement, S. 227.

[70] vgl. Gadatsch, A. (2020) Grundkurs Geschäftsprozess-Management, S. 5.

[71] vgl. Schmelzer, H./Sesselmann, W. (2013) Geschäftsprozessmanagement, S. 6 u. S. 595; Gadatsch, A. (2020) Grundkurs Geschäftsprozess-Management, S. 5 u. S. 15.

2.1.2.3 Auftragsabwicklung und Auftragsabwicklungsprozess

Der Begriff *Auftragsabwicklung* kann in die Begriffe Auftrag (vgl. Kapitel 2.1.2.1) und Abwicklung aufgeteilt werden. Unter *Abwicklung* wird das ordnungsgemäße Ausführen oder Erledigen eines Geschäftes oder Auftrags verstanden.[72] Im Allgemeinen umfasst die *Auftragsabwicklung* (engl.: order fulfilment[73], order processing[74]) nach DIN-Richtlinie 69905 die Tätigkeiten zur „Aufgabendurchführung vom Anfang bis zum Ende eines Auftrags“[75]. Eine spezifischere Definition wählt OTTO, wonach die Auftragsabwicklung „eine komplexe Abfolge von Aktivitäten [ist], die erforderlich sind, um einen Kundenauftrag komplett zu bearbeiten“[76]. Demnach „[...] umfasst [die Auftragsabwicklung] alle Organisationseinheiten, die an der Transformation von Aufträgen in verkaufsfähige Produkte beteiligt sind“[77]. Für die im Rahmen der Arbeit zu betrachtende produzierende Industrie hat sich im Laufe der Zeit in Literatur und Praxis ein kaufmännisches (auch: kaufmännisch-administrativ) und ein technisches (auch: technisch-operativ[78]) Verständnis der Auftragsabwicklung entwickelt.[79]

Die kaufmännische Auftragsabwicklung umfasst „sämtliche administrative Tätigkeiten vom Zeitpunkt der Auftragserteilung des Kunden bis zur Ankunft der Ware und der Lieferdokumente beim Kunden“[80]. Zu den umfassten Organisationseinheiten zählen beispielsweise die Kalkulation, der Einkauf und die Finanzbuchhaltung.[81] Die kaufmännische Auftragsabwicklung soll in dieser Arbeit nicht weiter Gegenstand der Betrachtung sein.

---

[72] vgl. Dudenredaktion (2015) Duden, S. 106.
[73] vgl. Waller, M./Woolsey, D./et al. (1995) Reengineering Order Fulfillment, S. 1.
[74] vgl. Goede, G. (2018) Marketing-Lexikon. Marketing Dictionary, S. 703.
[75] DIN Deutsches Institut für Normung e. V. (1997) Projektabwicklung, S. 2.
[76] vgl. Otto, A. (2012) Auftragsabwicklung, S. 19.
[77] vgl. Berlak, J. (2003) Methodik zur strukturierten, S. 10.
[78] vgl. Otto, A. (2012) Auftragsabwicklung, S. 19.
[79] vgl. Pfohl, H.-C. (2018) Logistiksysteme, 76 f.
[80] vgl. Klee, J./Türks, M. (1970) Aufgaben und Organisationen, S. 69.
[81] vgl. Pfohl, H.-C. (2018) Logistiksysteme, S. 77.

Die technische Auftragsabwicklung „umfasst alle Unternehmensbereiche, die ausgehend von der Erteilung des Konstruktionsauftrages bis zur Fertigmontage an der Herstellung eines [Auftrags] beteiligt sind“[82]. PFOHL erweitert die technische Auftragsabwicklung zusätzlich um die Unternehmensbereiche Vertrieb und Versand.[83] Die technische Auftragsabwicklung ist kundenspezifisch und von kundenanonymen Prozessen abzugrenzen.[84] Unternehmensbereichsunabhängig bezeichnen FRINK ET AL. die Auftragsabwicklung als den aus Kundensicht entscheidenden Wertschöpfungsprozess vom Kundenauftrag bis zum Versand des fertigen Produktes.[85] Für den weiteren Verlauf der Arbeit wird der Begriff *Auftragsabwicklung* synonym zur technischen Auftragsabwicklung verwendet und als Kernprozess produzierender Unternehmen verstanden, um eingehende Kundenanfragen oder -aufträge durch interne Spezifikationen, Aufträge, Teilprozesse und Aktivitäten abzuwickeln.[86]

Der *Auftragsabwicklungsprozess* ist ein Geschäftsprozess (vgl. Kapitel 2.1.2.2) und beschreibt die zeitlich verbundene Abfolge betrieblicher Prozesse, Teilprozesse und Aktivitäten, um einen Kundenauftrag in der Auftragsabwicklung (vgl. Kapitel 2.1.2.3) sicher und vollständig zu bearbeiten.[87] Nach GUDEHUS kann der Auftragsabwicklungsprozess als Auftragskette beschrieben werden, in der Aufträge und Auftragsergebnisse eine Folge administrativer und operativer Leistungsstellen durchlaufen. In administrativen Leistungsstellen werden Aufträge angenommen und bearbeitet, in operativen Leistungsstellen lösen Aufträge die Erzeugung von Produkten und Leistungen aus. Im Auftragsabwicklungsprozess laufen Kundenaufträge, also immaterielle Objekte, hinein, Ergebnis sind materielle Objekte wie Produkte oder Sendungen.[88] In der wissenschaftlichen Diskussion finden Auftragsabwicklung und Auftragsabwicklungsprozess keine einheitliche Abgrenzung.[89] Demnach wird die Auftragsabwicklung häufig als Prozess beschrieben und eine Unterscheidung ist sprachlicher Natur.[90] Entsprechend werden im Rahmen der Arbeit beide Begriffe synonym verwendet.

---

[82] vgl. Eversheim, W. (1996) Organisation in der, S. 228.
[83] vgl. Pfohl, H.-C. (2018) Logistiksysteme, 76 f.
[84] vgl. Eversheim, W. (2002) Organisation in der, 4 ff.
[85] vgl. Frink, D./Lassen, S./et al. (2003) Ausgangssituation und Zielsetzung, S. 3.
[86] vgl. Schmitz, S./Renneberg, F./et al. (2021) Definition of Process, S. 672.
[87] vgl. Klaus, P./Krieger, W./et al. (2012) Gabler Lexikon Logistik, XXI ff.
[88] vgl. Gudehus, T. (2012) Aufgaben und Aspekte, S. 22 f.
[89] vgl. Volling, T. (2009) Auftragsbezogene Planung, S. 63.
[90] vgl. Kurbel, K. (2016) Enterprise Resource Planning, S. 223.

Die Auftragsabwicklung unterscheidet sich in der Anzahl beteiligter Unternehmensbereiche und dem betrachteten Auftragsabwicklungstyp (vgl. Kapitel 2.1.2.4). Unter einem Unternehmensbereich wird ein abgegrenzter Bereich innerhalb einer betrieblichen Organisation zur Erfüllung gleichartiger Aufgaben verstanden.[91] Unabhängig der Bezeichnung und Anzahl beteiligter Unternehmensbereiche wird die Auftragsabwicklung in Anlehnung an VOLLING[92] in auftragsannehmende Aktivitäten, produktionsvorbereitende Aktivitäten, produktionsbezogene Aktivitäten und produktionsnachgelagerte Aktivitäten separiert. Abbildung 2-3 zeigt einen historischen Querschnitt der Ansätze zur Auftragsabwicklung, aus denen die betrachtenden Unternehmensbereiche der Auftragsabwicklung für die vorliegende Arbeit abgeleitet werden.

Der Vertrieb ist für die Koordination zwischen externem Kunden und internen Unternehmensbereichen zuständig.[93] Im Vertrieb werden Kundenaufträge erfasst und in unternehmensinterne Aufträge umgewandelt.[94]

Die Konstruktion als Unternehmensbereich ist verantwortlich für die Produktentstehung und -weiterentwicklung. Konstruktionstätigkeiten umfassen das Konzipieren, Entwerfen und Ausarbeiten von Lösungswegen.[95] Im Zusammenhang des Auftragsabwicklungsprozesses von kundenindividuellen Aufträgen handelt es sich vornehmlich um Änderungskonstruktionen, die auf bereits bestehende Produkte aufbauen.

Der an die Konstruktion angrenzende Bereich wird als *Fertigung* bezeichnet.[96] Die Fertigung beschreibt die Abwicklung von Fertigungsaufträgen, die entweder vollständige Enderzeugnisse oder einzelne Baugruppen beinhalten. Die *Montage* geht der Fertigung voraus und umfasst den Zusammenbau der Einzelteile zu Baugruppen oder Produkten.[97] Fertigung und Montage werden als *Produktion* bezeichnet.[98]

---

[91] vgl. Kummer, S./Grün, O./et al. (2013) Grundzüge der Beschaffung, S. 24.

[92] vgl. Volling, T. (2009) Auftragsbezogene Planung, S. 63.

[93] vgl. Hesse, J. (2004) Erfolgsforschung im Vertrieb, S. 18.

[94] vgl. Gadatsch, A. (2020) Grundkurs Geschäftsprozess-Management, S. 123.

[95] vgl. Pahl, G./Beitz, W./et al. (2007) Konstruktionslehre, S. 6.

[96] vgl. Eversheim, W. (1989) Organisation in der, 1 ff.

[97] vgl. Warnecke, H.-J. (1993) Der Produktionsbetrieb 2, S. 1.

[98] vgl. Hachtel, G./Holzbaur, U. (2010) Management für Ingenieure, S. 67.

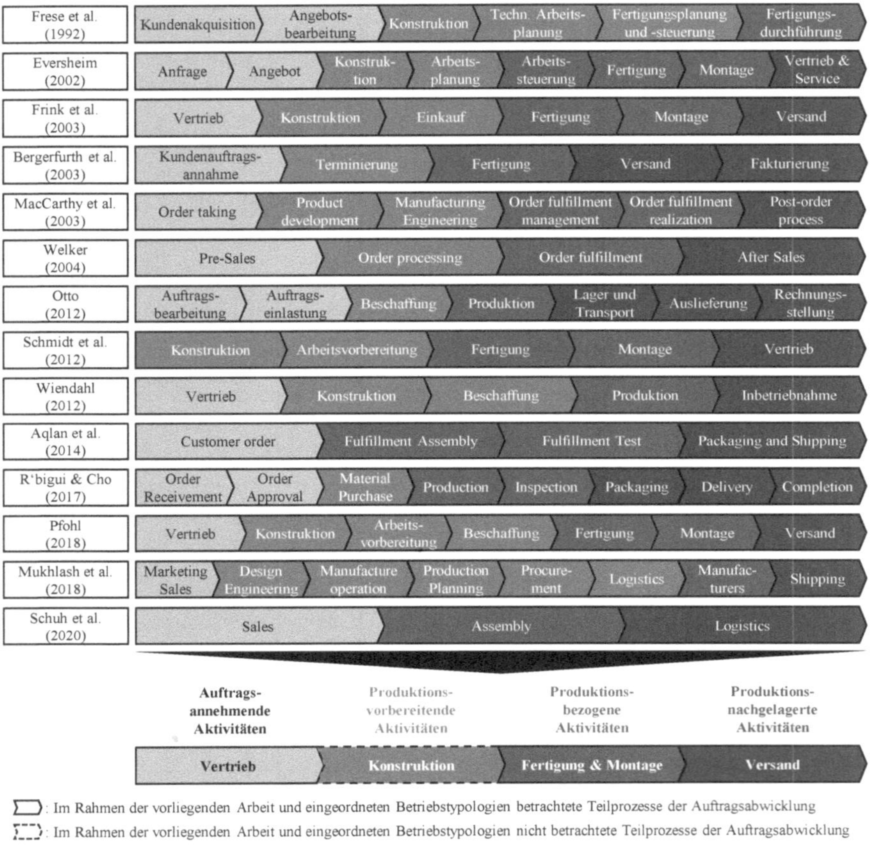

Abbildung 2-3: Induzierter Auftragsabwicklungsprozess[99]

---

[99] vgl. Frese, E./Noetel, W. (1992) Kundenorientierung, S. 120; Eversheim, W. (2002) Organisation in der, S. 4; Bergerfurth, J./Hansmann, H./et al. (2003) Ermittlung Workflow-geeigneter PPS-Prozesse, S. 97; Frink, D./Lassen, S./et al. (2003) Ausgangssituation und Zielsetzung, S. 1; MacCarthy, B./Brabazon, P./et al. (2003) Fundamental modes, S. 296 f.; Welker, G. (2004) Patterns of order, S. 18 f.; Otto, A. (2012) Auftragsabwicklung, S. 19; Schmidt, C./Bauhoff, F./et al. (2012) Reorganisation der PPS, S. 310; Wiendahl, H.-H. (2012) Auftragsmanagement der industriellen, S. 317; Aqlan, F./Lam, S./et al. (2014) An integrated simulation, S. 52; R'bigui, H./Cho, C. (2017) Customer Oder Fulfillment, S. 248; Mukhlash, I./Rumana, W./et al. (2018) Business Process Improvement, S. 103; Pfohl, H.-C. (2018) Logistiksysteme, S. 76; Schuh, G./Gützlaff, A./et al. (2020) Data-based description, S. 384.

Der Versand steht am Ende des Auftragsabwicklungsprozesses und umfasst, gemäß Versandauftrag, die Kommissionierung fertiger Produkte sowie die Verpackung und den Versand fertiger Produkt an den Kunden.[100]

2.1.2.4 Auftragsabwicklungstypen

Die Auftragsabwicklung konstituiert sich in Abhängigkeit des vorliegenden Auftragsabwicklungstyps. Unter einem Auftragsabwicklungstyp lässt sich eine Gruppe von Produktionsunternehmen zusammenfassen, deren Auftragsabwicklung sich gleicht.[101] Grundsätzlich wird zwischen den Auftragsabwicklungstypen *Auftragsfertiger*, *Rahmenauftragsfertiger*, *Variantenfertiger* und *Lagerfertiger* unterschieden.[102] Charakterisierend für den Auftragsabwicklungstyp ist die Lage des Kundenauftragsentkopplungspunkts (KAEP, engl.: order penetration point).[103] Der KAEP beschreibt den Übergang von kundenanonymer zu kundenauftragsbezogener Aufgabendurchführung und stellt den Zeitpunkt dar, ab dem ein Kundenauftrag einfließt. Die Auftragsabwicklung beginnt nach dem KAEP (vgl. Abbildung 2-4).[104] In der Praxis variiert der KAEP je Produktgruppe und die Grundtypen liegen nicht immer in Reinform vor.[105]

Ein Auftragsfertiger (engl.: engineer-to-order) fertigt seine Erzeugnisse als kundenauftragsbezogene Einzelfertigung.[106] Jeder Kundenauftrag ist ein individuelles Produkt, erfordert eine Neukonstruktion bzw. eine kundenspezifische Anpassungskonstruktion und typisiert sich durch eine auftragsbezogene Produktion. Erforderliche Materialien werden deterministisch für jeden Kundenauftrag bedarfsorientiert bestimmt.[107] Bei einem Auftragsfertiger sind die Unternehmensbereiche am umfassendsten beteiligt. Der Auftragsfertiger steht nicht im primären Fokus der Arbeit, da die Auftragsabwicklungsprozesse für jeden Kundenauftrag einzigartig und resultierende Prozessvarianzen unvergleichbar sind.[108]

---

[100] vgl. Hellmich, K. (2003) Kundenorientierte Auftragsabwicklung, S. 98; Kletti, J./Schumacher, J. (2011) Die perfekte Produktion, S. 69.

[101] vgl. Schuh, G./Schmidt, C. (2014) Produktionsmanagement, 33 f.

[102] vgl. Schuh, G./Stich, V. (2012) Schuh et al. 2012, S. 25.

[103] vgl. Wiendahl, H.-P./Reichardt, J./et al. (2010) Handbuch Fabrikplanung, 258 ff.

[104] vgl. Grabner, T. (2019) Operations Management, S. 199.

[105] vgl. Olhager, J. (2003) Strategic positioning, S. 319.

[106] vgl. Schuh, G./Schmidt, C. (2014) Produktionsmanagement, S. 33.

[107] vgl. Schuh, G./Stich, V. (2012) Schuh et al. 2012, S. 137.

[108] vgl. Powell, D./Strandhagen, J./et al. (2014) A New Set, S. 572.

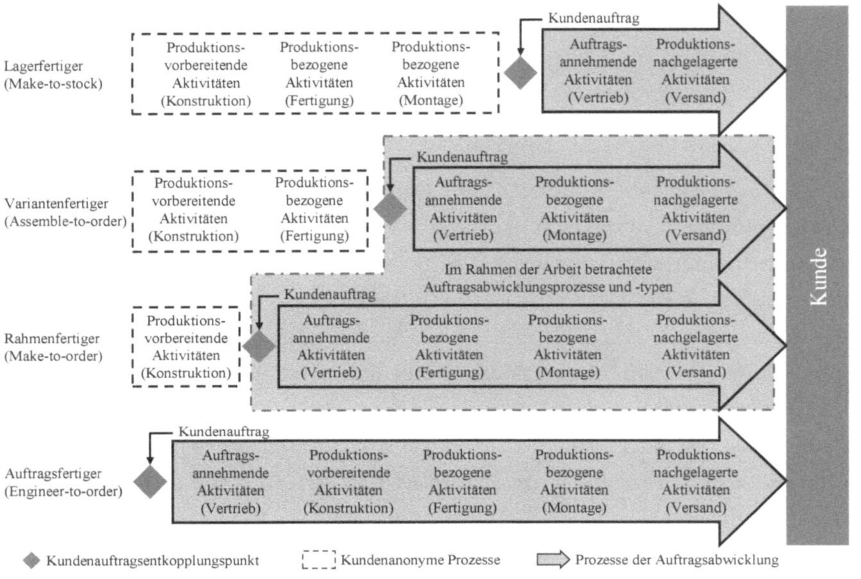

Abbildung 2-4: Typen der Auftragsabwicklung[109]

Der Lagerfertiger (engl.: make-to-stock) charakterisiert sich durch vollständige Entkopplung von Fertigungs- und Kundenauftrag. Vollständig standardisierte Artikel werden ausschließlich kundenanonym auf Lager produziert und Kundenaufträge werden direkt aus dem Endproduktlager bedient.[110] Die Produktion läuft meist vollautomatisiert in hohen Stückzahlen und der Auftragsabwicklungsprozess ist unflexibel. Damit ergeben sich nahezu keine Prozessabweichungen.[111] Die Auftragsabwicklung umfasst mit Vertrieb und Versand die wenigsten Unternehmensbereiche.

Eine Produktion auf Basis langfristiger Rahmenvereinbarungen und -aufträge (engl.: make-to-order) kennzeichnet den Auftragsabwicklungstyp eines Rahmenfertigers. Die Kontrakte erlauben dem Unternehmen, seine Auftragsabwicklung langfristig zu

[109] vgl. Olhager, J. (2003) Strategic positioning, S. 320; Grabner, T. (2019) Operations Management, S. 199.
[110] vgl. Hellmich, K. (2003) Kundenorientierte Auftragsabwicklung, S. 14.
[111] vgl. Ferreira, F./Faria, J./et al. (2016) Industry 4.0, S. 277.

planen. Produzierte Produkte werden entsprechend der vereinbarten Lieferabrufsystematik zwischen Auftraggeber und Lieferant zu benötigten Mengen abgerufen.[112] Die Auftragsabwicklung umfasst Vertrieb, Fertigung, Montage und Versand.

Der Variantenfertiger (engl.: assemble-to-order) charakterisiert sich durch eine kundenanonyme Vorproduktion und eine kundenauftragsbezogene Endproduktion. Die kundenauftragsbezogene Endproduktion beschränkt sich in der industriellen Praxis meist auf die auftragsbezogene Endmontage lagerhaltig verfügbarer Standardbaugruppen. Somit erfolgt die kundenauftragsbezogene Endproduktion bedarfsorientiert und die kundenanonyme Vorproduktion erwartungsorientiert.[113]

2.2 Beschreibung der Prozessperformance der Auftragsabwicklung

Im Folgenden werden die Begriffe Prozessoptimierung und -beschreibung eingeführt und definiert sowie auf die Ziele der Prozessbeschreibung eingegangen. Schließlich werden traditionelle Ansätze zur Beschreibung der Auftragsabwicklung vorgestellt.

2.2.1 Grundlagen zur Beschreibung der Prozessperformance

Nachfolgend wird das definitorische Verständnis der Prozessperformance für die vorliegende Arbeit festgelegt (vgl. Kapitel 2.2.1.1). Anschließend wird das Verständnis von Prozessperformanceindikatoren zur Quantifizierung der Prozessperformance in der Unternehmenspraxis eingeführt (vgl. Kapitel 2.2.1.2). Abschließend erfolgt die Definition der Prozessperformancebeschreibung, die sich aus Prozessbeschreibung und Quantifizierung von Prozessperformanceindikatoren ergibt (vgl. Kapitel 2.2.1.3).

2.2.1.1 Prozessperformance

Unternehmen stehen durch kurzfristige Berichtspflichten unter einem permanenten Performancedruck.[114] Nach einer allgemeinen Definition ist *Performance* (vgl. Leistung, Performanz)[115] ein Maß für die Erfüllung einer vorgegebenen Leistung.[116] Über-

---

[112] vgl. Eversheim, W. (2002) Organisation in der, S. 166.
[113] vgl. Eversheim, W. (2002) Organisation in der, 166 f.
[114] vgl. Herz, C./Kröner, A./et al. (2020) Deutsche Börse lässt.
[115] vgl. Heinrich, L./Roithmayr, F. (2018) Wirtschaftsinformatik-Wörterbuch - Dictionary, S. 234.
[116] vgl. Hadeler, T./Arentzen, U. (2013) Gabler Wirtschafts Lexikon, S. 2380.

trägt man die Definition auf Prozesse, so gibt die *Prozessperformance* (vgl. Prozessleistung[117]) die Leistung eines Prozesses im Hinblick auf definierte Prozessziele an.[118] Nach DEL-RÍO-ORTEGA ET AL. bewertet die Prozessperformance, wie gut definierte Prozessziele erreicht werden.[119] Die Prozessperformance, respektive Prozesszielerreichung, wird durch die Dimensionen Prozesszeit, Prozessqualität und Prozesskosten beschrieben.[120] Die Dimension *Prozesszeit* umfasst Zeitaufwände im Prozess. Die Dimension *Prozessqualität* beschreibt Abweichungen vom geplanten Prozessablauf, bspw. durch Nacharbeit oder Wiederholungen von Aktivitäten. Die Dimension *Prozesskosten* erfasst die in den Teilprozessen und Prozessaktivitäten anfallenden Kosten.[121] Dabei können die Prozesskosten durch Multiplikation von prozessbezogenen Zeiten mit entsprechenden Kostensätzen bestimmt werden.[122] Aus betriebswirtschaftlicher Perspektive ist die Prozesszeit-Dimension der entscheidende Kostentreiber, zudem sich die Prozesskosten proportional verhalten.[123] Die Dimension Prozesszeit wird zudem in der industriellen Praxis zur unternehmerischen Leistungssteigerung präferiert.[124] Daher werden für den weiteren Verlauf Prozesszeit und -qualität zur Beschreibung der Prozessperformance (vgl. Kapitel 2.2.1.3) fokussiert. Die Prozesszeit wird als priorisierte Dimension in der Praxis gesehen, welche Prozesskosten, Flexibilität und Ergebnis positiv beeinflusst.[125]

2.2.1.2 Prozessperformanceindikatoren

Allgemein werden zur Beschreibung der Performance im Produktionskontext *Performanceindikatoren* (vgl. PI, Leistungsindikatoren, Leistungskennzahlen, engl.: performance metrics, performance indicators, performance measures)[126] verwendet.[127] Der Begriff *Indikator* stammt von dem griechischen Wort *indicare* (vgl. etwas anzeigen, etwas angeben) ab und wird verwendet, um ein bestimmtes Merkmal von Interesse zu

[117] vgl. Heinrich, L./Roithmayr, F. (2018) Wirtschaftsinformatik-Wörterbuch - Dictionary, S. 241.
[118] vgl. Schmelzer, H./Sesselmann, W. (2020) Geschäftsprozessmanagement, S. 16.
[119] vgl. del-Río-Ortega, A./Resinas, M./et al. (2010) Defining Process Performance, S. 555.
[120] vgl. Gaitanides, M. (2013) Prozessorganisation, S. 208.
[121] vgl. Schmelzer, H./Sesselmann, W. (2020) Geschäftsprozessmanagement, S. 369-378.
[122] vgl. Schuh, G./Gützlaff, A./et al. (2020) A Data Model, S. 154.
[123] vgl. Eversheim, W./Schuh, G. (1999) Produktion und Management, S. 11-9.
[124] vgl. Utescher-Dabitz, T./Mix, L./et al. (2021) Arbeitswelt der Zukunft, S. 10.
[125] vgl. Meinholz, H./Förtsch, G. (2019) Prozesse im Unternehmen, S. 548.
[126] vgl. van Looy, A./Shafagatova, A. (2016) Business process performance, S. 4 ff.
[127] vgl. Efthymiou, K./Pagoropoulos, A./et al. (2014) Manufacturing systems complexity, S. 325.

messen oder zu evaluieren.[128] Damit ist ein PI eine Variable zur quantifizierbaren Messung von Prozessen, Teilprozessen oder Systemen bezogen auf ein vorgeschriebenes Ziel.[129] Das Konglomerat aus verschiedenen Verfahren und Indikatoren zur Messung der unternehmerischen Performance kann auch als ein System zur Performancemessung (engl.: Performance Measurement System) bezeichnet werden.[130] Häufig werden PI in der industriellen Praxis induktiv aus Erfahrungswissen abgeleitet und somit verzerrte oder unzureichende Schlüsse aus den Resultaten gezogen. Die Auswahl der PI sollte daher nach sachgerechten Kriterien erfolgen und die erforderlichen Informations- und Datenbedarfe berücksichtigen.[131]

Zur Messung der Prozessperformance ist die Definition von *Prozessperformanceindikatoren* (vgl. PPI, Prozessmetriken, Prozessmessgrößen, Prozessleistungsparameter, Prozessleistungsindikatoren, Prozessperformancekennzahl, engl.: process performance measures, process performance indicators)[132] essenziell.[133] PPI sind quantifizierbare Messgrößen, die ermöglichen, Prozesszeit und -qualität zu evaluieren.[134] Die zu verwendenden PPI sind nicht einheitlich definiert und variieren in Abhängigkeit des Betrachtungsbereichs und Anwendungszusammenhangs.[135] PPI werden aus gegenwarts- oder vergangenheitsbezogenen Daten beschrieben, welche direkt aus Prozessen generiert werden.[136] Zudem sind PPI nach den SMART-Kriterien zu definieren sowie eindeutig, verständlich und prozessbezogen auszuwerten. Die einzelnen Buchstaben der SMART-Kriterien stehen dabei für die englischen Begriffe *specific* (spezifisch), *measurable* (messbar), *achievable* (erreichbar), *relevant* (relevant) und *time-bounded* (terminiert). Spezifizität stellt die Eindeutigkeit der PPI sicher. Die Kalkulation der PPI mittels Daten (vgl. Kapitel 2.3.2.1) bewahrt die Messbarkeit. Die Erreich-

[128] vgl. Gudmundsson, H./Hall, R./et al. (2016) Sustainable Transportation, S. 138.
[129] vgl. Fortuin, L. (1988) Performance indicators - Why, S. 2.
[130] vgl. Lohman, C./Fortuin, L./et al. (2004) Designing a performance, S. 268.
[131] vgl. Gladen, W. (2014) Performance Measurement, S. 254 ff.
[132] vgl. Schmelzer, H./Sesselmann, W. (2020) Geschäftsprozessmanagement, S. 390.
[133] vgl. del-Río-Ortega, A./Cabanillas, C./et al. (2010) PPINOT Tool Suite, S. 675.
[134] vgl. Schmelzer, H./Sesselmann, W. (2020) Geschäftsprozessmanagement, S. 390 f.
[135] vgl. van Looy, A./Shafagatova, A. (2016) Business process performance, S. 1.
[136] vgl. del-Río-Ortega, A./Cabanillas, C./et al. (2010) PPINOT Tool Suite, S. 675.

barkeit stellt sicher, dass zugrundeliegende Prozessziele erreicht werden. Relevanz sichert den Bezug zur Prozessperformance. Terminiert spezifiziert, dass die PPI direkt zeitbezogen sind und sich dadurch definieren.[137]

PPI sind von Schlüsselperformanceindikatoren (vgl. KPI, Schlüsselkennzahlen, Key Performance Indikators, Controlling-Kennzahlen, engl. key performance indicators)[138] zu differenzieren. Der nach ISO 22400 definierte Standard für produzierende Unternehmen definiert KPI als quantifizierbare Messgrößen zur Erreichung eines kritischen Ziels.[139] Ähnliche Definitionen sowie Aufzählungen von KPI finden sich in weiterführender Fachliteratur.[140] Einige Autorinnen und Autoren unterscheiden nicht zwischen KPI und PPI[141], wohingegen andere Publizierende PPI als eine Schnittmenge der KPI ansehen[142]. Nach SIEDENBIEDEL erfassen PPI die Prozesseffizienz und KPI die Prozesseffektivität.[143] Abgrenzend davon werden KPI und PPI nach ihrer Wirkebene unterschieden. KPI verfolgen Ziele auf strategischer Ebene, haben einen analytischen Charakter und messen externe Zielgrößen (bspw. Kundenzufriedenheit). PPI verfolgen Ziele auf operativer Prozessebene, haben einen steuernden Charakter und messen primär interne Zielgrößen.[144] Im Rahmen der Arbeit werden neben zeitbezogenen PPI auch prozessorientierte KPI als PPI verstanden[145] und das Verständnis übernommen, dass PPI eine Teilmenge der KPI darstellen (vgl. Abbildung 2-5).[146]

---

137 vgl. Schmitz, S./Renneberg, F./et al. (2021) Definition of Process, S. 672.

138 vgl. Arora, D./Krause, H.-U. (2010) Controlling-Kennzahlen - Key Performance, S. 326 f.; Dues, C./Albers, E. (2016) Schlüsselkennzahlen statt Zahlenfriedhöfe, S. 29.

139 vgl. International Organisation for Standardization (2014) Automation systems, S. 2.

140 vgl. Rosenberg, A. (2011) Applying real-world BPM, S. 274 ff.; Lanza, G. (2015) Operational KPI evaluation, S. 22 ff.; Lindberg, C.-F./Tan, S./et al. (2015) Key Performance Indicators; Mourtzis, D./Fotia, S./et al. (2015) Performance Indicators for; Parmenter, D. (2015) Key Performance Indicators; Reisert, C./Zelt, S./et al. (2018) How to Move, S. 28 f.; Zhu, L./Johnsson, C./et al. (2018) Key performance indicators.

141 vgl. Wetzstein, B./Ma, Z./et al. (2008) Towards Measuring Key; Momm, C./Gebhart, M./et al. (2009) A Model-Driven Approach; Popova, V./Sharpanskykh, A. (2011) Formal analysis.

142 vgl. del-Río-Ortega, A./Resinas, M./et al. (2010) Defining Process Performance, S. 555.

143 vgl. Siedenbiedel, G. (2020) Prozessorientierte Organisation, S. 203.

144 vgl. Gilani, W./Soban, D./et al. (2014) On Advanced Business, S. 168 f.; Simon, C./Hientzsch, B. (2014) Prozesseigner, S. 16 ff.

145 vgl. Schmitz, S./Renneberg, F./et al. (2021) Definition of Process, S. 672.

146 vgl. del-Río-Ortega, A./Resinas, M./et al. (2013) On the definition, S. 471.

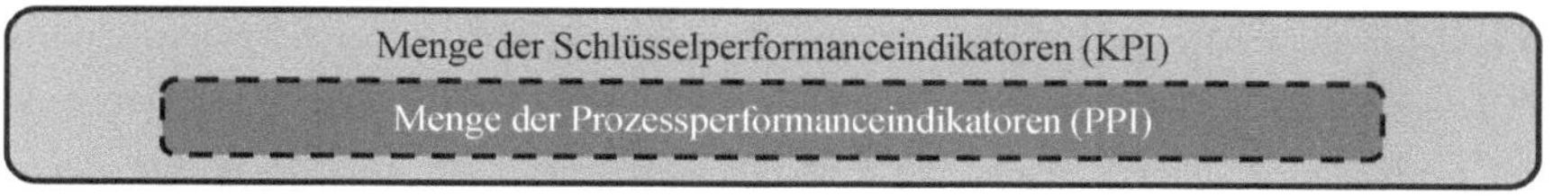

Abbildung 2-5: PPI als Teilmenge der KPI

2.2.1.3 Beschreibung der Prozessperformance

Zur Erfüllung strategischer und operativer Unternehmensziele werden in der industriellen Praxis *Prozessoptimierungen* durchgeführt mit dem Ziel, die Prozessperformance (vgl. Kapitel 2.2.1.1) des Unternehmens nachhaltig zu steigern. Grundsätzlich kann eine Prozessoptimierung durch eine Prozessverbesserung oder Prozesserneuerung erfolgen. Die Prozessoptimierung ist neben Prozessführung, -organisation und -controlling eine Funktion des Prozessmanagements.[147]

Prozessverbesserungen (engl.: Business Process Improvement) charakterisieren sich durch kleine Steigerungen der Prozessperformance durch kontinuierliche oder einmalige kleine Veränderungen mit geringem Risiko.[148] Der Auftragsabwicklungsprozess bleibt dabei in seiner Grundstruktur erhalten und Prozessveränderungen werden nur innerhalb einer Funktionseinheit durchgeführt.[149]

Prozesserneuerungen (engl. Business Process Reengineering) kennzeichnen sprunghafte Prozessperformancesteigerungen durch grundlegende Veränderung oder Neugestaltung der Prozesse.[150] Der Ansatz zur Prozesserneuerung wurde in den frühen neunziger Jahren durch HAMMER & CHAMPY[151] sowie DAVENPORT[152] populär, die ein fundamentales Überdenken und radikale Neugestaltung von Unternehmensprozessen zur Prozessoptimierung proklamierten.[153] Auch wenn Prozesserneuerungen durch das fundamentale Überdenken aller Aktivitäten und Aufgaben größere Risiken mit sich bringen, sind diese in der industriellen Praxis mehrheitlich vertreten.[154]

---

[147] vgl. Schmelzer, H./Sesselmann, W. (2020) Geschäftsprozessmanagement, S. 15 f. u. S. 506.
[148] vgl. Schmelzer, H./Sesselmann, W. (2020) Geschäftsprozessmanagement, S. 506 ff.
[149] vgl. Davenport, T. (1993) Process innovation, S. 11.
[150] vgl. Schmelzer, H./Sesselmann, W. (2020) Geschäftsprozessmanagement, S. 506 ff.
[151] vgl. Hammer, M./Champy, J. (1994) Business reengineering.
[152] vgl. Davenport, T. (1993) Process innovation.
[153] vgl. Hammer, M./Champy, J. (2002) Reengineering the corporation, S. 35.
[154] vgl. Harmon, P./Garcia, J. (2020) The State, S. 20.

Eine Vielzahl an Methoden existiert, um Prozesse mittels Prozessverbesserung oder Prozesserneuerung zu optimieren (vgl. Kapitel 2.2.2).[155] Methodenunabhängig ist Ausgangspunkt und damit Grundlage zur Prozessoptimierung eine *Prozessbeschreibung*[156] (vgl. Ist-Aufnahme[157], Prozesserhebung[158], Prozessmodellierung[159], engl.: process modeling[160], process mapping[161], process description[162]), welche die behandelten Prozesse abbildet, um Optimierungspotenziale zu identifizieren.[163] Unter Prozessbeschreibung wird die Aufnahme und Visualisierung eines Ist-Prozesses verstanden, indem die derzeit ablaufenden Prozesse in einem Ist-Prozessmodell als vereinfachtes Abbild der Realität grafisch dargestellt werden.[164] Zusätzlich wird das Erfassen und Beschreiben von PPI ebenfalls zur Prozessbeschreibung gezählt.[165] Im Rahmen dieser Arbeit wird folglich die *Beschreibung der Prozessperformance bzw. Prozessperformancebeschreibung* als Prozessbeschreibung inklusive Quantifizierung von PPI definiert (vgl. Abbildung 2-6).

Beschreibung der Prozessperformance/ Prozessperformancebeschreibung = Prozessbeschreibung + Quantifizierte PPI

Abbildung 2-6: Formalisierte Definition der Prozessperformancebeschreibung

Prozessbeschreibungen lassen sich anhand der Eigenschaften Abbildung, Abstraktion und Zweck charakterisieren. Bezogen auf die Abbildung sind Prozessbeschreibungen ein Konstrukt der realen Welt, bspw. der Auftragsabwicklung. Hinsichtlich der Abstraktion bilden Prozessbeschreibungen nicht jedes Detail ab, sondern abstrahieren bspw. im Falle der Auftragsabwicklung relevante Aktivitätsabfolgen ohne geografische Positionen ihrer Durchführung. Der Zweck bestimmt relevante Informationen

155 vgl. Becker, T. (2018) Prozesse in Produktion, S. 20.
156 vgl. Habermann, T./Doch, J. (2009) Projektauswahlprozess als Erfolgsfaktor, S. 246 ff.
157 vgl. Seidlmeier, H. (2019) Prozessmodellierung mit ARIS, S. 110 f.
158 vgl. Minonne, C. (2016) Business-Analyse, S. 79.
159 vgl. Arndt, H. (2008) Supply Chain Management, S. 95 f.; Schmelzer, H./Sesselmann, W. (2020) Geschäftsprozessmanagement, S. 16.
160 vgl. Dumas, M./La Rosa, M./et al. (2018) Fundamentals of Business, S. 159 f.
161 vgl. Töpfer, A. (2007) Six Sigma, S. 73.
162 vgl. Heinrich, L./Roithmayr, F. (2018) Wirtschaftsinformatik-Wörterbuch - Dictionary, S. 241.
163 vgl. Măruşter, L./Weijters, A./et al. (2006) A Rule-Based Approach, S. 67; Minonne, C. (2016) Business-Analyse, S. 79.
164 vgl. Becker, T. (2018) Prozesse in Produktion, S. 133.
165 vgl. Seidlmeier, H. (2019) Prozessmodellierung mit ARIS, S. 111.

für die Prozessbeschreibung. Eine Prozessbeschreibung soll bspw. die Prozessperformance beschreiben, wofür eine Darstellung der räumlichen Zusammenhänge nicht notwendig ist.[166]

2.2.2 Traditionelle Methoden zur Prozessperformancebeschreibung

In der industriellen Praxis existieren zahlreiche traditionelle Methoden zur Prozessoptimierung.[167] Im Rahmen der Arbeit werden unter *traditionellen Methoden* interviewbasierte, workshopbasierte oder evidenzbasierte Methoden zur Beschreibung der Prozessperformance verstanden. Bei interviewbasierten Methoden wird die Prozessperformance mittels Befragungen aufgenommen. Bei workshopbasierten Methoden erfolgt die Prozessperformancebeschreibung durch partizipative Workshops. Bei evidenzbasierten Methoden wird die Prozessbeschreibung basierend auf Evidenz, bspw. vorhandenen Dokumentationen oder Arbeitsbeobachtungen, gestützt.[168]

Im Folgenden werden die Methoden Architektur Integrierter Informationssysteme, Wertstromdesign, Business Process Modelling Notation und aixperanto fokussiert, da sie einen hohen Bekanntheitsgrad aufweisen und ihren Schwerpunkt im produktionstechnischen Kontext haben. Ferner charakterisieren sich die Methoden durch eigene Sprachen zur Prozessbeschreibung. Nach einer Vorstellung der Methode erfolgt die Verortung der Beschreibung der Prozessperformance in die methodenspezifischen Phasen der Prozessoptimierung. Weitere traditionelle Methoden werden bspw. durch GRABNER beschrieben.[169]

2.2.2.1 Architektur Integrierter Informationssysteme

Ziel der aus der Wirtschaftsinformatik stammenden Methode *Architektur Integrierter Informationssysteme* (ARIS) ist es, einen allgemeinen Bezugsrahmen für die Prozessoptimierung zu bieten. Hierzu wird zwischen Organisationssicht, Datensicht, Funktionssicht, Leistungssicht und Steuerungssicht unterschieden. Innerhalb dieser existieren jeweils die drei Ebenen Fachkonzept, Datenverarbeitungskonzept und Implementierung.[170]

---

[166] vgl. Dumas, M./La Rosa, M./et al. (2018) Essential Process Modeling, S. 78.
[167] vgl. Schuh, G./Kampker, A. (2011) Strategie und Management, S. 361.
[168] vgl. Dumas, M./La Rosa, M./et al. (2018) Fundamentals of Business, S. 165 ff.
[169] vgl. Grabner, T. (2019) Operations Management, S. 130 ff.
[170] vgl. Schuh, G./Kampker, A. (2011) Strategie und Management, S. 371.

SCHEER schlägt eine siebenphasige Methode zur Prozessoptimierung mit ARIS vor. In der ersten Phase werden vorbereitende Maßnahmen (bspw. Projektteams) festgelegt. Anschließend werden Ziele (bspw. Durchlaufzeiten- oder Kostenreduzierung) der Prozessoptimierung bestimmt. Sodann erfolgt die Beschreibung der Prozessperformance mit dem Ziel, Transparenz zu schaffen, Schwachstellen zu identifizieren und die Zielerreichung zu evaluieren. In der vierten Phase werden neue Prozessvarianten durch Schwachstellenelimination gebildet. Zur Evaluierung der Prozessverbesserungen wird die Nutzung von Referenzprozessen und Simulationstechniken vorgeschlagen. Schließlich erfolgt die Planung und Implementierung der neuen Prozesse in die unternehmerische IT-Landschaft. Abschließend werden Prozesse und Systemimplementierungen erneut hinsichtlich ihrer Zielerreichung bewertet und kontinuierlich verbessert.[171] Abbildung 2-8 fasst die Phasen des ARIS-Ansatzes zusammen und verortet die Beschreibung der Prozessperformance.

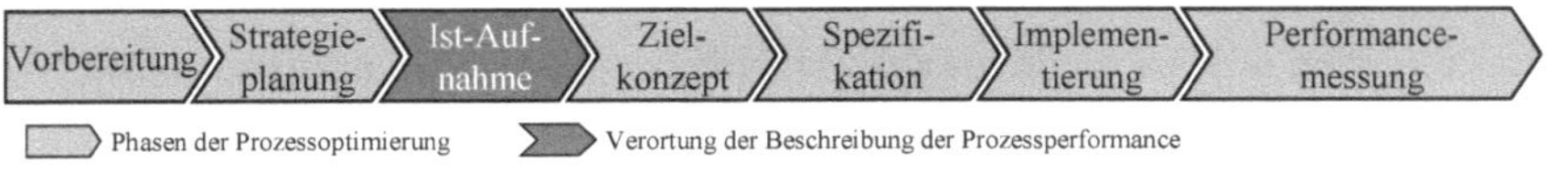

Abbildung 2-7: Prozessbeschreibung als Teil der Prozessoptimierung mit ARIS[172]

Die Beschreibung der Prozessperformance erfolgt in zwei Schritten. Zunächst werden evidenzbasiert die Prozessaktivitäten physisch beobachtet. In einer zweiten Prozessbegleitung werden interviewbasiert weitere Informationen aufgenommen (bspw. beteiligte Abteilungen) und die Prozessbeschreibung verifiziert.[173]

2.2.2.2 Wertstromdesign

Wertstromdesign (vgl. Wertstromanalyse, Value Stream Design[174], Value Stream Analysis[175]) ist eine Methode zur Erfassung, anschließenden Neukonzipierung und Realisierung von Unternehmensprozessen. Dabei werden unter dem Begriff *Wertstrom* alle Prozesse zusammengefasst, die benötigt werden, um einen Input in einen vom Kunden gewünschten Output zu transformieren. Damit steht beim Wertstromdesign der

[171] vgl. Scheer, A.-W. (1999) ARIS - Business Process, S. 150-152.
[172] vgl. Scheer, A.-W. (1999) ARIS - Business Process, S. 149.
[173] vgl. Davis, R. (2008) ARIS Design Platform, S. 23-25.
[174] vgl. Brenner, J. (2018) Lean Administration, S. 186.
[175] vgl. Lugert, A. (2019) Dynamisches Wertstrommanagement, S. 120.

Auftragsabwicklungsprozess im Vordergrund und weniger einzelne Prozesse oder Aktivitäten.[176] Zur Beschreibung der Wertschöpfung werden die PPI Durchlaufzeit, Wartezeit und Bearbeitungszeit betrachtet. Darüber hinaus werden durch Angaben von Prozessreihenfolgen und Rückflüssen verschiedene Zusammenhänge der einzelnen Prozesse erkannt und unterstützen die Identifikation von Schwachstellen zur Ableitung von Handlungsbedarfen zur Prozessoptimierung.[177]

Die Optimierung des Wertstroms besteht aus fünf Phasen. Zunächst werden die zu berücksichtigenden Produktfamilien ausgewählt. Sodann erfolgt die Beschreibung der produktfamilienspezifischen Auftragsabwicklungsprozesse, um Schwachstellen und Verbesserungsansätze zu identifizieren. Anschließend wird der Auftragsabwicklungsprozess neugestaltet und ein Umsetzungsplan erstellt.[178] Abbildung 2-8 zeigt die Phasen des Wertstromdesigns und verortet die Beschreibung der Prozessperformance.

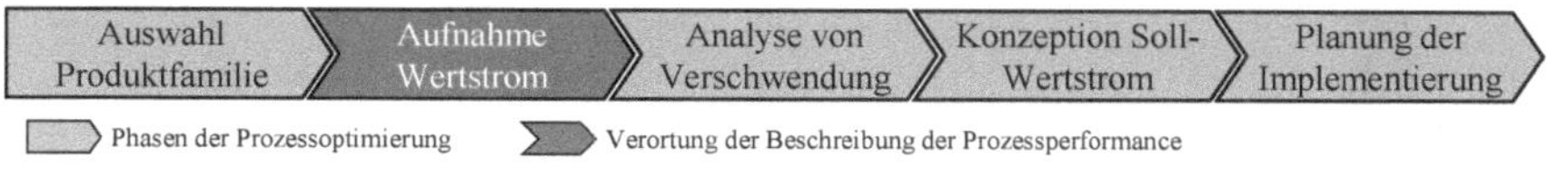

Abbildung 2-8: Prozessbeschreibung als Teil des Wertstromdesigns[179]

Die Prozessbeschreibung wird evidenzbasiert durch Prozessbeobachtungen erstellt. Vorherige Workshops mit Prozessbeteiligten erlauben die Integration von zusätzlichem Kontextwissen. Zur Kommunikation im Unternehmen wird eine Prozessbeschreibung in elektronischer Form statt Handzeichnungen empfohlen.[180]

2.2.2.3 aixperanto

Ziel der aixperanto-Methode ist eine partizipative Geschäftsprozessoptimierung durch frühzeitige Einbeziehung der Mitarbeiter in den Veränderungsprozess.[181] Hierzu wurde eine Modellierungssprache entwickelt, sodass verwendete Symboliken leicht verständlich für alle Beteiligten sind. Dabei sind Beschreibungen von Prozessschritten auf Prozesskarten das zentrale Element. Die Prozesskarten beinhalten mindestens eine

---

[176] vgl. Schuh, G./Kampker, A. (2011) Strategie und Management, S. 371 f.
[177] vgl. Schuh, G./Kampker, A. (2011) Strategie und Management, S. 372.
[178] vgl. Jasti, N./Kota, S./et al. (2020) An application, S. 168 f.
[179] vgl. Jasti, N./Kota, S./et al. (2020) An application, S. 169.
[180] vgl. King, P./King, J. (2015) Value Stream Mapping, S. 33 f.
[181] vgl. Schuh, G./Potente, T./et al. (2013) An Integrated Approach, S. 485.

kurze Prozessbezeichnung. Optional werden die Prozesskarten durch Angabe von Prozessinput, -output sowie verschiedenen PPI spezifiziert. Eine Bewertung des prozessspezifischen Wertschöpfungsbeitrags und Standardisierungsgrads gilt als zentrales Unterscheidungsmerkmal zu alternativen Methoden.[182] Die Anbringung der Prozesskarten in der Prozessabfolge sowie in einer Swimlane-Darstellung befähigt die Beschreibung von Zusammenhängen zwischen Funktionsbereichen und Teilprozessen. Kaizen-Blitze kennzeichnen Probleme oder Verbesserungsvorschläge am Ort einer erkannten Schwachstelle.[183]

Die Prozessoptimierung mittels aixperanto folgt vier Phasen. Im Rahmen der Prozessidentifikation erfolgt die Selektion der zu optimierenden Prozesse. Anschließend werden die bestehenden Prozesse aufgenommen, visualisiert und analysiert. In der Soll-Prozess Gestaltung erfolgt die Optimierung der Prozesse durch Elimination identifizierter Schwachstellen. Dies kann durch eine ausgearbeitete Version des Ist-Prozesses oder durch Neugestaltung erfolgen. In der vierten Phase werden Maßnahmen zur Überführung des Ist- in den Soll-Prozess in einen Maßnahmenplan in zeitlicher Reihenfolge gebracht.[184] Abbildung 2-9 verortet die Beschreibung der Prozessperformance in die Methode der Prozessoptimierung mittels aixperanto.

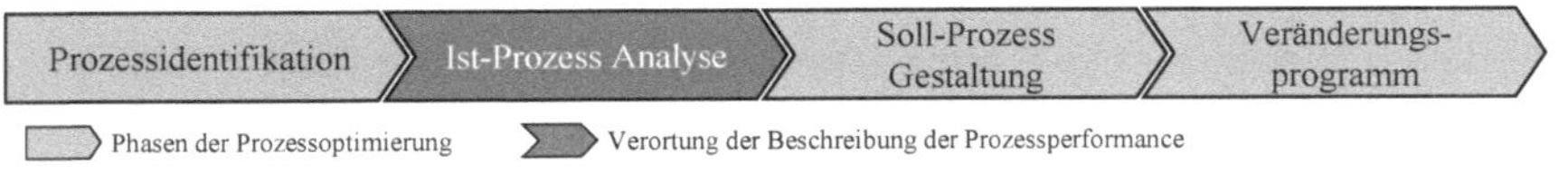

Abbildung 2-9: Prozessbeschreibung als Teil der aixperanto-Methode[185]

Die methodische Vorgehensweise folgt dem Autor-Kritiker-Zyklus. Hierzu wird die Beschreibung der Prozessperformance workshop- und interviewbasiert aufgenommen und anschließend dokumentiert. In einer anschließenden Überprüfung wird die Prozessperformance hinterfragt sowie Unstimmigkeiten aufgezeigt und korrigiert.[186]

---

[182] vgl. Schuh, G. (2013) Lean Innovation, S. 150 ff.
[183] vgl. Schuh, G./Kampker, A./et al. (2011) Prozessmanagement, S. 373.
[184] vgl. Schuh, G./Kampker, A./et al. (2011) Prozessmanagement, S. 373-381.
[185] vgl. Schuh, G./Kampker, A./et al. (2011) Prozessmanagement, S. 375.
[186] vgl. Schuh, G./Kampker, A./et al. (2011) Prozessmanagement, S. 376.

2.2.2.4 Business Process Modelling Notation

Die Business Process Model and Notation (BPMN) ist eine vergleichsweise junge und von der Standardisierungsorganisation ISO weltweit normierte Sprache zur Prozessoptimierung. Die BPMN orientiert sich an üblichen Swimlane-Diagrammen und beschreibt Aktivitäten, Entscheidungen, Ereignisse sowie Kontrollflüsse.[187] Darüber hinaus beinhaltet die Notation zahlreiche weitere Formen, Symbole und Rahmenformen zur Abbildung von Prozesslogiken.[188]

RÜCKER UND FREUND, die an der geltenden BMPN-Version 2.0 mitwirkten, schlagen die Nutzung des Camunda-BPM-Kreislaufs zur Prozessoptimierung mittels BPMN vor. Dieser startet mit der Prozesserhebung zur Identifizierung von Prozessabläufen. Die Erkenntnisse werden in einem Ist-Prozessmodell dokumentiert. Basierend auf der Prozessdokumentation werden durch systematische Prozessanalysen Ursachen für Schwachstellen identifiziert, die Auslöser für neue Prozesskonzeptionen sind. Ergebnisse der Prozesskonzeption sind Soll-Prozessmodelle. Anschließend erfolgt die organisatorische Umsetzung im realen Prozess. Ergebnis der Prozessumsetzung ist ein Ist-Prozess entsprechend dem Soll-Prozessmodell. Ein kontinuierliches Prozesscontrolling überwacht den Prozess, um neue Schwachstellen frühzeitig zu erkennen. RÜCKER UND FREUND sehen die Beschreibung der Prozessperformance als Querschnittsfunktion, die in den Phasen Prozessdokumentation und Prozesskonzeption eine Rolle spielt.[189] Abbildung 2-10 zeigt den Ablauf der Prozessoptimierung mittels BPMN.

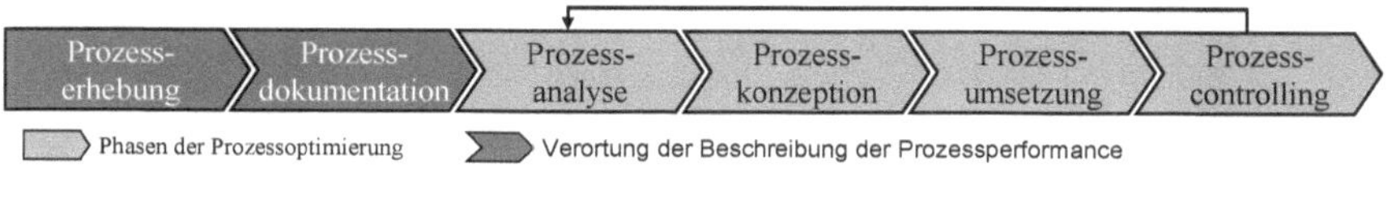

Abbildung 2-10: Prozessbeschreibung als Teil der Prozessoptimierung mit BPMN[190]

In der Praxis wird die Beschreibung der Prozessperformance in der Prozesserhebung und -dokumentation durch Workshops oder Einzelinterviews erstellt.[191]

---

[187] vgl. Gadatsch, A. (2017) Grundkurs Geschäftsprozess-Management, S. 112 ff.
[188] vgl. Silver, B. (2011) BPMN method, S. 3.
[189] vgl. Rücker, B./Freund, J. (2019) Praxishandbuch BPMN, S. 3 f.
[190] vgl. Rücker, B./Freund, J. (2019) Praxishandbuch BPMN, S. 3.
[191] vgl. Rücker, B./Freund, J. (2019) Praxishandbuch BPMN, S. 4.

2.2.3 Gemeinsamkeiten traditioneller Ansätze

In dem folgenden Kapitel werden die in Kapitel 2.2.2 vorgestellten Methoden zur Beschreibung der Prozessperformance hinsichtlich gemeinsamer Merkmale untersucht. Dazu werden Gemeinsamkeiten in Anlehnung an die *Grundsätze ordnungsgemäßer Modellierung*[192] herausgearbeitet und anschließend in Leitprinzipien für eine datenbasierte Beschreibung der Prozessperformance überführt. Die gemeinsamen Merkmale werden in den Herausforderungen und Anforderungen der Praxis (Kapitel 2.4 und Kapitel 3.1) erneut aufgegriffen. Abbildung 2-11 fasst die gemeinsamen Merkmale der traditionellen Ansätze zur Prozessperformancebeschreibung zusammen.

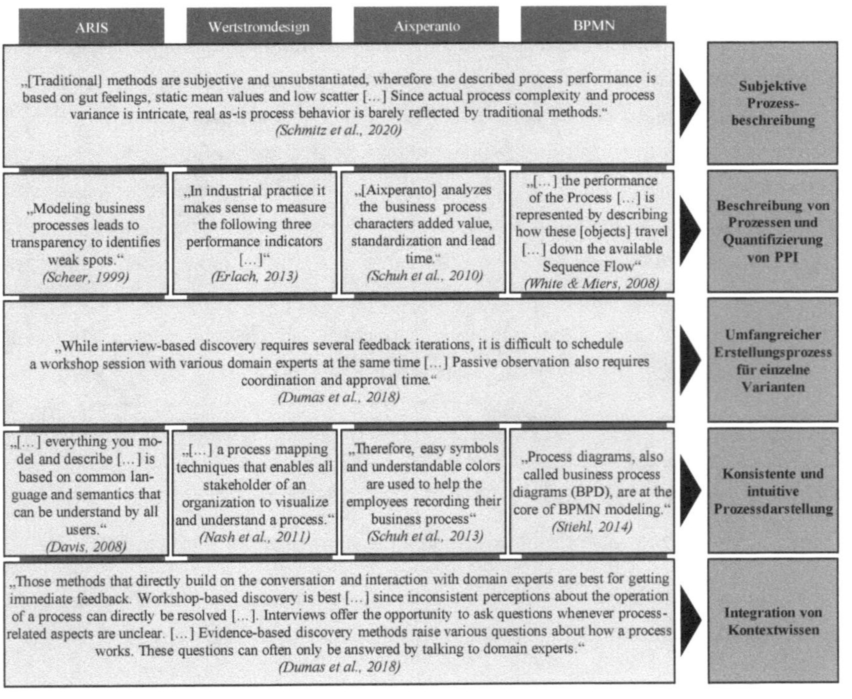

Abbildung 2-11: Übersicht gemeinsamer Merkmale traditioneller Methoden[193]

192 vgl. Becker, J./Probandt, W./et al. (2012) Grundsätze ordnungsmäßiger Modellierung, S. 31-36.

193 vgl. Scheer, A.-W. (1999) ARIS - Business Process, S. 150; Davis, R. (2008) ARIS Design Platform, S. 2; Nash, M. (2008) Mapping the Total, S. 1; White, S./Miers, D. (2008) BPMN modeling and, S. 65; Schuh,

2.2.3.1 Subjektive Prozessbeschreibungen

Die Prozessbeschreibungen der Methoden aus Kapitel 2.2.2 basieren auf interview- bzw. workshopbasierten Erhebungsprinzipien. Vervollständigend kommen bei den Methoden ARIS und Wertstromdesign evidenzbasierte Prozessbeobachtungen hinzu. Diese Erhebungsprinzipien sind durch Involvierung menschlicher Akteure von Natur aus subjektiv.[194] Die Interpretationen der Interview- und Workshopteilnehmer bergen zudem das Risiko voreingenommener Wahrnehmungen, die von der Prozessrealität abweichen. Ferner können opportunistisch relevante Informationen über den Prozess vorenthalten werden.[195] Zur Aufnahme der Prozesszeiten wird häufig lediglich die Bearbeitungsdauer aufgenommen und Liegezeiten nicht berücksichtigt.[196] Bei Prozessbeobachtungen kommt neben der Subjektivität des Beobachters hinzu, dass beobachtete Prozessabläufe nur eine Stichprobe möglicher Prozessabläufe darstellen.[197] Daraus resultieren in Summe subjektive und unfundierte Prozessbeschreibungen, die vom Grundsatz der Richtigkeit abweichen.

2.2.3.2 Beschreibung von Prozessen und Quantifizierung von PPI

Zur Schaffung von Transparenz und zur Identifikation von Verbesserungspotenzialen verwendet die ARIS-Methode Prozessbeschreibungen, die um Informationsobjekte ergänzt werden.[198] Die Wertstromdesign-Methode beschreibt die Prozessperformance durch Prozessbeschreibungen inklusive der Indikatoren Durchlauf-, Bearbeitungs- und Wartezeit zur Identifizierung von Verschwendungen.[199] Damit ist nach NASH die Prozessperformancebeschreibung „the baseline view of existing processes from which all improvements are measured“[200]. Auch aixperanto beschreibt die Prozessperfor-

G./Boos, W./et al. (2010) Modelling Business Processes, S. 2; Erlach, K. (2013) Value stream design, S. 17; Schuh, G./Potente, T./et al. (2013) An Integrated Approach, S. 485; Stiehl, V. (2014) Process-Driven Applications with, S. 26; Dumas, M./La Rosa, M./et al. (2018) Fundamentals of Business, S. 175 f.; Schmitz, S./Renneberg, F./et al. (2021) Definition of Process, S. 670 f.

194 vgl. van der Aalst, W.M.P./van Dongen, B./et al. (2003) Workflow mining, S. 239.

195 vgl. Dumas, M./La Rosa, M./et al. (2018) Fundamentals of Business, S. 175.

196 vgl. Brucker-Kley, E./Kykalová, D./et al. (2018) Prozessintelligenz, S. 49.

197 vgl. Reinkemeyer, L. (2020) Purpose: Identifying, S. 20.

198 vgl. Scheer, A.-W. (1999) ARIS - Business Process, S. 150.

199 vgl. Jasti, N./Kota, S./et al. (2020) An application, S. 172.

200 vgl. Nash, M. (2008) Mapping the Total, S. 2.

mance durch Prozessmodell und -kennzahlen in der Ist-Prozess-Analyse, um Prozessschwachstellen zu identifizieren.[201] Die BPMN-Methode nutzt lediglich die Prozessbeschreibung.[202] Nach dem Grundsatz der Relevanz dienen Prozessbeschreibung und PPI damit der Prozessoptimierung.

2.2.3.3 Umfangreicher Erstellungsprozess für einzelne Varianten

ARIS, Wertstromdesign, aixperanto und BPMN sind aufgrund von Interviews und Workshops umfangreich, da sie mehrere Teilnehmer über einen längeren Zeitraum erfordern. Prozessbeobachtungen erfordern Zeit, um die erforderlichen Daten zu sammeln. Zusätzlich werden Prozessverläufe verfälscht, ausgelöst durch die Beobachtung selbst.[203] Als weiterer Aufwand kommt hinzu, dass die erstellten Beschreibungen gepflegt und aktualisiert werden müssen. Beim Wertstromdesign wird die Beschreibung der Prozessperformance als die aufwendigste und teuerste Phase angesehen.[204] Da der Umfang mit der Anzahl beschriebener Prozessvarianten skaliert, wird mittels traditioneller Methoden ein meist nicht repräsentatives Prozessverhalten beschrieben, in der unbeobachtetes Prozessverhalten zu 80 % der Probleme führt.[205] Die traditionellen Methoden werden daher für eine repräsentative Beschreibung der Prozessperformance dem Grundsatz der Wirtschaftlichkeit nicht gerecht.

2.2.3.4 Konsistente und intuitive Prozessdarstellung

Als zentrale Darstellungsweise nutzt ARIS Ereignisgesteuerte Prozessketten (EPK). Diese bestehen aus Events, Funktionen, Regeln und Ressourcen.[206] Die Nutzung von EPK zur Prozessbeschreibung von der SAP AG hat die Darstellungsweise in der Praxis etabliert. Beim Wertstromdesign zielt die standardisierte Darstellung von Materialflüssen, deren Performance in Form von Datenboxen, Informationsflüssen und Zeitachse auf eine simple einheitliche Sprache zur Analyse der Auftragsabwicklung ab.[207] Bei aixperanto wurden bestehende Methoden angepasst, um eine leichte Verständ-

---

201 vgl. Schuh, G. (2013) Lean Innovation, S. 152.
202 vgl. Rücker, B./Freund, J. (2019) Praxishandbuch BPMN, S. 4.
203 vgl. Dumas, M./La Rosa, M./et al. (2018) Fundamentals of Business, S. 175 f.
204 vgl. Serrano Lasa, I./Ochoa Laburu, C./et al. (2008) An evaluation, S. 49.
205 vgl. van der Aalst, W. (2016) Process mining, S. 56 f.
206 vgl. Davis, R. (2001) Business process modelling, S. 111.
207 vgl. Erlach, K. (2013) Value stream design, S. 25 f.; King, P./King, J. (2015) Value Stream Mapping, S. 5.

lichkeit der Prozessbeschreibung zu ermöglichen. Elemente einer jeder Prozessbeschreibung sind Prozesskarten, auf denen sich die Prozessbezeichnung sowie zusätzlich Prozesskennzahlen (bspw. Prozess-, Übergangszeit, Ausschussrate) befinden.[208] Die BPMN-Basisnotation, die von IBM entwickelt und verbreitet wurde, hat sich zu einer weltweiten Norm entwickelt und besteht aus Aktivitäten, Ereignissen, Entscheidungen, Kontrollflüssen, Nachrichtenflüssen, Verbindungen und Datenobjekten. Analog ARIS und aixperanto erlaubt die Abbildung von Teilprozessen in Schwimmbahnen eine strukturierte Beschreibung der Auftragsabwicklung.[209] Durch die intuitive, einfache und einheitliche Visualisierung werden Prozessbeschreibungen nutzerfreundlich und damit vom Nutzer akzeptiert.[210] Für ad-hoc Situationen werden in der Praxis überwiegend einfache, nicht formalisierte Flussdiagramme verwendet.[211]

2.2.3.5 Integration von Kontextwissen

Die Methoden ARIS, Wertstromdesign, aixperanto und BPMN basieren auf direkter Konversation und Interaktion mit Prozessbeteiligten. Dies ermöglicht die Integration von prozessspezifischem Kontextwissen.[212] MILANI motiviert die Einbindung mehrerer Prozessbeteiligter, bspw. in Form von Workshops beim Wertstromdesign, aixperanto oder BPMN, da kein Individuum das gesamte Prozessverhalten genau kennt.[213] Die Integration von Kontextwissen erlaubt Rückmeldung über konsistentes bzw. inkonsistentes Prozessverhalten und bietet Anhaltspunkte, welche Aspekte der Prozessperformance genauer untersucht werden sollten.[214] Dadurch entsteht nach SCHUH ET AL. ein abgestimmtes Verständnis, was die Akzeptanz zur anschließenden Prozessoptimierung steigert.[215] Damit sorgt die Integration von Kontextwissen nach dem Grundsatz für Klarheit für die richtigen Schlussfolgerungen aus den Beschreibungen der Prozessperformance.

---

[208] vgl. Schuh, G. (2013) Lean Innovation, S. 150-152.
[209] vgl. Gadatsch, A. (2020) Grundkurs Geschäftsprozess-Management, S. 127.
[210] vgl. Rosemann, M. (2006) Potential pitfalls, S. 254.
[211] vgl. Gadatsch, A. (2020) Grundkurs Geschäftsprozess-Management, S. 147.
[212] vgl. Dumas, M./La Rosa, M./et al. (2018) Fundamentals of Business, S. 176.
[213] vgl. Milani, F. (2019) Digital Business Analysis, S. 185.
[214] vgl. Leario, I./Studer, L./et al. (2018) Fallstudie Stadt Lausanne, S. 49.
[215] vgl. Schuh, G./Kampker, A./et al. (2011) Prozessmanagement, S. 375 f.

2.3 Datenbasierte Prozessperformancebeschreibung mittels Process Mining

In den vorherigen Kapiteln wurden traditionelle Methoden zur Prozessperformancebeschreibung erläutert. Da die traditionellen Methoden u.a. Abweichungstendenzen in der Richtigkeit und Wirtschaftlichkeit zur Beschreibung der Prozessperformance zeigen, wird in diesem Kapitel Process Mining als Bindeglied zu wirtschaftlicheren und fundierten datenbasierten Methoden erläutert. Analog den Kapiteln 2.1.1 und 2.1.2 erfolgt zunächst eine wissenschaftstypologische Einordnung des Process Minings in Kapitel 2.3.1 sowie die Definition relevanter Begrifflichkeiten der datenbasierten Prozessbeschreibung in Kapitel 2.3.2. In Kapitel 2.3.3 wird die Anwendung und Vorgehensweise des Process Minings vorgestellt. Schließlich werden in Kapitel 2.3.4 Eigenschaften einer bereichsübergreifenden Anwendung von Process Mining erläutert.

2.3.1 Wissenschaftstypologische Einordnung des Process Minings

Process Mining setzt sich aus den Begriffen Prozess und Mining (dt.: graben) zusammen. Der Begriff *Prozess* verweist auf die traditionelle Prozessperformancebeschreibung, -analyse und -optimierung (vgl. Kapitel 2.2.1.3) und Mining auf die Disziplin des Data Minings. Damit wird Process Mining als Bindeglied zwischen beiden Disziplinen positioniert (vgl. Abbildung 2-12).[216] Data Mining wird von SCHUH ET AL. als Vorgehen definiert, um Wissen aus Daten zu generieren und dieses dem Anwender verständlich zu präsentieren.[217] Wissen bedeutet dabei, Muster durch Datenanalysemethoden wie Statistik, Mustererkennung oder Maschinelles Lernen zu verifizieren oder zu entdecken.[218] Process Mining ist wie Data Mining datenbasiert. Abgrenzend verfolgt Process Mining jedoch das Ziel, ablaufbezogenes Prozesswissen aus Prozessdaten (vgl. Kapitel 2.3.2.1) zu extrahieren. Dies schafft Einblicke aus der prozessorientierten Sicht, bspw. in Form von Prozessbeschreibungen.[219] Process Mining ermöglicht analog traditionellen Methoden (vgl. Kapitel 2.2.2) eine Beschreibung der Prozessperformance, differenziert sich jedoch von diesen durch Objektivität, Nutzen, Fundiertheit und Dynamik.[220] Nach SCHEER wird das „Suchen in Datenbeständen, um

[216] vgl. van der Aalst, W./Adriansyah, A./et al. (2012) Process Mining Manifesto, S. 172.
[217] vgl. Schuh, G./Reinhart, G./et al. (2019) Data Mining Definitions, S. 876.
[218] vgl. Fayyad, U./Piatetsky-Shapiro, G./et al. (1996) Knowledge Discovery, S. 85.
[219] vgl. van der Aalst, W. (2016) Process mining, S. 46.
[220] vgl. Schuh, G./Gützlaff, A./et al. (2020) A Data Model, S. 151.

unerwartete Muster und Zusammenhänge zu erkennen und diese in gut verständlicher, häufig grafischer Form aufzubereiten [...] als Data Mining bezeichnet [...] Wird dieses Vorgehen auf Geschäftsprozesse angewendet, so wird es als Process Mining bezeichnet."[221] Darüber hinaus existieren weitere, nicht überschneidungsfreie Einordnungen von Process Mining in die Disziplinen der Prozesswissenschaften (bspw. Prozessautomatisierung) und Datenwissenschaften (bspw. Maschinelles Lernen oder Visualisierung), die jedoch im gleichen Bedeutungszusammenhang stehen.[222]

Abbildung 2-12: Wissenschaftstypologische Einordnung des Process Minings[223]

2.3.2 Terminologische Grundlagen des Process Minings

Kapitel 2.3.2 definiert und umschreibt zunächst erforderliche Datenbedarfe im Kontext des Process Minings. Anschließend wird das Verständnis von Process Mining für die vorliegende Arbeit definiert und die drei Arten des Process Minings skizziert.

2.3.2.1 Daten und Dateninput für Process Mining

Vor dem Forschungshintergrund der Arbeit wird zunächst der Begriff *Daten* definiert. Daten sind eine durch Syntax verbundene Menge von Zeichen, die eine unstrukturierte und noch keine für den Menschen verständliche oder verwertbare Form haben. Daten werden durch bedeutungszuweisende Semantik zu Informationen. Vernetzte, d.h. mit Erfahrungen verknüpfte Informationen werden als Wissen bezeichnet.[224]

Im Produktionskontext wird zwischen Stamm- und Bewegungsdaten unterschieden. Stammdaten repräsentieren die auftragsunabhängige Struktur eines Unternehmens und seiner Produkte. Hierzu zählen beispielsweise Artikelstücklisten oder Arbeitspläne. Stammdaten liegen nicht im Fokus der Betrachtung. „Bewegungsdaten sind

[221] vgl. Scheer, A.-W. (2020) Process Mining, S. 86.
[222] vgl. van der Aalst, W. (2016) Process mining, S. 12-17.
[223] vgl. van der Aalst, W./Adriansyah, A./et al. (2012) Process Mining Manifesto, S. 172; van der Aalst, W. (2016) Process mining, S. 18.
[224] vgl. Laudon, K./Laudon, J./et al. (2016) Wirtschaftsinformatik, S. 15.; vgl. North, K./Brandner, A./et al. (2016) Wissensmanagement für Qualitätsmanager, S. 5 f.

prozessorientierte und auftragsbezogene [Daten], die beispielsweise mit der Abwicklung von Kunden-, Fertigungs- und Bestellaufträgen verbunden sind“[225]. Merkmale von Bewegungsdaten sind der Zeitbezug sowie unterschiedliche Statuszustände und eine damit einhergehende beschränkte Lebensdauer.[226] Bewegungsdaten werden auch als Ereignisdaten bezeichnet und beschreiben Prozessereignisse von Aufträgen.[227] Ereignisdaten sind die Grundlage zur Anwendung von Process Mining. Einerseits ist eine Anwendung ohne Ereignisdaten nicht möglich, andererseits ist Process Mining zur prozessorientierten Auswertung von Ereignisdaten notwendig.[228]

Dateninput für Process Mining ist ein *Ereignislog* (vgl. Eventlog, Event-Log, Ereignisprotokoll)[229], der per Definition eine Datensammlung von Ereignissen (engl.: events) ist.[230] Im Ereignislog sind die Ereignisse i.d.R. tabellarisch in Datensätzen in Form einer $m \times n$ Matrix organisiert. Solche Matrizen bestehen aus $m \in \mathbb{N}$ Reihen (sog. Ereignisse) und $n \in \mathbb{N}$ Spalten (sog. Attribute).[231] Ein Ereignis besteht aus einer Aktivität sowie der auslösenden Prozessinstanz (vgl. Fall-ID, engl.: case, case-ID, process instance).[232] Prozessinstanzen beschreiben die Perspektive, aus der die Prozessbeschreibung erstellt wird, und sind bspw. Kunden- oder Fertigungsaufträge. Darüber hinaus müssen die Ereignisse chronologisch geordnet sein. Als Ordnungseinheit wird i.d.R. ein Zeitstempel je Ereignis zu den Minimalanforderungen eines Ereignislogs gezählt. Seltener wird eine Ereignis-ID als Ordnungseinheit verwendet.[233] Eine Ordnungseinheit ist neben Aktivität und Fall-ID mandatorisch.[234] Ereignislogs können weitere Attribute wie bspw. die Kosten je Ereignis beinhalten. Die Abfolge der Ereignisse je Prozessinstanz wird als Ereignisspur (engl.: trace) bezeichnet (vgl. Abbildung

---

225 vgl. Schuh, G./Schmidt, C. (2014) Produktionsmanagement, S. 44.

226 vgl. Schuh, G./Schmidt, C. (2014) Produktionsmanagement, S. 44.

227 vgl. Schuh, G./Schmidt, C. (2014) Grundlagen des Produktionsmanagements, S. 44 f.; Thaler, K./Wenzel, R. (2018) Stammdaten, S. 71.

228 vgl. van der Aalst, W.M.P. (2015) Viewing the internet, S. 220.

229 vgl. Peters, R./Nauroth, M. (2019) Process-Mining, S. 3; Krüger, M./Helmers, I. (2020) Process Mining, S. 57.

230 vgl. van der Aalst, W. (2018) Spreadsheets for business, S. 111.

231 vgl. Schuh, G./Gützlaff, A./et al. (2020) Data-based description, S. 382 f.

232 vgl. Peters, R./Nauroth, M. (2019) Process-Mining, S. 15 f.

233 vgl. van der Aalst, W. (2016) Process mining, S. 35 f.

234 vgl. van der Aalst, W. (2016) Process mining, S. 147.

2-13).[235] Eine Ereignisspur stellt eine Prozessvariante dar, eine Prozessvariante kann aber von mehreren Prozessinstanzen beschrieben werden.[236]

Ereignislog

Prozessinstanzen | Aktivitäten | Zeitstempel

Kundenauftrag	*Aktivität*	*Startzeitpunkt*	*Endzeitpunkt*		*Stückzahl*
2334	Angefragt	01.02.2021 12:00	01.02.2021 13:30		1
2334	Freigeben	10.03.2021 08:30	10.03.2021 08:30	…	1
3677	Angefragt	06.02.2021 16:00	07.02.2021 09:00		3
⋮				⋱	
2344	Versendet	30.04.2021 08:10	30.04.2021 08:50		1
3677	Fräsen	22.03.2021 13:00	22.03.2021 15:30		1/3
2344	Fräsen	20.04.2021 12:00	20.04.2021 13:10		1

Ereignis (Zeile)

Mindestanforderung für Process Mining | Weitere optionale Attribute

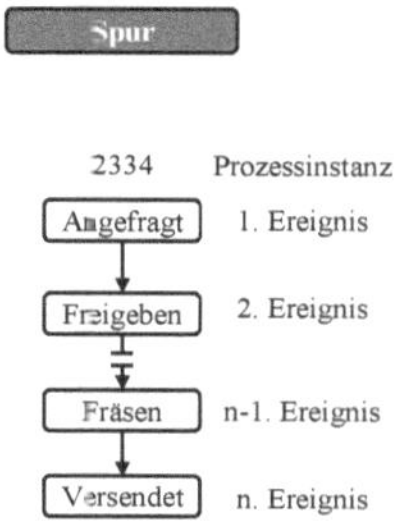

Abbildung 2-13: Beispielhafter Ereignislog (links) und Ereignisspur (rechts)

Die aus den unternehmerischen Informationssystemen extrahierten, transformierten und geladenen (engl. extract, transform, load, kurz: ETL) Ereignislogs stellen die Datengrundlage dieser Arbeit dar.[237] Ansätze existieren, um Ereignislogs sowohl aus prozesszentrierten (sog. Process-Aware-Information-Systems, kurz: PAIS)[238] als auch aus relationalen bzw. objektzentrierten Informationssystemen zu entnehmen.[239] Im Kontext der Auftragsabwicklung sind beispielhafte Informationssysteme das Customer-Relationship-Management-System (CRM-System), das Enterprise-Resource-Planning-System (ERP-System) oder das Manufacturing-Execution-System (ME-System), aus denen Ereignislogs in den Dateiformaten Comma-separated Values (CSV) oder eXtensible Event Stream (XES) generiert werden.[240]

2.3.2.2 Objektzentrierter Ereignislog für die Auftragsabwicklung

Die Deklaration einer Prozessinstanz führt im Kontext der Auftragsabwicklung, aufgrund von mehreren Auftragsarten (vgl. Abbildung 2-2) respektive Prozessinstanzen,

---

[235] vgl. van der Aalst, W. (2016) Process mining, S. 32 u. S. 35; van der Aalst, W. (2018) Spreadsheets for business, S. 111.

[236] vgl. Baier, T. (2015) Matching Events and, S. 28 f.

[237] vgl. van der Aalst, W. (2016) Process mining, S. 125 u. S. 127.

[238] vgl. Dumas, M./La Rosa, M./et al. (2018) Fundamentals of Business, S. 342 f.

[239] vgl. Calvanese, D./Montali, M./et al. (2016) Ontology-Driven Extraction; Li, G./Murillas, E. de/et al. (2018) Extracting Object-Centric Event.

[240] vgl. Meincheim, A./Garcia, C./et al. (2017) Combining Process Mining, S. 498; Dumas, M./La Rosa, M./et al. (2018) Fundamentals of Business, S. 342 f.

zu Herausforderungen (vgl. Kapitel 2.3.4).[241] Um diesen Herausforderung zu begegnen, wurde jüngst ein objektzentrierter Ereignislog (kurz: oEL, engl.: object-centric event log) entwickelt.[242] Im weiteren Verlauf werden Attribute, welche mögliche Prozessinstanzen darstellen (bspw. Auftragsarten), als *Objekttypen* verstanden. Zudem wird eine Identifikationsnummer eines Objekttypen als *Objekt* bezeichnet.[243] Weiter wird deklariert, dass sich ein Ereignis auf eine beliebige Anzahl an Objekten unterschiedlicher Objekttypen beziehen kann.[244] Zur Verdeutlichung sei ein Praxisbeispiel in Abbildung 2-14 gegeben, in dem Kunden-, Fertigungs- und Versandauftrag als Prozessinstanz dienen und somit Objekttypen darstellen. FA1542 ist ein Objekt des Objekttyps Fertigungsauftrag. Das Ereignis *Versendet* bezieht sich auf die Objekte 2334, V9435 sowie auf die Objekte FA1542 und FA2341 des Objekttyps Fertigungsauftrag. Aus der Existenz unterschiedlicher Objekttypen resultiert die Möglichkeit, verschiedene Sichtweisen auf den Prozess zu haben, im Gegensatz zu einer eingeschränkten Sichtweise bei Verwendung einer Prozessinstanz.[245]

Objektzentrierter Ereignislog

Aktivitäten | Zeitstempel | Objekttypen

Aktivität	*Startzeitpunkt*	*Kundenauftrag*	*Fertigungsauftrag*	*Versandauftrag*	*Endzeitpunkt*	*Stückzahl*
Angefragt	01.02.2021 12:00	2334	-	-	01.02.2021 13:30	1
Freigeben	10.03.2021 08:30	2334	FA1542	-	10.03.2021 08:30	1
Angefragt	06.02.2021 16:00	3677	-	-	07.02.2021 09:00	3
⋮						
Versendet	30.04.2021 08:10	2334	FA1542, FA2341	V9435	30.04.2021 08:50	1
Fräsen	22.03.2021 13:00	3677	FA2341	-	22.03.2021 15:30	1/3
Fräsen	20.04.2021 12:00	2344	FA1542	-	20.04.2021 13:10	1

Objekt (→ FA1542); Ereignis (→ Zeile „Versendet“)

Mindestanforderung für objektzentriertes Process Mining (min. 1 Objekttyp notwendig) | Weitere optionale Attribute

Abbildung 2-14: Beispielhafter objektzentrierter Ereignislog[246]

[241] vgl. Schuh, G./Gützlaff, A./et al. (2020) Data-based description, S. 382 f.

[242] vgl. van der Aalst, W./Berti, A. (2020) Discovering Object-centric Petri, S. 1003.

[243] vgl. van der Aalst, W./Berti, A. (2020) Discovering Object-centric Petri, S. 1003.

[244] vgl. van der Aalst, W. (2019) Object-Centric Process Mining, S, 12.

[245] vgl. van der Aalst, W. (2019) Object-Centric Process Mining, S. 1; van der Aalst, W./Berti, A. (2020) Discovering Object-centric Petri, S. 1004.

[246] vgl. van der Aalst, W./Berti, A. (2020) Discovering Object-centric Petri, S. 1008.

Als Alternative zum XES wird eXtensible Object-Centric (XOC) als Dateiformat vorgeschlagen, dessen enorme Größe nachteilig ist. Ferner existieren aufgrund der Neuheit des Formats noch keine praxistauglichen Algorithmen zur Prozessbeschreibung, weshalb auf Lösungen mit einer Prozessinstanz zurückgegriffen wird [247]

2.3.2.3 Process Mining

Im Jahre 2004 definierten VAN DER AALST UND WEIJTERS Process Mining (PM) als „a method of distilling a structured process description from a set of real executions“[248], was vormals auch als „Workflow-Mining“ bezeichnet wurde.[249] Diese Definition wurde im Jahr 2011 von gleichnamigen Publizierenden und der IEEE TASK FORCE ON PROCESS MINING um die Herkunft der Ereignislogs und den Nutzen der Anwendung erweitert. Demnach ist die Grundidee von PM „[...] to discover, monitor and improve real processes (i.e., not assumed processes) by extracting knowledge from event logs readily available in today's (information) systems“[250].

Die Grundidee des PM ist in Abbildung 2-15 dargestellt. Operative Prozesse werden durch Informationssysteme unterstützt, die Ereignisse in Ereignislogs aufzeichnen. Operative Prozesse umfassen dabei jegliche Geschäfts-, Maschinen- Komponenten- oder Organisationsprozesse, in denen Prozessinstanzen identifiziert werden. Ausgehend von den Ereignisdaten werden mittels PM Prozessbeschreibungen erstellt, die einen faktenbasierten und objektiven Ausgangspunkt zur Analyse real ablaufender Prozesse darstellen.[251]

Bei der Prozessbeschreibung mittels PM wird grundsätzlich zwischen strukturierten Prozessen (sog. Lasagne Processes) und unstrukturierten Prozessen (sog. Spaghetti Processes) unterschieden. Strukturierte Prozesse haben wenige Ausnahmen im Prozessverhalten und strenge Kausalbeziehungen zwischen den Aktivitäten. Bspw. können bei Einzel-, Kleinserien- oder Serienfertigern (vgl. Kapitel 2.1.1) strukturierte Prozesse vorliegen. Unstrukturierte Prozesse charakterisieren sich durch zahlreiche

---

[247] vgl. van der Aalst, W. (2019) Object-Centric Process Mining, S. 7; Berti, A./van der Aalst, W. (2020) Extracting Multiple Viewpoint, S. 29 f.

[248] vgl. van der Aalst, W.M.P./Weijters, A.J.M.M. (2004) Process mining, S. 232.

[249] vgl. van der Aalst, W.M.P./van Dongen, B./et al. (2003) Workflow mining, S. 241 f.

[250] vgl. van der Aalst, W./Adriansyah, A./et al. (2012) Process Mining Manifesto, S. 172.

[251] vgl. van der Aalst, W. (2016) Process mining, S. 32; vgl. Medeiros, A. de/Weijters, A./et al. (2007) Genetic process mining, S. 246.

Prozessvarianten mit geringer Kausalität untereinander, d.h. die Reihenfolge der Aktivitäten kann in der Praxis nahezu beliebig erfolgen.[252] Dies kann bspw. bei der Einmalfertigung auftreten. Prozessbeschreibungen unstrukturierter Prozesse sind aufgrund der hohen Prozessvarianz unverständlich und die Variantenvielfalt muss für ein intuitives Verständnis durch die PM-Verfahren abstrahiert werden.[253]

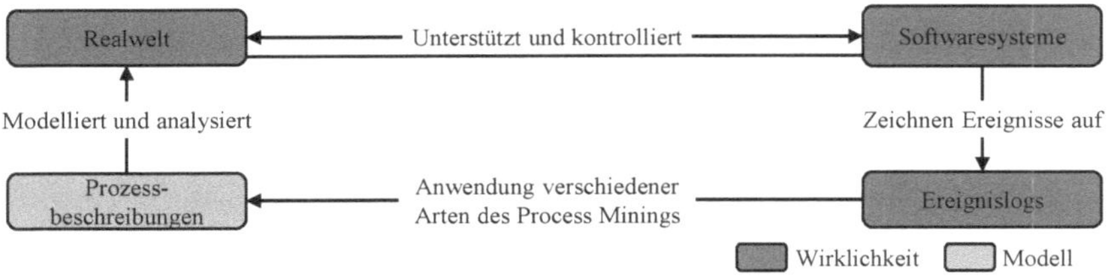

Abbildung 2-15: Grundidee des Process Minings[254]

2.3.2.4 Arten des Process Minings

Basierend auf den Ereignislogs werden zur Anwendung von PM die drei Arten *Erkennung* (engl.: discovery), *Übereinstimmung* (engl.: conformance) und *Erweiterung* (engl.: enhancement) unterschieden.[255] Die Art der Erkennung erstellt aus einem Ereignislog, ohne Nutzung von a-priori Informationen, eine Prozessbeschreibung. Als zweite Art vergleicht die Übereinstimmung bestehende Prozessbeschreibungen (bspw. in Form einer BPMN-Prozessbeschreibung) mit den Ereignislogs der gleichen Prozesse, womit Abweichungen zwischen dokumentierten Prozessbeschreibungen und Prozessrealität diagnostiziert werden. Die Erweiterung verbessert eine bestehende Prozessbeschreibung basierend auf aktuellen Prozessaufnahmen der Ereignislogs. Während die Übereinstimmung nur Abweichungen diagnostiziert, zielt die Erweiterung darauf ab, die Prozessperformance zu verbessern.[256]

[252] vgl. van der Aalst, W. (2016) Process mining, S. 387 f.
[253] vgl. van der Aalst, W.M.P./Gunther, C. (2007) Finding Structure, S. 12.
[254] vgl. Medeiros, A. de/Weijters, A./et al. (2007) Genetic process mining, S. 247.
[255] vgl. van der Aalst, W. (2016) Process mining, S. 33; Peters, R./Nauroth, M. (2019) Process-Mining, S. 6.
[256] vgl. van der Aalst, W. (2016) Process mining, S. 33.

Abbildung 2-16: Drei Arten des Process Minings[257]

Zur initialen, faktenbasierten Beschreibung der realen Prozesse und Prozessperformance wird die Erkennung angewendet[258], weshalb diese zur Beantwortung des Forschungsvorhabens (vgl. Kapitel 1.2) fokussiert wird.

Die gängigsten Prozessbeschreibungen benötigen nur die Mindestanforderungen an Daten (vgl. Kapitel 2.3.2.1) und werden aus der Kontrollflussperspektive betrachtet. Die Kontrollflussperspektive betrachtet die Abfolge der Aktivitäten mit dem Ziel einer realitätstreuen Darstellung aller Prozessvarianten. Bei weiteren Daten im Ereignislog können Prozesse auch aus der Organisations-, Fall- und Zeitperspektive erkannt werden. Die Organisationsperspektive fokussiert Beziehungen zwischen Ressourcen und Aktivitäten, um Ressourcen mit ähnlichem Aktivitätsprofil zu identifizieren. Die Fallperspektive konzentriert sich auf die Eigenschaften einzelner Prozessinstanzen. Durch die Integration von Zeitstempeln werden in der Zeitperspektive Dauer, Häufigkeit und Performance der Prozesse transparent. In der praktischen Anwendung überschneiden sich die Perspektiven, wobei zur Beschreibung der Prozessperformance in der Auftragsabwicklung die Kontrollfluss- und Zeitperspektive fokussiert werden.[259]

---

[257] vgl. van der Aalst, W./Adriansyah, A./et al. (2012) Process Mining Manifesto, S. 175.
[258] vgl. van der Aalst, W. (2020) Academic View: Development, S. 184.
[259] vgl. van der Aalst, W. (2016) Process mining, S. 275-299.

2.3.3 Anwendung des Process Minings

In diesem Kapitel wird die Process Mining Project Methodology (kurz: PM²) als exemplarische Vorgehensweise zur Anwendung von PM vorgestellt. Neben PM² existieren weitere Vorgehensweisen für PM[260] im Speziellen (bspw. das L*-Lebenszyklusmodell[261]) und Data Mining[262] im Generellen, um Zeit und Kosten in der Durchführung von datenbasierten Projekten zu sparen.[263] Die Vorgehensweisen sind gegenüber PM² von geringerer Aktualität oder sind durch geringere praktische Erfahrungen geprägt. PM² besteht aus sechs Phasen, die im Folgenden in die vier übergeordneten Vorgehensschritte *Zielsetzung und Datendefinition*, *Datenverarbeitung*, *Prozessentdeckung* sowie *Evaluierung und Beschreibung* gegliedert werden. Die Phasen Datenverarbeitung, Prozessentdeckung sowie Beschreibung und Evaluierung werden für ein akkurates Prozessverständnis iterativ durchlaufen, um richtige und konkrete Maßnahmen zur Prozessverbesserung abzuleiten.[264]

2.3.3.1 Zielsetzung und Datendefinition

In der ersten Phase der Vorgehensweise geht es um die Zielsetzung der PM-Anwendung, Die Zielsetzung kann konkret (bspw. Erzielung einer Kostenreduktion von 15 % in der Auftragsabwicklung) oder abstrakt (bspw. Schaffung von Transparenz über die Prozessperformance in der Auftragsabwicklung) sein und wird durch direkte Fragestellungen expliziert. Ferner wird der Betrachtungsbereich durch Auswahl der Prozesse inklusive ihrer unterstützenden Informationssysteme festgelegt.[265]

In der Extraktionsphase werden zunächst auf Basis der zuvor definierten Zielsetzung der Umfang der Datenextraktion bestimmt. Die Bestimmung des Extraktionsumfangs erfolgt durch Festlegung der Granularität (bspw. Events auf Kundenauftragsebene oder Fertigungsauftragsebene), die Bestimmung des Zeithorizontes sowie die Spezifizierung der Datenbedarfe. Basierend darauf werden die erforderlichen Datenbedarfe

---

260 vgl. Emamjome, F./Andrews, R./et al. (2019) A Case Study, S. 131.
261 vgl. van der Aalst, W. (2016) Process mining, S. 394.
262 vgl. Mariscal, G./Marbán, Ó./et al. (2010) A survey, S. 159.
263 vgl. van Eck, M./Lu, X./et al. (2015) PM²: A Process, S. 297.
264 vgl. van Eck, M./Lu, X./et al. (2015) PM²: A Process, S. 297-310.
265 vgl. van Eck, M./Lu, X./et al. (2015) PM²: A Process, S. 298-300.

aus den prozessunterstützenden Informationssystemen extrahiert und in einem Ereignislog konsolidiert.[266] Ergebnis der Phase sind ein konzeptioniertes Datenmodell sowie initiale Ereignislogs.[267]

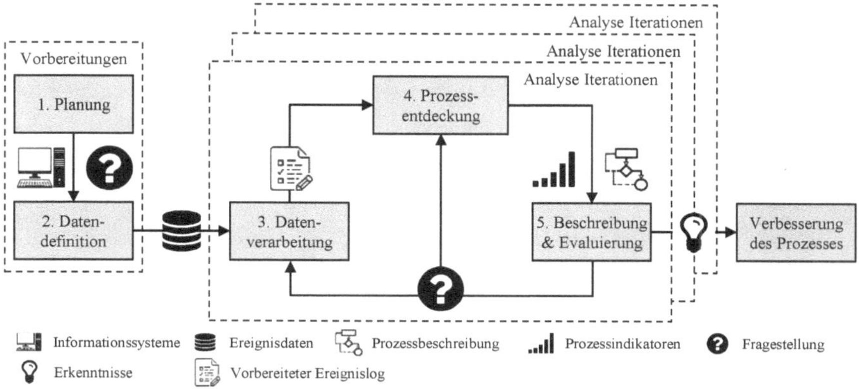

Abbildung 2-17: Vorgehensweise der Process Mining Project Methodology (PM²)[268]

2.3.3.2 Datenverarbeitung

Die Datenverarbeitung umfasst alle notwendigen Schritte und Methoden, um Ereignislogs zur Erkennung mittels PM vorzubereiten.[269] Ohne Datenverarbeitung ist die Beschreibung der Prozessperformance wenig erfolgreich, da die Prozessrealität häufig unstrukturierter als erwartet ist.[270] VAN ECK ET AL. unterteilen die Datenvorbereitung in die vier Schritte *Ansichten erstellen*, *Events aggregieren*, *Ereignislog anreichern* und *Ereignislog filtern*. Eine Ansicht (engl.: view) ist eine Perspektive auf die Ereignisdaten und wird durch Festlegung der Prozessinstanz erstellt.[271] Das *Aggregieren von Ereignissen* hat zum Ziel, strukturierte Prozessbeschreibungen zu erzeugen. Bei der Aggregation wird zwischen der Aggregation von Ereignissen zu ähnlichen Ereignisklassen bei gleichbleibender Ereignisanzahl und einer Zusammenfassung von Ereignissen unterschieden. Im Schritt *Ereignislog anreichern* werden dem Ereignislog

---

[266] vgl. van Eck, M./Lu, X./et al. (2015) PM²: A Process, S. 301.
[267] vgl. Emamjome, F./Andrews, R./et al. (2019) A Case Study, S. 130.
[268] vgl. van Eck, M./Lu, X./et al. (2015) PM²: A Process, S. 299.
[269] vgl. Calvanese, D./Kalayci, T./et al. (2017) OBDA for Log, S. 307.
[270] vgl. Ceravolo, P./van Keulen, M./et al. (2020) Data-Driven Process Discovery, S. 55.
[271] vgl. van Eck, M./Lu, X./et al. (2015) PM²: A Process, S. 302 f.

Attribute hinzugefügt, indem diese aus Ereignislog-Attributen kalkuliert werden oder neue Daten inkludiert werden. *Ereignislog filtern* ist der letzte Schritt, um die Prozessperformance für bestimmte Datenschnitte des Ereignislogs zu beschreiben. Dabei erfolgt das Filtern i.d.R. nach festgelegten Attributwerten oder ähnlichen Spuren.[272]

Die Schritte fokussieren primär die Qualität der Prozessbeschreibung. Ereignislogs können Rauschen (engl.: noise) aufweisen, worunter eine Vielzahl von Datenfehlern (bspw. unkorrekte, unvollständige oder ungewohnte Ereignisse) verstanden werden, welche die Datenqualität beeinträchtigen.[273] Auch wenn der Umgang mit Datenqualität einen wichtigen Schritt darstellt, der ad-hoc durch Integration von domänenspezifischem Prozesswissen behandelt werden muss, soll an dieser Stelle auf die Literatur verwiesen werden[274], da der Fokus dieser Arbeit auf der partialprozessübergreifenden Anwendung von PM liegt. Dies deckt sich mit dem ersten Leitsatz des PROCESS MINING MANIFESTO, wonach die einzelnen Ereignislogs der Informationssysteme für eine belastbare Anwendung von PM in ausreichender Qualität zur Verfügung stehen.[275] Eine Ausnahme stellt syntaktische Inhomogenität dar, welche durch die Zusammenführung von multiplen Ereignislogs unterschiedlicher Informationssysteme entsteht. Dabei wird zwischen unterschiedlichen Zeitstempelformaten und unterschiedlicher Tabellenstruktur unterschieden (vgl. Abbildung 2-18).[276]

Syntaktische Inhomogenität	Beschreibung	Beispiel
	Unterschiedliche Zeitstempelformate	Ereignislog A: YYYY-MM-DD Ereignislog B: DD-MM-YYYY
	Zeit separiert vom Datum (zwei Attribute) vs. Zeitstempelformat in Langform	Ereignislog A: Startdatum, Startzeit Ereignislog B: Start-Zeitstempel

Abbildung 2-18: Syntaktische Inhomogenität durch Zusammenführung[277]

Da Informationssysteme grundsätzlich über die Funktion verfügen, Zeitstempelformate in Langform, d.h. mit Datum und Uhrzeit, zurückzuschreiben, wird angenommen, dass die Zeitstempelformate der Ereignislogs in Langform vorliegen.

[272] vgl. van Eck, M./Lu, X./et al. (2015) PM²: A Process, S. 302.

[273] vgl. van der Aalst, W.M.P./van Dongen, B./et al. (2003) Workflow mining, S. 245.

[274] vgl. Suriadi, S./Andrews, R./et al. (2017) Event log imperfection; Andrews, R./Suriadi, S./et al. (2018) Towards Event Log.

[275] vgl. van der Aalst, W./Adriansyah, A./et al. (2012) Process Mining Manifesto, S. 179 f.

[276] vgl. Gschwandtner, T./Gärtner, J./et al. (2012) A Taxonomy, S. 69.

[277] vgl. Gschwandtner, T./Gärtner, J./et al. (2012) A Taxonomy, S. 69.

2.3.3.3 Prozessentdeckung

Im vierten Schritt wird basierend auf dem Eventlog eine Prozessbeschreibung aus der Kontrollflussperspektive erstellt. Um die Resultate der Prozessentdeckung für den Anwender verständlich darzustellen, werden neben BPMN und EPK (vgl. Kapitel 2.2.3.4) auch Petri Netze (engl.: Petri Net), Kausalnetze (engl.: Causal Nets), Direct-Follows-Graph (DFG) und Prozessbäume (engl.: Process Trees) als gängige Modellierungssprachen verwendet.[278] Ein Petri Netz besteht aus Stellen, Transitionen und Token. Token werden durch Transitionen, die Aktivitäten darstellen, auf Stellen verteilt, wodurch Vorgänger-Nachfolger-Beziehungen zwischen Aktivitäten entstehen.[279] Ein Kausalnetz stellt Aktivitäten durch Knoten und Vorgänger-Nachfolger-Beziehungen durch spezifische, punktebehaftete Verbindungen dar.[280] DFG ist die intuitivste Modellierungssprache, in der Knoten Aktivitäten darstellen und Vorgänger-Nachfolger-Beziehungen zwischen Aktivitäten durch simple Verbindungen beschrieben werden.[281] Prozessbäume sind hierarchische Prozessbeschreibungen und bestehen aus Operatoren, die sequenzielles, alternatives, additives oder repetitives Verhalten zwischen Blättern, d.h. Aktivitäten, darstellen. Prozessbäume sind stets *sound*, d.h. alle Prozessaktivitäten werden beschrieben.[282] Kausalnetze und Prozessbäume werden speziell für PM verwendet und finden wenig allgemeine Anwendung.[283] Mit welcher Sprache eine Prozessbeschreibung visualisiert wird, hängt vom Verfahren (engl.: Miner) der Prozessentdeckung ab.

Der *Alpha Miner* ist das historisch älteste Verfahren zur Prozessbeschreibung.[284] Zur Erstellung der Prozessbeschreibung werden Ordnungsbeziehungen zwischen Aktivitäten in einer Profilmatrix untersucht. Die Prozessbeschreibung wird in einem Petri Netz visualisiert. Limitation des Verfahrens sind der Umgang mit Rauschen sowie die Identifikation von Schleifen (engl.: Loops).[285] Der *Heuristic Miner* basiert auf dem Alpha Miner mit dem Unterschied, dass Häufigkeiten in den Ordnungsbeziehungen

---

[278] vgl. van der Aalst, W. (2016) Process mining, S. 55.
[279] vgl. van der Aalst, W. (2016) Process mining, S. 60.
[280] vgl. van der Aalst, W. (2016) Process mining, S. 73.
[281] vgl. Leemans, S./Poppe, E./et al. (2019) Directly Follows-Based Process, S. 28.
[282] vgl. Leemans, S./Fahland, D./et al. (2013) Discovering Block-Structured Process, S. 311.
[283] vgl. van der Aalst, W. (2016) Process mining, S. 72-79.
[284] vgl. van der Aalst, W. (2020) Academic View: Development, S. 182.
[285] vgl. van der Aalst, W. (2016) Process mining, S. 167-174.

zwischen Aktivitäten berücksichtigt werden. Dadurch kann seltenes Prozessverhalten in der Prozessbeschreibung abstrahiert werden, indem Schwellenwerte für Aktivitätsbeziehungen festgelegt werden. Durch Häufigkeiten der Ordnungsbeziehungen kann das Verfahren mit Rauschen und Schleifen umgehen.[286] Als Darstellungsform werden Kausalnetze verwendet.[287] Ziel des *Fuzzy Miner* ist die Vereinfachung von unstrukturierten Prozessen. Der Fuzzy Miner baut auf dem Heuristic Miner auf, um vereinfachte Prozessbeschreibungen in Form eines DFG darzustellen.[288] Hierzu wird die Relevanz der Modellierungselemente, d.h. Aktivitäten und Vorgänger-Nachfolger-Verbindungen, mittels Signifikanz und Korrelation bestimmt. Verbindungen und Aktivitäten mit geringer Relevanz werden aus der Prozessbeschreibung entfernt (sog. Abstraktion) sowie Aktivitäten niedriger Signifikanz und hoher Korrelation gruppiert (sog. Aggregation).[289] Der Fuzzy Miner kann mit Rauschen umgehen.[290] Die integrative Datenverarbeitung (vgl. Kapitel 2.3.3.2) differenziert den Fuzzy Miner von anderen Verfahren.[291] Mittels des *Inductive Miners* wird aus einem Ereignislog zunächst ein DFG und anschließend ein Prozessbaum erstellt. Dazu werden Aktivitäten, basierend auf dem DFG, algorithmisch in disjunkte Teilereignislogs aufgeteilt.[292] Ein Nachteil des Verfahrens ist, dass Wiederholungen einer Aktivität und Schleifen mit gleicher Start- und Endaktivität nicht richtig identifiziert werden.[293] Verschiedene Modifizierungen (bspw. Inductive-Miner-direct-follows based) wurden entwickelt, um resultierende Prozessbeschreibungen zu verbessern und Skalierbarkeit zwischen den Qualitätsdimensionen der Prozessbeschreibung (vgl. Kapitel 2.3.3.5) zu ermöglichen. Der Inductive Miner ist das am häufigsten angewendete Verfahren zur Erkennung.[294]

---

286 vgl. Weijters, A.J.M.M./van der Aalst, W.M.P. (2003) Rediscovering workflow models, S. 154 f.

287 vgl. van der Aalst, W. (2016) Process mining, S. 201.

288 vgl. van der Aalst, W. (2016) Process mining, S. 207; Leemans, S./Poppe, E./et al. (2019) Directly Follows-Based Process, S. 27.

289 vgl. Günther, C./van der Aalst, W. (2007) Fuzzy Mining – Adaptive, S. 332 f.

290 vgl. van der Aalst, W. (2016) Process Mining, S. 186.

291 vgl. Günther, C./van der Aalst, W. (2007) Fuzzy Mining – Adaptive, S. 342.

292 vgl. van der Aalst, W. (2016) Process mining, S. 222-224.

293 vgl. Leemans, S./Fahland, D./et al. (2013) Discovering Block-Structured Process, S. 325.

294 vgl. van der Aalst, W. (2016) Process mining, S. 233-236.

Weitere Verfahren und Modifikationen (bspw. der Genetic Miner[295]) wurden entwickelt, um den aufkommenden Limitation in der Praxis entgegenzuwirken. Die Verfahren können keine oEL (vgl. Kapitel 2.3.2.2) auswerten, weshalb Object-Centric Petri Nets[296] oder Multiple Viewpoint Models[297] erforscht werden, die sich jedoch aufgrund des frühen Forschungsstandes für einen Einsatz in der Praxis noch nicht eignen.

Neben den Verfahren zur Prozessbeschreibung werden in der Phase der Prozessentdeckung auch weitere Explorationstechniken (bspw. Histogramme der Ereignisse) verwendet, um die Prozessperformance mit weiteren Indikatoren zu beschreiben.[298] Auch die Interpretation der beschriebenen Prozessperformance im Hinblick auf die Zielstellung stellt ein zentrales Ergebnis dar.[299]

2.3.3.4 Beschreibung und Evaluierung

Basierend auf Prozessbeschreibungen und PPI wird die Prozessperformance evaluiert. Die Evaluierung erfordert die richtige Interpretation der Ergebnisse durch den Nutzer sowie die Verifizierung, d.h. die Überprüfung der Ergebnisse mit den Originaldaten, und Validierung, d.h. die Auseinandersetzung mit unerwarteten Ergebnissen durch die Prozessexperten, zur Ableitung von Maßnahmen zur Prozessoptimierung.[300]

In dieser Arbeit wird eine *verwertungsneutrale* Beschreibung der Prozessperformance angestrebt. Verwertungsneutral wird als anwendungsneutral und bewertungsneutral definiert. Der Begriff *anwendungsneutral* setzt sich aus den Teilbegriffen *Anwendung* und *neutral* zusammen, *bewertungsneutral* aus den Teilbegriffen *Bewertung* und *neutral.* Als *Anwendung* wird das In-Beziehung-Setzen mit einem Fall verstanden.[301] Als *Bewertung* wird eine Äußerung, durch die etwas oder jemand beurteilt wird, aufgefasst.[302] Der Begriff *neutral* forciert, dass die Visualisierung sich nicht auf die Teilbegriffe Anwendung und Bewertung auswirkt.[303] Damit unterstützt eine verwertungsneutrale Visualisierung der Prozessperformance die Wahrnehmung, welche eine von

---

[295] vgl. Medeiros, A. de/Weijters, A./et al. (2007) Genetic process mining.
[296] vgl. van der Aalst, W./Berti, A. (2020) Discovering Object-centric Petri.
[297] vgl. Berti, A./van der Aalst, W. (2020) Extracting Multiple Viewpoint.
[298] vgl. van Eck, M./Lu, X./et al. (2015) PM^2: A Process, S. 304.
[299] vgl. Emamjome, F./Andrews, R./et al. (2019) A Case Study, S. 132.
[300] vgl. van Eck, M./Lu, X./et al. (2015) PM^2: A Process, S. 304.
[301] vgl. Dudenredaktion (2015) Duden, S. 168.
[302] vgl. Dudenredaktion (2015) Duden, S. 311; Steinhauer, A. (2016) Duden, S. 72.
[303] vgl. Dudenredaktion (2015) Duden, S. 1264.

fünf Interaktionsmodalitäten des Menschen ist.[304] Unter Visualisierung wird die Umwandlung von Informationen in grafische Darstellungen verstanden, um Inhalte übersichtlich, einprägsam und leicht wahrnehmbar zu transportieren.[305]

Für die Visualisierung der Prozessperformance existieren die fünf Gestaltungsgesetze *Figur und Hintergrund*, *Gesetz der Nähe*, *Gesetz der Gleichartigkeit*, *Gesetz der Geschlossenheit* und *Gesetz der guten Fortsetzung*. Die *Figur* stellt den Informationsträger dar, der durch passende Kontraste und Farben des Hintergrunds hervorhebend unterstütz wird. Nach dem *Gesetz der Nähe* und dem *Gesetz der Gleichartigkeit* werden beieinanderliegende und gleichartige Elemente als Einheit wahrgenommen. Nach dem *Gesetz der Geschlossenheit* sind für den Nutzer Einfachheit und Struktur der Informationen wichtig zur Wahrnehmung. Das *Gesetz der guten Fortsetzung* verknüpft Informationen und stellt diese dem Nutzer gebündelt zur Verfügung.[306]

Als Darstellungsformen zur Visualisierung dienen Grafiken oder Prozessbeschreibungen. Bei Grafiken wird zwischen Wertedarstellungen (bspw. Balken-, Säulen- oder Punktdiagramme), Darstellungen für multidimensionale Werte (bspw. Netzdiagramm) und Strukturdarstellungen (bspw. Sankeydiagramm) unterschieden.[307] Zur Prozessoptimierung muss der Nutzer ausreichendes Prozesswissen besitzen, um die richtigen Maßnahmen aus den verwertungsneutralen Visualisierungen der Prozessperformance zu ziehen.[308]

2.3.3.5 Zielkonflikte in der Prozessbeschreibung

Die Güte der Prozessbeschreibung mittels PM lässt sich anhand der vier Dimensionen *Fitness* (dt.: Eignung), *Simplicity* (dt.: Einfachheit), *Precision* (dt.: Genauigkeit) und *Generalization* (dt.: Verallgemeinerung) beschreiben. Die Dimensionen stehen untereinander im Zielkonflikt, weshalb die Prozessbeschreibung anwendungsbezogen innerhalb dieser Dimensionen positioniert werden muss (vgl. Abbildung 2-19).

304 vgl. Heinecke, A. (2012) Mensch-Computer-Interaktion, S. 75 f.; DIN Deutsches Institut für Normung e.V. (2017) Ergonomie der Mensch-System-Interaktion, S. 11-13.

305 vgl. Meyer, J.-A. (1999) Visualisierung von Informationen, S. 31; Weber, W. (2008) Kompendium Informationsdesign, S. 255.

306 vgl. Hammer, N. (2008) Mediendesign für Studium, S. 48-51.

307 vgl. Meyer, J.-A. (1999) Visualisierung von Informationen, S. 40-73.

308 vgl. Mangold, R. (2015) Informationspsychologie, S. 15 f.

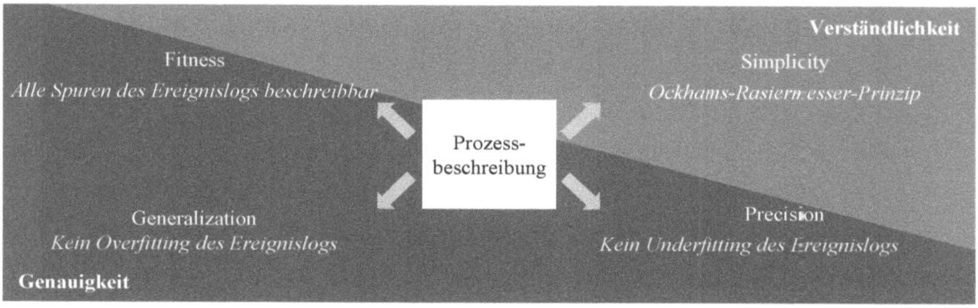

Abbildung 2-19: Zielkonflikt der Qualitätsdimensionen der Prozessbeschreibung[309]

Fitness quantifiziert, wie vollständig die Prozessbeschreibung die Spuren im Ereignislog repliziert.[310] Sie wird als Anteil der abgebildeten Spuren in der Prozessbeschreibung definiert.[311] Eine Prozessbeschreibung besitzt perfekte Fitness, wenn alle Spuren in der Prozessbeschreibung beschrieben werden.[312]

Simplicity (vgl. complexity, dt.: Komplexität)[313] zielt auf das Sparsamkeitsprinzip (vgl. Ockhams-Rasiermesser-Prinzip, engl.: Occam's Razor Principle)[314] ab.[315] Das Sparsamkeitsprinzip umfasst pragmatische Zweckmäßigkeitsregeln für die Beschreibung von Sachverhalten.[316] Demnach sollte von zwei Prozessbeschreibungen, die beide ein und dieselben Prozessverhalte darstellen, die intuitivere Prozessbeschreibung bevorzugt werden.[317] Simplicity wird durch die Anzahl an Aktivitäten und Vorgänger-Nachfolger-Verbindungen quantifiziert.[318] Eine Simplicity von Null wird als *einfach* und eine Simplicity von Eins als *komplex* bezeichnet.[319]

---

[309] vgl. vanden Broucke, S./Weerdt, J. de/et al. (2013) A comprehensive benchmarking, S. 255; van der Aalst, W. (2016) Process mining, S. 189.

[310] vgl. Rozinat, A./van der Aalst, W. (2008) Conformance checking, S. 73.

[311] vgl. Leemans, S./Fahland, D./et al. (2018) Scalable process discovery, S. 612.

[312] vgl. van der Aalst, W. (2016) Process mining, S. 188.

[313] vgl. vanden Broucke, S./Weerdt, J. de/et al. (2013) A comprehensive benchmarking, S. 254.

[314] vgl. Zrzavý, J./Burda, H./et al. (2013) Evolution, S. 42.

[315] vgl. van der Aalst, W. (2016) Process mining, S. 189.

[316] vgl. Zrzavý, J./Burda, H./et al. (2013) Evolution, S. 42.

[317] vgl. van der Aalst, W. (2016) Process mining, S. 189.

[318] vgl. Tjaden, G. (1999) Business Process Structural, S. 17-20.

[319] vgl. Mendling, J./Aalst, W./et al. (2009) Metrics for Process, S. 123 ff.; van der Aalst, W. (2016) Process mining, S. 189.

Precision (vgl. appropriateness[320]) beschreibt die Genauigkeit (engl.: accuracy), mit der Prozessbeschreibungen das Prozessverhalten darstellen[321] und kann als Anteil des ereignislogbasierten Prozessverhaltens zum beschriebenen Prozessverhalten quantifiziert werden.[322] Je mehr ereignislogbasierte Prozessvarianzen dargestellt werden, desto höher ist die Precision.[323] Eine Prozessbeschreibung mit geringer Precision verallgemeinert das datenbasierte Prozessverhalten und erlaubt zusätzliche Prozessvarianzen (sog. Underfitting).[324]

Prozessbeschreibungen sollten durch Generalization (dt.: Generalisierung) nicht ausschließlich das ereignislogbasierte Prozessverhalten darstellen, sondern verallgemeinernd auch zusätzliche, wahrscheinlich auftretende Prozesskonstellationen zulassen.[325] Eine Prozessbeschreibung generalisiert nicht, wenn nur das ereignislogspezifische Prozessverhalten dargestellt wird und bereits ein zusätzlicher Ereignislog derselben Prozesse zu einer abweichenden Prozessbeschreibung führt (sog. Overfitting).[326]

2.3.4 Eigenschaften einer prozessübergreifenden Anwendung

Im Folgenden werden Eigenschaften erläutert, die charakteristisch für eine prozessübergreifende Anwendung von PM, d.h. auch für eine Adaptierung auf die Auftragsabwicklung, sind. Im Speziellen wird der Umgang mit multiplen Fall-IDs (vgl. Kapitel 2.3.4.1), Konvergenz und Divergenz sowie das Flattening von Ereignislogs (vgl. Kapitel 2.3.4.2) diskutiert.

2.3.4.1 Multiple Prozessinstanzen in der Auftragsabwicklung

Startpunkt für „klassische" PM-Anwendungen sind einzelne Ereignislogs (vgl. Kapitel 2.3.2.1). Werden mehrere Ereignislogs betrachtet, liegen *multiple Ereignislogs* vor.[327] Bei multiplen Ereignislogs beschreibt jeder Log die Ereignisse aus der Perspektive einer anderen Prozessinstanz, womit multiple Fall-IDs vorliegen.[328] Dies gilt für den

---

320 vgl. vanden Broucke, S./Weerdt, J. de/et al. (2013) A comprehensive benchmarking, S. 254.
321 vgl. Rozinat, A./van der Aalst, W. (2008) Conformance checking, S. 73.
322 vgl. Mannhardt, F./Leoni, M./et al. (2016) Measuring the Precision, S. 118.
323 vgl. vanden Broucke, S./Weerdt, J. de/et al. (2013) A comprehensive benchmarking, S. 254.
324 vgl. van der Aalst, W. (2016) Process mining, S. 190.
325 vgl. vanden Broucke, S./Weerdt, J. de/et al. (2013) A comprehensive benchmarking, S. 256 f.
326 vgl. van der Aalst, W. (2016) Process mining, S. 190.
327 vgl. Raichelson, L./Soffer, P./et al. (2017) Merging event logs, S. 218.
328 vgl. van der Aalst, W./Berti, A. (2020) Discovering Object-centric Petri, S. 1003 f.

Betrachtungsbereich der Auftragsabwicklung, da aus unterschiedlichen IT-Systemen der Teilprozesse einzelne Ereignislogs extrahiert werden.[329] Bezogen auf ein produzierendes Unternehmen kann bspw. in einem CRM-System der Kundenauftrag als Prozessinstanz verwendet werden, wohingegen im ME-System der Fertigungsauftrag verwendet wird und die Identifikation im Warenausgang per Lieferschein erfolgt. Das Vorliegen multipler Fall-IDs kann auch innerhalb eines IT-Systems auftreten.[330] Um bestehende PM-Verfahren anzuwenden, müssen multiple Logs zu einem Log zusammengeführt werden und eine eindeutige Prozessinstanz festgelegt werden.[331]

Die Zusammenführung der EL kann über Ereigniskorrelation (engl. event correlation) erfolgen. Dabei wird zwischen der *Korrelation mit existierendem Datenschema* und *ohne existierendes Datenschema* unterschieden.[332] In dieser Arbeit wird die Ereigniskorrelation mit existierendem Datenschema forciert, welches auf dem Prinzip der Foreign-Key-Relation in relationalen Datenbanken basiert.[333] Ein Foreign-Key (dt.: Fremdschlüssel) ist ein Attribut einer Datentabelle (bspw. Fertigungsaufträge), dessen Werte eindeutig die Zeileneinträge anderer Datentabellen (bspw. Kundenaufträge) identifiziert und somit Zusammenhänge schafft, die aus unterschiedlichen Datentabellen hervorgehen.[334]

---

[329] vgl. Raichelson, L./Soffer, P./et al. (2017) Merging event logs, S. 211; Suriadi, S./Andrews, R./et al. (2017) Event log imperfection, S. 134.

[330] vgl. Mahendrawathi, E./Zayin, S./et al. (2017) ERP Post Implementation, S. 220.

[331] vgl. Raichelson, L./Soffer, P./et al. (2017) Merging event logs, S. 211 f.

[332] vgl. Li, G./Medeiros de Carvalho, R./et al. (2018) Configurable Event Correlation, S. 209 f.

[333] vgl. Lu, X./Nagelkerke, M./et al. (2015) Discovering Interacting Artifacts, S. 863.

[334] vgl. Coronel, C./Morris, S. (2019) Database systems, S. 72-75.

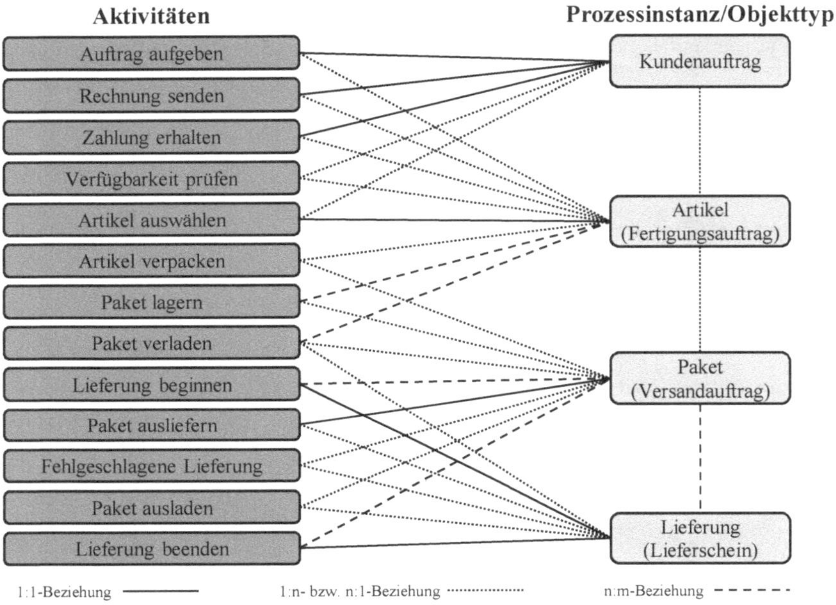

Abbildung 2-20: Relationen zwischen Aktivitäten und Objekttypen[335]

In der Auftragsabwicklung führen Splitting- und Bündelungsvorgänge dazu, dass Prozessinstanzen nicht zwangsweise in einer 1:1-Beziehung stehen.[336] Es werden vier Kardinalitätsbeziehungen unterschieden, in denen Prozessinstanzen (d.h. Objekttypen) und respektive zugehörige Objekte, also Fall-IDs, in Beziehung stehen.[337] Die Beziehungen werden anhand der Auftragsabwicklung und Abbildung 2-20 beispielhaft erläutert.

- **1:1-Beziehung:** Aus dem Auftrag einer Auftragsart resultiert ein Auftrag einer anderen Auftragsart. Bspw. beinhaltet ein Kundenauftrag einen Artikel, der einen Fertigungs- oder Montageauftrag darstellt.
- **1:n-Beziehung:** Aus dem Auftrag einer Auftragsart resultieren multiple Aufträge einer anderen Auftragsart. Bspw. beinhaltet ein Kundenauftrag mehrere Bestellpositionen und damit Artikel.

---

[335] vgl. van der Aalst, W. (2019) Object-Centric Process Mining, S. 11.
[336] vgl. Neumann, S. (2003) Gestaltung Workflow-integrierter Architekturen, S. 172.
[337] vgl. Raichelson, L./Soffer, P./et al. (2017) Merging event logs, S. 213.

- **n:1-Beziehung:** Aus mehreren Aufträgen einer Auftragsart wird ein Auftrag einer anderen Auftragsart. Bspw. werden mehrere Montageaufträge in einem Paket, also Versandauftrag, versendet.
- **n:m-Beziehung:** Aus mehreren Aufträgen einer Auftragsart werden mehrere Aufträge einer anderen Auftragsart. Bspw. wird ein Kundenauftrag in mehreren Lieferungen versendet, wobei eine Lieferung mehrere Kundenaufträge haben kann.

Die Aktivitäten in Abbildung 2-20 können aus der Perspektive eines jeden, aber einzelnen, Objekttyps beschrieben werden. Multiple Objekttypen führt dazu, dass Ereignisse multipliziert werden (sog. Konvergenz) oder unabhängige Ereignisse kausal miteinander relationiert werden (sog. Divergenz).

2.3.4.2 Konvergenz und Divergenz durch Flattening

Bezieht sich ein Ereignis auf eine beliebige Anzahl an Objekten, welche unterschiedlichen Objekttypen entsprechen, kann Konvergenz und Divergenz auftreten. *Konvergenz* ist definiert als das Auftreten eines Ereignisses im Ereignislog, welches sich auf multiple Objekte eines Objekttyps in der Realität bezieht, aufgrund dessen repliziert wird und somit zu einer unbeabsichtigten Vervielfältigung führt. *Divergenz* ist definiert durch Ereignisse, welche sich auf verschiedene Objekte eines nicht als Prozessinstanz gewählten Objekttyps beziehen und daher kausal zusammenhängend erscheinen.[338] Konvergenz und Divergenz werden durch das nachfolgend beschriebene Flattening explizit ausgelöst.

Um existierende PM-Verfahren (vgl. Kapitel 2.3.3.3) anzuwenden, ist es notwendig, Ereignislogs mit Ereignissen, die sich auf eine variable Anzahl an Objekten beziehen, in klassische Ereignislogs (vgl. Kapitel 2.3.2.1) zu konvertieren. Dieser Vorgang wird als Flattening (dt.: Glätten) bezeichnet.[339] Ausgehend von einem oEL (vgl. Kapitel 2.3.2.2) wird ein Objekttyp als Prozessinstanz für die PM-Anwendung gewählt und Ereignisse repliziert oder entfernt, sodass im flattened (dt.: geglätteten) Ereignislog nur noch ein Objekt je Ereignis des ausgewählten Objekttyps vorkommt. Durch das Flattening kann Konvergenz oder Divergenz ausgelöst werden (vgl. Abbildung 2-21).

---

[338] vgl. van der Aalst, W./Berti, A. (2020) Discovering Object-centric Petri, S. 1014.
[339] vgl. van der Aalst, W./Berti, A. (2020) Discovering Object-centric Petri, S. 1013.

Durch die Wahl des Objekttyps kann beim Flattening zusätzlich Deficiency (dt.: Mangel) ausgelöst werden. Deficiency ist definiert als das Auftreten von Ereignissen, welche im oEL existieren, aber im geglätteten Ereignislog nicht erscheinen. Dies tritt auf, wenn ein Ereignis, welches kein Objekt des ausgewählten Objekttyps enthält, aus dem Ereignislog entfernt wird.[340]

Objekttyp *Fertigungsauftrag* als Prozessinstanz führt zu Konvergenz durch Flattening

Aktivität	Fertigungsauftrag	Endzeitpunkt
a	FA12	12:10:23
a	FA13	12:10:23
a	FA14	12:10:23
b	FA12	12:11:55
b	FA13	12:17:13
c	FA12	12:25:07

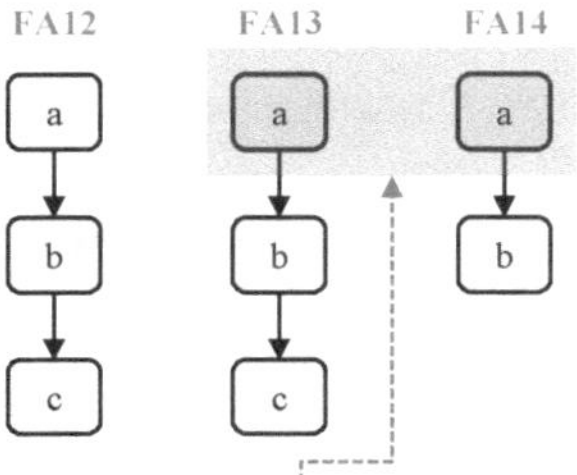

Konvergenz: Replizierung von Ereignissen, welche in der Prozessrealität nur einmal vorgekommen sind.

Ausschnitt eines oEL

Aktivität	Kundenauftrag	Fertigungsauftrag	Endzeitpunkt
a	1201	FA12, FA13, FA14	12:10:23
b	1201	FA12	12:11:55
b	1201	FA13	12:17:13
c	1201	FA12	12:25:07
b	1201	FA14	12:31:55
c	1201	FA13	12:45:37

Divergenz: Ereignisse scheinen kausal zusammenhängend (Scheinkausalität), obwohl diese in Realität für unterschiedliche Aufträge durchgeführt wurden.

Aktivität	Kundenauftrag	Endzeitpunkt
a	1201	12:10:23
b	1201	12:11:55
b	1201	12:17:13
c	1201	12:25:07
b	1201	12:31:55
c	1201	12:45:37

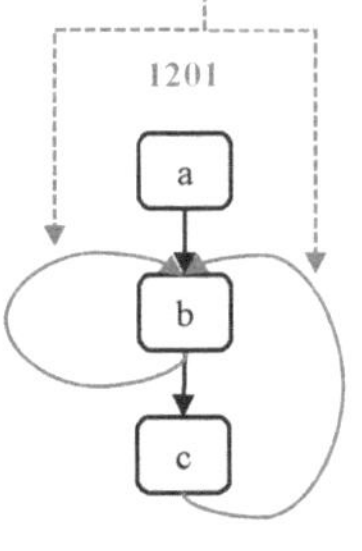

Objekttyp *Kundenauftrag* als Prozessinstanz führt zu Divergenz

Abbildung 2-21: Auswirkung von ausgelöster Konvergenz und Divergenz

[340] vgl. van der Aalst, W./Berti, A. (2020) Discovering Object-centric Petri, S. 1014.

2.4 Herausforderungen in der Praxis

In den vorherigen Kapiteln 2.1, 2.2 und 2.3 wurde die Bedeutung von Prozessbeschreibungen der Auftragsabwicklung als Grundlage zur Prozessoptimierung beschrieben und die Defizite traditioneller Methoden vorgestellt. Das folgende Kapitel soll die wichtigsten Herausforderungen zur Beschreibung der Prozessperformance mit Fokus auf datenbasierten Beschreibungen und der Auftragsabwicklung analysieren. Vier überschneidungsfreie Cluster der Herausforderungen werden gebildet, die im Folgenden sukzessive dargestellt werden. Das erste Cluster berücksichtigt den Objektbereich der Arbeit. Zweites und drittes Cluster beschreiben methodische Herausforderungen. Im zweiten Cluster werden Herausforderungen traditioneller und PM-basierter Ansätze aufgegriffen, im dritten Cluster Herausforderungen aufgrund von Datenbasen. Das vierte Cluster berücksichtigt Herausforderungen der Anwendung und Nutzung.

2.4.1 Defizitärer Objektbereich der Prozessperformance

Wie bereits in der Motivation (vgl. Kapitel 1.1) der vorliegenden Arbeit erläutert, werden Beschreibungen der Prozessperformance heutzutage defizitär auf die Auftragsabwicklung angewendet. Die defizitäre Anwendung ist unter anderem in der verkannten Bedeutsamkeit der Auftragsabwicklung, verglichen mit Partialprozessen wie der Produktion, für den Unternehmenserfolg begründet. Aufgrund der vorherrschenden Prozessvielfalt und der Herausforderungen traditioneller Methoden (vgl. Kapitel 2.4.2) kann davon ausgegangen werden, dass wenige Unternehmen über eine vollständige Übersicht des Auftragsabwicklungsprozesses verfügen.[341] Eine Trendstudie im Bereich Prozessmanagement zeigt, dass die Mehrheit der Industrieunternehmen weniger als ein Viertel ihrer Unternehmensprozesse (bspw. des Auftragsabwicklungsprozesses) beschrieben haben. Nur 1,5 % der Unternehmen haben ihre Prozesse vollständig dokumentiert.[342] Dies bestätigen auch Industrieerfahrungen des Autors: Bei einem mittelständischen Unternehmen waren lediglich 8 % bis 66 % der Aktivitäten des

[341] vgl. Sackmann, D./Deil, T. (2019) Procurement Analytics – Lieferketten, S. 413.
[342] vgl. Harmon, P./Garcia, J. (2020) The State, S. 23.

Auftragsabwicklungsprozesses beschrieben.[343] Aufgrund *defizitärer prozessübergreifender Anwendungen von Prozessperformancebeschreibungen* besteht daher Handlungsbedarf in der Praxis.

Darüber hinaus ist der größte erhoffte Nutzen von Prozessperformancebeschreibungen der Auftragsabwicklung die Steigerung der Transparenz durch Prozessbeschreibungen sowie die Messung der Prozessperformance mittels PPI.[344] Unterschiedliche Ansätze zur (datenbasierten) Prozessbeschreibung werden in der Praxis angewendet, die jedoch zur Ableitung von Prozessverbesserungsmaßnahmen eine Quantifizierung von PPI nicht berücksichtigen.[345] Werden PPI quantifiziert, werden diese häufig separat zur Prozessbeschreibung betrachtet und stehen nicht in einem erforderlichen akkuraten Zusammenhang. Erfahrungen des Autors bestätigen, dass PPI in der Praxis häufig aufwendig und domänenspezifisch definiert werden.[346] Damit herrscht auch Ungewissheit darüber, welche PPI zur Beschreibung der Prozessperformance der Auftragsabwicklung erforderlich sind. Schlussfolgernd stellte die *unzureichende Beschreibung der Prozessperformance mittels Prozessbeschreibung und PPI* eine weitere Herausforderung in der Praxis dar.

2.4.2 Aufwendige und unfundierte Beschreibung

Für eine möglichst realitätsnahe und fundierte Beschreibung der Performance der Auftragsabwicklung sind traditionelle Methoden (vgl. Kapitel 2.2.3) mit einem hohen zeitlichen, mitarbeiterbezogenen und kostenbezogenen Ressourcenaufwand verbunden.[347] Praxisbeispiele zeigen, dass die Aufnahmen des Auftragsabwicklungsprozesses mittels traditioneller Methoden häufig mehrere Wochen dauern.[348] Eine weitere Herausforderung besteht in subjektiven und unfundierten Prozessbeschreibungen (vgl.

---

343 vgl. Schuh, G./Gützlaff, A./et al. (2020) Data-based description, S. 381 f.

344 vgl. Höhne, M./Fahr, P./et al. (2021) Prozesse effizient managen, S. 13 f.

345 vgl. Cherni, J./Martinho, R./et al. (2019) Towards Improving Business, S. 281-283.

346 vgl. Diaz, D./Cortes-Cornax, M./et al. (2021) A Method for, S. 72 f.

347 vgl. Müller, M./Kühn, M./et al. (2019) Methodik zur Temporären, S. 2; vgl. Balzert, S./Fettke, P./et al. (2010) Plädoyer für eine, S. 624.

348 In Verbesserungsprojekten der Auftragsabwicklung, welche der Autor während seiner Promotionszeit erfahren hat, führten 450 Workshop-Stunden und 60 Stunden Dokumentation zu einer 50 prozentigen Durchlaufzeitenreduktion, sowie 400 Workshop-Stunden und 55 Stunden Dokumentation zu 147 identifizierten Prozessschwachstellen.

Kapitel 2.2.3.1). Aus der hohen Subjektivität resultieren unvollständige und illusionistische Abfolgen von Prozessen, Teilprozessen und Aktivitäten der Auftragsabwicklung, die Fehlerquellen in der Praxis darstellen.[349] Die Involvierung mehrerer prozessbeteiligter Personen ist aufgrund zusätzlicher Kosten- und Ressourcenaufwände nicht zielführend.[350] Zusätzlich resultiert aus zahlreichen Prozessaufnahmen Intransparenz darüber, welche Prozessbeschreibung aktuell ist oder ob eine Prozessbeschreibung überhaupt existiert.[351] Ein Grund liegt in der sog. „Papier-und-Bleistifttechnik" (engl. paper-and-pencil-based technique), die eine aufwandsarme und dynamische Aktualisierung der Prozesse erschwert.[352] In Summe stellen *aufwendige, statische und subjektive Beschreibungen der Prozessperformance durch traditionelle Methoden* eine weitere Herausforderung dar.

Ein vielversprechendes Lösungsvehikel zur Beschreibung der Prozessperformance sind datenbasierte Methoden wie PM, welche objektiv, aufwandsgerecht, dynamisch und fundiert gegenüber traditionellen Methoden sind.[353] Auch wenn der quantifizierbare Nutzen von PM groß ist[354], ist die Betrachtung multipler Prozessinstanzen eine schwierige neue Aufgabe in der PM-Disziplin, die zu neuen Herausforderungen führt (vgl. Kapitel 2.3.4).[355] Da die vorliegende Arbeit die in der Praxis aufkommenden hohen Aufwände und fehlende Fundiertheit durch Nutzung von PM adressiert, ist die Betrachtung *multipler Auftragsarten entlang des Auftragsabwicklungsprozesses* eine weitere zentrale Herausforderung aus der Praxis.

2.4.3 Unzureichend nachvollziehbare Ableitung der Datenbedarfe

Die Herausforderung, performantere Prozesse mit datenbasierten Methoden zu adressieren, ist für eine Vielzahl der Unternehmen das anzustrebende Ziel.[356] Die alleinige

---

349 vgl. Minonne, C./Ginsburg, V./et al. (2015) Reifegrad des Geschäftsprozessmanagements, S. 33; Sackmann, D./Deil, T. (2019) Procurement Analytics – Lieferketten, S. 411.

350 vgl. Ingvaldsen, J./Gulla, J. (2006) Model-Based Business Process, S. 20.

351 vgl. Habermann, F. (2001) Management von Geschäftsprozesswissen, S. 19

352 vgl. Braglia, M./Carmignani, G./et al. (2006) A new value, S. 3931; Lian, Y.-H./van Landeghem, H. (2007) Analysing the effects, S. 3038 f.

353 vgl. Kerremans, M./Searle, S./et al. (2020) Market Guide, S. 1.

354 vgl. Reinkemeyer, L. (2020) Purpose: Identifying, S. 1.

355 vgl. van der Aalst, W. (2020) Academic View: Development, S. 191 f.

356 vgl. Bitkom (2018) Industrie 4.0, S. 7.

Kollektion großer Datenmengen reicht jedoch für die erfolgreiche Nutzung datenbasierter Methoden nicht aus, da Ungewissheit darüber herrscht, welche Datenbedarfe aus den Datenmengen zur Beschreibung der Prozessperformance erforderlich sind.[357] Zusätzlich ist das Wissen über verfügbare und erforderliche Datenbedarfe dezentral vorhanden, was die Anwendung datenbasierter Methoden erschwert.[358] In der Folge wagen sich ein Großteil der Unternehmen nicht an Datenanalysen.[359] Eine Hauptaufgabe besteht darin, die vorhandenen Datenmengen zu limitieren und die minimal erforderlichen Datenbedarfe zur Beschreibung der Prozessperformance in der Auftragsabwicklung zu definieren.[360] Sind Datenbedarfe definiert, stellt die Überführung der Datenbedarfe in ein für PM-Anwendungen geeignetes Datenmodell die Unternehmen vor große Schwierigkeiten.[361] Gründe hierfür sind bspw. die nicht-triviale Identifikation von Prozessspuren oder die diffizile Zusammenführung verschiedener Ereignislogs unterschiedlicher Informationssysteme.[362] Zudem müssen neben den Datenbedarfen der Prozessbeschreibung auch die PPI-erforderlichen Datenbedarfe im Datenmodell definiert und relationiert werden.[363] Die Herausforderung in der Praxis kann als *geringes Verständnis und Nachvollziehbarkeit benötigter Datenbedarfe zur Beschreibung der Prozessperformance* zusammengefasst werden.

Zur datenbasierten Beschreibung der Prozessperformance der Auftragsabwicklung müssen Prozessdaten aus unterschiedlichen Datentabellen und Informationssystemen fusioniert werden, um eine Nutzung der Daten zu ermöglichen. Dabei entsteht Inhomogenität aufgrund unterschiedlicher Eigenschaften der Datenquellen.[364] Bspw. melden Informationssysteme durch vorgeschriebenen Syntax Zeitstempel in unterschiedlichen Formaten zurück (vgl. Kapitel 2.3.3.2). Zudem kann ein unterschiedlicher Informationsgehalt durch nicht einheitliche Rückmeldedaten vorliegen. Im Vertrieb kann ein Zeitstempel das Bearbeitungsende einer Aktivität melden, wohingegen in der Fertigung Start- und Endzeitstempel zurückgemeldet werden und im Versand der

357 vgl. Marr, B. (2015) Big data, S. 231.
358 vgl. Flack, C./Dreher, S./et al. (2020) Process Mining, S. 831.
359 vgl. Qlik (2018) Lead with Data, S. 4.
360 vgl. Jansen, H. (2020) ABB: From Mining, S. 124 f.
361 vgl. González López de Murillas, E./Reijers, H./et al. (2019) Connecting databases with, S. 1209 f.
362 vgl. Reinkemeyer, L. (2020) Processtraces: Technology, S. 31 f.
363 vgl. Balint, C./Taylor, Z./et al. (2020) athenahealth: Process Mining, S. 100; Reinkemeyer, L. (2020) Processtraces: Technology, S. 32.
364 vgl. Janßen, J./Schröer, T. (2020) Anwendung der Datenfusion, S. 841.

Zeitstempel den Beginn einer Aktivität pointiert.[365] *Inhomogenität und Informationsunterschiede durch bereichsspezifische Rückmeldedaten* stellen daher eine weitere Herausforderung in der Praxis dar, die bei der Zusammenführung von mehreren Ereignislogs adressiert werden muss.[366]

2.4.4 Unzureichendes Prozessabbild der Auftragsabwicklung

Eine Umfrage des Beratungsunternehmens TEC unter 129 Unternehmensvertretern zeigt, dass erstellte Prozessbeschreibungen in rund einem Drittel der Fälle lediglich von den an den Prozessoptimierungsprojekten beteiligten Mitarbeitern genutzt werden.[367] Eine Ursache hierfür liegt in der schwierigen und kontraintuitiven Interpretierbarkeit der entwickelten Prozessbeschreibungen. Zusätzlich stellen antagonistische Anforderungen an Detailinformationen weitere Kriterien zur vielseitigen Verwendung von Prozessbeschreibungen dar.[368] Bspw. erfordern Fachbereiche Detailinformationen, wohingegen das Management eine Verdichtung der Informationen wünscht. Zur Nutzensteigerung von datenbasierten Prozessperformancebeschreibungen in der Praxis bedarf es daher einer Ableitung von Gestaltungsfaktoren aus der Anwendung.[369] Die erforderlichen Informationen müssen aus den Datenmassen herausgefiltert werden und intuitiv visualisiert werden. Laut HOFMANN befähigen Tools und Dashboards eine intuitive und an den Adressaten angepasste Visualisierung.[370] Derzeit sind Dashboards die nachgefragteste Möglichkeit zur Beschreibung der Prozessperformance.[371] Durch geeignete Visualisierungen wird damit die schwere Interpretierbarkeit und Unsicherheit der Unternehmensprozesse reduziert. Die Relevanz geeigneter Darstellungen bekräftigt eine Umfrage für C-Level-Entscheider und IT-Spezialisten mit 314 Unternehmensvertretern. In der Umfrage gaben 40,4 % der Unternehmensvertreter eine erhöhte Transparenz und Sichtbarkeit der Ist-Prozesse als

[365] vgl. Schuh, G./Gützlaff, A./et al. (2020) Data-based description, S. 383.
[366] vgl. Flack, C./Dreher, S./et al. (2020) Process Mining, S. 832.
[367] vgl. Harmon, P./Garcia, J. (2020) The State, S. 33.
[368] vgl. Buhrmann, C. (2020) Bosch: Process Mining, S. 131 f.
[369] vgl. Dzepina, A./Lehner, F. (2021) Identifikation von Gestaltungsfaktoren, S. 650.
[370] vgl. Hofmann, M. (2020) Prozessoptimierung als ganzheitlicher, S. 139.
[371] vgl. Höhne, M./Fahr, P./et al. (2021) Prozesse effizient managen, S. 19.

Beweggrund für die PM-Anwendung an, die für 61,5 % als Grundlage zur Prozessoptimierung dient.[372] Unzureichende Visualisierungen können jedoch auch zu Fehlern in der Informationsgewinnung oder -weitergabe führen (sog. Informationspathologien).[373] Im Jahre 1993 ließen sich 50 % aller Unfälle bei der Deutsche Lufthansa AG auf schlechte Entscheidungsfindung durch nicht zielführende Visualisierungen zurückführen.[374] Zusammenfassend besteht die Herausforderung in einer *mangelnden Berücksichtigung nutzerbezogener Darstellungen in der Beschreibung der Prozessperformance*.

Durch seine Industrietätigkeiten hat der Autor erfahren, dass branchenspezifisch gestaltete Dashboards existieren, deren anwendungsspezifische Visualisierungen eine Übertragung auf weitere Anwendungsfälle erschweren. Bspw. kann je nach Industrieunternehmen eine Bearbeitungszeit von 45 Minuten für eine Aktivität „Endmontage“ performant sein oder eine zu lange Bearbeitungszeit und somit eine Prozessschwachstelle darstellen. Wird die Bearbeitungszeit (bspw. mittels Ampellogik) bewertet, wird die Übertragung auf andere Unternehmen, Branchen oder Betrachtungsfälle eingeschränkt. Zu Bewertung der Prozessperformance muss folglich Kontextwissen durch Mitarbeitende integriert werden (vgl. Kapitel 2.2.3.5). Erst dann werden aus der datenbasierten Beschreibung der Prozessperformance folgerichtige Schlüsse für Performancesteigerungen geschlossen. Die Herausforderung in der Praxis besteht folglich in einer *verwertungsneutralen Visualisierung der Prozessperformance zur Integration von Kontextwissen* für eine generische Anwendung der visuellen Beschreibung der Prozessperformance der Auftragsabwicklung.

2.5 Zwischenfazit: Handlungsbedarf aus der Praxis

Die Herausforderungen in der Praxis zur Beschreibung der Prozessperformance in der Auftragsabwicklung wurden in Kapitel 2.4 anhand von Fach- und Forschungsliteratur als allgemein praxisrelevant validiert. Der resultierende Handlungsbedarf ist in Abbildung 2-22 zusammengefasst.

---

[372] vgl. Reder, B./Freimark, A./et al. (2019) Studie Process Mining, S. 22.
[373] vgl. Amberg, M./Bodendorf, F./et al. (2011) Wertschöpfungsorientierte Wirtschaftsinformatik, S. 132.
[374] vgl. Bitkom (2014) Big-Data-Technologien - Wissen, S. 75.

Handlungsfeld	Herausforderungen
Objektbereich der **Prozessperformance** der **Auftragsabwicklung**	▪ Defizitäre prozessübergreifende Anwendungen von Prozessperformancebeschreibungen ▪ Unzureichende Beschreibung der Prozessperformance mittels Prozessbeschreibungen und Prozessperformanceindikatoren
Aufwandsgerechte und **fundierte** Beschreibung der Auftragsabwicklung	▪ Aufwendige, statische und subjektive Beschreibung der Prozessperformance durch traditionelle Methoden ▪ Multiple Auftragsarten entlang des Auftragsabwicklungsprozesses
Nachvollziehbare Ableitung der **Datenbedarfe** zur Beschreibung der Prozessperformance	▪ Geringes Verständnis und Nachvollziehbarkeit benötigter Datenbedarfe zur Beschreibung der Prozessperformance ▪ Inhomogenität und Informationsunterschiede durch bereichsspezifische Rückmeldedaten
Hinreichend genaues und **verwertungsneutrales Prozessabbild** der Auftragsabwicklung	▪ Mangelnde Berücksichtigung nutzerbezogener Darstellungen in der Beschreibung der Prozessperformance ▪ Verwertungsneutrale Visualisierung der Prozessperformance zur Integration von Kontextwissen

Abbildung 2-22: Herausforderungen in der Praxis

Der Handlungsbedarf aus der Praxis wird im nachfolgenden Kapitel 3 in Anforderungen zur Adressierung der Problematisierung überführt und bestehende Ansätze dahingehend untersucht, inwiefern die Handlungsfelder angegangen werden.

3 Bestehende Ansätze

3.1 Anforderungen an bestehende Ansätze

Abgeleitet aus dem in Kapitel 2.5 beschriebenen Handlungsbedarf in der Praxis ergeben sich Anforderungen an eine datenbasierte Beschreibung der Prozessperformance der Auftragsabwicklung. Die Anforderungen werden in die drei Kategorien *objektbereichsbezogene*, *methodische* und *anwendungsspezifische* Anforderungen eingeteilt und zur Bewertung des Forschungsstandes ihre Bewertungsrichtwerte vorgestellt.

3.1.1 Objektbereichsbezogene Anforderungen

Die erste Anforderung an bestehende Ansätze soll die *technisch-operative Auftragsabwicklung* betrachten. Zur Adressierung des Kundennutzens sollte die Auftragskette als Betrachtungsobjekt der Auftragsabwicklung beschrieben werden. Die Betriebstypologien der Rahmen- oder Variantenfertiger charakterisieren die Strukturiertheit der Prozesse der Auftragsabwicklung. Die Anforderung wird als voll erfüllt eingestuft, wenn explizit prozessübergreifende Unternehmensbereiche der Auftragsabwicklung betrachtet werden, multiple Auftragsarten fokussiert werden und Variantenreichtum berücksichtigt wird. Fehlt eines dieser Merkmale oder werden die Merkmale nur implizit deutlich, wird die Anforderung als teilweise erfüllt bewertet.

Durch die zweite Anforderung wird eine *Beschreibung der Prozessperformancekennzahlen und des Prozessmodells* berücksichtigt. Zur Analyse der Prozessperformance sollten die PPI den Gesamtprozess, einzelne Prozesspfade und Aktivitäten bewerten. Wird die Prozesseffizienz von Prozess und Aktivitäten in der Prozessbeschreibung mit verschiedenen PPI beschrieben, wird die Anforderung als voll erfüllt angesehen. Wird das Prozessmodell zumindest mit einem PPI angereichert, ist die Anforderung teilweise erfüllt. In allen anderen Fällen wird die Anforderung nicht oder kaum erfüllt.

3.1.2 Methodische Anforderungen

Durch die dritte Anforderung wird eine *Nutzung datenbasierter Methoden zur Beschreibung der Prozessperformance* berücksichtigt. Diese Anforderung erfordert das Erkennen von realen Prozessbeschreibungen mittels PM-Verfahren. Die Betrachtung von Data Mining Verfahren wird aufgrund defizitärer Prozessorientierung ausgeschlossen. Ebenso werden auch andere qualitative Bestimmungen der Prozessbeschreibung aufgrund defizitärer Berücksichtigung des realen Prozessverhaltens ausgeschlossen. Zur Nachvollziehbarkeit sollte die methodische Vorgehensweise erläutert werden. Die Integration von subjektivem Kontextwissen sollte für eine fundierte Beschreibung der Prozessperformance möglichst reduziert werden. Die Anforderung ist voll erfüllt, wenn die Nutzung von PM-Verfahren nachvollziehbar beschrieben wird und subjektives Kontextwissen vermieden wird. Fehlt eines der Merkmale, wird die Anforderung als teilweise erfüllt bewertet.

Der *Umgang mit multiplen Auftragsarten in der Auftragsabwicklung* stellt die vierte Anforderung dar. Die Aufträge werden in unterschiedlichen Informationssystemen zurückgemeldet, was den Umgang mit verschiedenartigen Ereignislogs erfordert. Darüber hinaus sollte mit multiplen Auftragsarten (bspw. Kundenaufträgen, Fertigungsaufträgen) respektive Prozessinstanzen umgegangen werden. Da die Events der Ereignislogs auftragsbezogen, d.h. zu einer Fall-ID zugehörend, zurückgemeldet werden, sollen Ansätze zu Ereigniskorrelationen an dieser Stelle nicht betrachtet werden. Wird der Umgang mit multiplen Auftragsarten konkret demonstriert, ist die Anforderung erfüllt. Werden multiple Fall-IDs zumindest theoretisch einbezogen oder verschiedenartige Ereignislogs behandelt, ist die Anforderung teilweise erfüllt. In allen anderen Fällen wird die Anforderung als nicht bzw. kaum erfüllt bewertet.

Die fünfte Anforderung lautet, dass eine *nachvollziehbare Ableitung der Datenbedarfe zur Beschreibung der Informationsbedarfe* gegeben sein sollte. Aus definierten Informationsbedarfen zur Beschreibung der Prozessperformance sollten die Datenbedarfe abgeleitet und in einem Datenmodell definiert werden. Wird dies nachvollziehbar beschrieben, ist die Anforderung erfüllt. Werden lediglich die benötigten Datenbedarfe angegeben oder implizit aus Informationsbedarfen hergeleitet, ist die Anforderung teilweise erfüllt. In allen anderen Fällen ist die Anforderung nicht erfüllt.

Die sechste Anforderung berücksichtigt den *Umgang mit syntaktischer Inhomogenität und unterschiedlichen Informationsgehalten* bei der Zusammenführung prozessbereichsspezifischer Daten. Eine Datenvorbereitung sollte zur Verbesserung der Prozessbeschreibung und zur Bereinigung typischer Inhomogenität berücksichtigt werden. Wird der Umgang mit typischen und aus der Zusammenführung von Ereignisdaten resultierenden syntaktischen Fehlern sowie unterschiedlichen Informationsgehalten behandelt, gilt die Anforderung als voll erfüllt. Werden lediglich syntaktische Fehler behandelt, gilt die Anforderung als teilweise erfüllt. In anderen Fällen ist die Anforderung nicht bzw. kaum erfüllt.

3.1.3 Anwendungsspezifische Anforderungen

Im unternehmerischen Kontext existieren unterschiedliche Adressaten, die in Abhängigkeit strategischer, taktischer oder operativer Fragestellungen teils detaillierte oder aggregierte Beschreibungen der Prozessperformance erfordern. Daher wird mit der siebten Anforderung eine *adressatengerechte Darstellung der Prozessperformance* berücksichtigt. Die Prozessperformancebeschreibung sollte eine Identifizierung von Optimierungspotenzialen auf Gesamtprozess-, Teilprozess- oder Aktivitätsebene ermöglichen. Werden unterschiedliche Adressaten in der Ergebnisdarstellung berücksichtigt und findet die Datenauswertung für unterschiedliche Prozessebenen statt, gilt die Anforderung als voll erfüllt. Wird nur eines der Merkmale betrachtet, ist die Anforderung teilweise erfüllt. In anderen Fällen wird die Anforderung nicht erfüllt.

Um Bewertungsverzerrungen aufgrund mangelnden Domänenwissens bei der Beurteilung der Datenauswertungen zu vermeiden, sollten Visualisierungen bewertungsneutral sein. Zusätzlich sollten Visualisierungen anwendungsneutral gestaltet sein, um die Auftragsabwicklung unterschiedlicher Unternehmen zu beschreiben. Darüber hinaus sollte die Visualisierung intuitiv bedien- und interpretierbar sein. Damit wird unterschiedliches Domänenwissen durch eine *intuitive Visualisierung eines verwertungsneutralen Prozessabbildes* berücksichtigt. Wird die Prozessperformance verwertungsneutral, d.h. bewertungs- und anwendungsneutral beschrieben, gilt die Anforderung als voll erfüllt. Werden bestehende verwertungsneutrale Anwendungen (bspw. Tools) genutzt, gilt die Anforderung als nahezu erfüllt. Werden Visualisierungen nicht explizit anwendungs- oder bewertungsneutral gestaltet, ist die Anforderung kaum erfüllt.

3.2 Vorstellung bestehender Ansätze

Nachdem die Anforderungen an bestehende Ansätze beschrieben wurden, werden im Folgenden ausgewählte Ansätze zur datenbasierten Beschreibung der Prozessperformance in der Auftragsabwicklung vorgestellt. Die Ansätze stellen einen Querschnitt des aktuellen Forschungsstandes dar.[375] Aufgrund unterschiedlicher Fokussierungen werden die Ansätze in anwendungs- und theorieorientierte Ansätze separiert. Anwendungsorientierte Ansätze wenden die bereits in der Theorie erforschten Vorteile datenbasierter Prozessbeschreibungen an und charakterisieren sich durch gute Praxistauglichkeit. Theorieorientierte Ansätze fokussieren den jüngsten Forschungsstand prozessübergreifender PM-Anwendungen. Aufgrund ihrer Forschungsaktualität sind die theorieorientierten Ansätze nicht ausreichend praxistauglich und anwendbar.

3.2.1 Anwendungsorientierte Ansätze

3.2.1.1 Ansatz nach Rozinat et al. (2009)

Vorstellung: Der Forschungsbeitrag von Rozinat et al. beschreibt die Anwendung von PM auf Testprozesse von Halbleiterscheiben-Prüfern (engl.: „wafer scanner“) der ASML Holding N.V. Ziel der PM-Anwendung ist die Beschreibung von Reihenfolge und Häufigkeit der Testaktivitäten sowie Wartezeitanalysen im Testprozess zur Reduzierung der Testprozessdurchlaufzeit. Als Datengrundlage dient ein Ereignislog mit eindeutigen Identifikationsnummern der zu testenden Halbleiterscheiben-Prüfer, dem Start-Zeitstempel des Testvorgangs, dem End-Zeitstempel des Testvorgangs und dem jeweiligen Test. Zur PM-Anwendung filtern die Publizierenden den Ereignislog nach (1) der vollständigen Abgeschlossenheit des internen Testprozesses, (2) der ausschließlichen Betrachtung interner Testprozesse, (3) kundenbezogenen Prüfungen von Halbleiterscheiben und (4) keine Halbleiterscheiben aus Muster- oder Pilotprojekten. Um die Wartezeit zwischen Prüfvorgängen zu analysieren, werden Start sowie Ende eines Tests als separate Events mit zugehörigem Zeitstempel erfasst, wodurch die Datengrundlage 24 Prozessinstanzen (Halbleiterscheiben-Prüfer), 154966 Events mit insgesamt 360 Tests enthält. Zur Analyse der Wartezeiten wird der Ereignislog durch einen nicht näher beschriebenen Vorgang so transformiert, dass er Warte- statt

[375] Weitere Ansätze befinden sich in folgenden systematischen Literaturrecherchen: vgl. Santos Garcia, C./Meincheim, A./et al. (2019) Process Mining Techniques; Dreher, S./Reimann, P./et al. (2020) Application Fields; Zerbino, P./Stefanini, A./et al. (2021) Process Science in Action.

Bearbeitungszeiten enthält. Durch statistische Auswertungen werden Ereignishäufigkeit, Durchlauf-, Bearbeitungs- und Wartezeit analysiert. Die hohe Prozesskomplexität wird durch einen nicht näher spezifizierten Filtervorgang reduziert und ein strukturierteres Prozessmodell durch das Heuristic-Mining-Verfahren dargestellt.[376]

Bewertung: Die Publizierenden objektivieren Auftragsketten, allerdings wird mit dem Testprozess nur ein Partialprozess der Auftragsabwicklung betrachtet. Bearbeitungs- und Wartezeiten werden adressiert, weitere PPI werden im Prozessmodell nicht betrachtet. Die PM-Vorgehensweise ist nur implizit gegeben. Außer den Filterkriterien (1) bis (4) werden Aspekte syntaktischer Inhomogenität nicht betrachtet. Durch Nutzung der Software ProM ist eine adressatengerechte Darstellung erschwert möglich. Ein verwertungsneutrales Prozessabbild kann mittels der Software *ProM* visualisiert werden. ProM ist aufgrund umfangreicher forschungsbezogener Funktionalitäten für die Praxis nur bedingt geeignet. Weitere Anforderungen werden nicht adressiert.

3.2.1.2 Ansatz nach SURIADI ET AL. (2013)

Vorstellung: Ziel des Ansatzes von SURIADI ET AL. ist die Reduktion der Durchlaufzeit von Schadensfallbearbeitungen des Versicherungsunternehmens *Suncorp* mittels PM. Aufgrund hoher Prozessvarianzen adaptieren die Publizierenden eine fünfstufige Variante des L*-Lebenszyklusmodells für unstrukturierte Prozesse.[377] Der initial extrahierte Ereignislog beinhaltet abgeschlossene Schadensansprüche. Nach Bereinigung fehleranfälliger Zeichen (bspw. „,“, „<“, „>“ und „&“), wird der Ereignislog hinsichtlich Rauschen, unvollständigen Ereignissen und inkonsistenten Aktivitätsbeschreibungen gefiltert. Eine detaillierte Erläuterung der Filterung findet nicht statt. Der Ansatz stellt dar, dass die Reihenfolge der Filterungen das Ergebnis beeinflusst. Aufgrund versatiler Datenfilterungen werden die Softwares Disco und XESame genutzt. Nach SURIADI ET AL. haben beide Softwares Beschränkungen hinsichtlich Performance, intuitiver Bedienbarkeit und Ereignislog. Die Nutzung multipler Softwares wird aufgrund von Kompatibilitätsproblemen (bspw. Zeitstempelformaten) als nachteilig beschrieben, da Inkompatibilitäten manuelle Anpassungen erfordern. Die Herausforderung in der PM-Anwendung liegt darin, aus mehr als 500 Prozessvarianzen eine interpretierbare Prozessbeschreibung zu erzeugen. Hierzu nutzen die Publizierenden den Ansatz einer

[376] vgl. Rozinat, A./Jong, I.S.M. de/et al. (2009) Process Mining Applied, S. 474 ff.

[377] vgl. Suriadi, S./Wynn, M./et al. (2013) Understanding Process Behaviours, S. 449 f.

hierarchischen Filterung, um mehrere kleine Ereignislogs zu generieren. Durch die anschließende Anwendung des Clustering-Algorithmus *ActiTrac* in Kombination mit mehreren PM-Algorithmen kann ein verständliches Prozessabbild erzielt werden.[378]

Bewertung: Beim Prozess für Versicherungsansprüche handelt es sich um einen administrativen Prozess. Neben dem Prozessmodell werden keine weiteren PPI beschrieben. Mit dem L*Lebenszyklusmodell wird die PM-Vorgehensweise gut beschrieben, jedoch findet in allen fünf Stufen eine Integration von subjektivem Kontextwissen statt. In der Extraktion erfolgt ein Filtern gängiger Imperfektionen wie Rauschen und unvollständige Ereignisse, syntaktische Inhomogenität wird nicht behandelt. Eine adressatengerechte Darstellung wird durch die Aggregation der Prozessbeschreibungen und die Interaktionen mit den Projektmitarbeitern nur implizit berücksichtigt. Die PM-Tools nutzen verwertungsneutrale Beschreibungen, doch sind XESame und ProM Expertentools mit schwieriger Bedienung und Interpretationen. Weitere Anforderungen werden nicht adressiert.

3.2.1.3 Ansatz nach Lee et al. (2013)

Vorstellung: Der Ansatz betrachtet den Vormontage-, Vorlackierungs- und Voraufrichtungsprozess eines koreanischen Schiffsbauunternehmens mit dem Ziel, die Kosten, welche durch das Transportieren von Schiffsblöcken zwischen Bearbeitungsstationen entstehen, zu reduzieren. Dazu werden Engpässe und Wartezeiten der Schiffsblöcke an Lagerplätzen untersucht. Im Anwendungsfall werden 190 zu einem Schiff zugehörige Schiffsblöcke betrachtet. Als Datengrundlage dient ein Ereignislog der Schiffsblock-Transporte bestehend aus den Attributen Schiffsblock-ID, Beladebereich, Aktivität im Beladebereiche, Endladebereich, Aktivität im Endladebereich und Status. Aufgrund der Varianz der Schiffsblöcke werden Schiffsblöcke mit gleichen Aktivitäten durch einen hierarchischen Cluster-Algorithmus mit kophenetischem Korrelationskoeffizienten nach Sokal und Rohlf[379] und Jaccard-Distanz als Distanzmaß genutzt. Anschließend wird für jede Schiffsblock-Gruppe die Prozessperformance in Form von Warte- und Bearbeitungszeit beschrieben. Das Prozessmodell wird in Form eines DFG beschrieben, wobei Aktivitäten als Knoten und Aktivitätssequenzen durch Kanten angegeben werden. Zusätzlich wird auf jeder Kante der Schiffsblock-Status

[378] vgl. Suriadi, S./Wynn, M./et al. (2013) Understanding Process Behaviours, S. 451 ff.

[379] vgl. Sokal, R./Rohlf, F. (1962) The Comparison, S. 33 ff.

angegeben. Als Ergebnis werden hohe Wartezeiten an Bearbeitungsstationen und Lagerplätze als Engpässe identifiziert. Da parallel gefertigte Schiffsblöcke einen Einfluss auf den Produktionsprozess haben, jedoch nicht berücksichtigt werden, sind die Ergebnisse nur bedingt belastbar.[380]

Bewertung: Von der Vormontage bis zum Voraufrichtungsprozess werden prozessübergreifende Bereiche der Auftragsabwicklung betrachtet. Als Auftragsfertigung stellt die Schiffsbauindustrie jedoch nicht die fokussierten Betriebstypologien dar. Für die Schiffsblock-Gruppen werden Prozessmodell sowie Warte- und Bearbeitungszeiten beschrieben. Eine eigens entwickelte PM-Vorgehensweise wird beschrieben, eine Nennung der verwendeten PM-Verfahren findet nicht statt und subjektives Kontextwissen wird integriert. Die verwendeten Datenbedarfe der Ereignislogs werden nachvollziehbar aufgeführt. Die PPI sind implizit sowohl für Gesamt- als auch für Teilprozesse (bspw. Vormontage) beschreibbar. Die dargestellten Prozessabbilder sind zwar bewertungsneutral, allerdings wurde die verwendete Software stark anwendungsbezogen entwickelt. Weitere Anforderungen werden nicht adressiert.

3.2.1.4 Ansatz nach ER ET AL. (2015)

Vorgehen: ER ET AL. untersuchen den Prozess der Materialannahme eines indonesischen Schuhherstellers mit dem Ziel, Soll-Prozessabweichungen zu identifizieren und die Prozessperformance in Form der durchschnittlichen Materialverweilzeit zu beschreiben. Die Publizierenden definieren die Materialverweilzeit als Prozesszeit vom Wareneingang bis zur Materialentnahme für die Produktion, mit einem Zielwert von 30 Tagen. Der gesamte Materialannahmeprozess besteht aus den Teilprozessen Wareneingang, Qualitätsprüfung, Einlagerung sowie Materialentnahme und wird durch das Warehouse Management Modul (WMM) aus SAP unterstützt. Zur PM-Anwendung wird eine sechsstufige Vorgehensweise gewählt. Nach der Zieldefinition erfolgt die Extraktion von zehn Attributen aus zwei Tabellen des WMM. Die Attribute werden in Excel als Ereignislog gespeichert. Der Prozess wird für die kleinste Losgröße beschrieben. Hierzu wird die Fall-ID aus der Kombination von Material-ID, Stückzahl, ursprünglicher Behältergröße und Reihenfolge der Materialbewegung generiert. Anschließend wird zunächst der Ereignislog mit der Software Nitro in ein MXML-Format (Mining eXtensible Markup Language), einem Vorgänger des XES-Formates, konvertiert und sodann ein Prozessmodell mittels des Heuristic-Miner-Verfahrens in

[380] vgl. Lee, S.-k./Kim, B./et al. (2013) Mining transportation logs, S. 83 ff.

ProM erstellt. Im Ergebnis zeigt die Prozessbeschreibung fünfzehn Prozessvarianzen. Abweichungen vom Soll-Prozess ergeben sich aufgrund zusätzlicher Aktivitäten, die im Soll-Prozess nicht aufgeführt wurden, nicht standardisierter Prozessabläufe und Qualitätsproblemen. Weiterführende Engpassanalysen in ProM zeigen eine durchschnittliche Materialverweilzeit von 31 Tagen.[381]

Bewertung: Den Anwendungsfall bildet ein partieller Materiallogistikprozess. Mit dem Prozessmodell der Materialannahme und der Materialverweilzeit als PPI wird die zweite Anforderung teilweise berücksichtigt. Die methodische Vorgehensweise wird nachvollziehbar beschrieben und die Integration von subjektivem Kontextwissen wird nur vereinzelt erwähnt, womit die Nutzung datenbasierter Methoden als nahezu erfüllt bewertet wird. Aufgrund des Umgangs mit mehreren SAP-Tabellen und Losgrößen wird die Herausforderung multipler Fall-IDs implizit tangiert. Die Attribute des Ereignislogs werden aufgezählt. Die anwendungsspezifischen Anforderungen werden durch die Nutzung der Software *ProM* (vgl. Kapitel 3.2.1.1 und 3.2.1.2) als kaum bzw. nahezu erfüllt eingestuft.

3.2.1.5 Ansatz nach PARK ET AL. (2015)

Vorstellung: Ein Ziel des Ansatzes von PARK ET AL. ist die Analyse von Verspätungen (engl.: delay analysis) in der Auftragsfertigung der Hyundai Heavy Industries Co. Charakteristisch für die Anwendung von PM ist nach PARK ET AL. die Verfügbarkeit eines Arbeitsplans zur Bestimmung von Planzeiten, parallel ablaufenden Aktivitäten sowie die Darstellung der Prozessbeschreibung auf unterschiedlichen Detailebenen (bspw. Baugruppen- und Modulebene). Die Verspätungen werden durch zwei Metriken beschrieben. Die erste Metrik erfasst die Zeit zwischen geplantem und erfasstem Ende einer Aktivität (engl. completion date-based delay). Die zweite Metrik beschreibt, wieviel länger als geplant die Aktivität bearbeitet wird (engl. processing time-based delay). Darauf aufbauend wird der Quotient aus zulässiger und vorhandener Verspätung kalkuliert. Die PM-Vorgehensweise wird in die drei Schritte Datenvorverarbeitung, Analyse und Diskussion unterteilt. Als Basis für die Datenvorverarbeitung dient ein Ereignislog bestehend aus Fall-ID, Aktivität-ID, Typ der Aktivität, geplantes Start- und Enddatum sowie tatsächliches Start- und Enddatum. Zusätzlich wird eine Bereichs-ID mitgeführt, die angibt, in welchem Produktionsbereich eine Aktivität

[381] vgl. Er, M./Astuti, H./et al. (2015) Material Movement Analysis, S. 115 ff.

durchgeführt wurde. In der Datenvorverarbeitung wird der Ereignislog unter Zuhilfenahme von Expertenwissen von Unvollständigkeit und Inkonsistenz bereinigt. Nach der Datenvorverarbeitung liegt ein Ereignislog mit 700 Fall-IDs, 1400 Aktivitäten, 200 Typen von Aktivitäten und 12 Bereichen vor. Basierend auf den Metriken identifizieren die Publizierenden, dass 60 % der Aktivitäten eines Bereichs verspätet sind und Nacharbeiten zu Verzögerungen führen.[382]

Bewertung: Mit Schiffsblöcken als Fall-ID wird die Auftragskette der Fertigung eines Auftragsfertigers beschrieben. Eine Prozessbeschreibung wird nicht ausgegeben, dafür werden die PPI zur Verspätungsanalyse detailliert beschrieben. Zur Anwendung von PM findet eine detaillierte Beschreibung der Stufen Datenvorverarbeitung, Analyse und Diskussion nicht statt. Zudem werden in allen Stufen explizit Domänenexperten eingebunden. Das Mitführen einer Bereichs-ID kann zur Beschreibung der Auftragsabwicklung adaptiert werden. Der Umgang mit syntaktischen Fehlern sowie Imperfektionen wird durch die Adressierung von Unvollständigkeiten und Inkonsistenzen als teilweise erfüllt bewertet. Weitere Anforderungen werden nicht adressiert.

3.2.1.6 Ansatz nach Meincheim et al. (2017)

Vorstellung: Ziel des Ansatzes von Meincheim et al. ist die Anwendung von PM zur Transparenzsteigerung von unstrukturierten Prozessen. Betrachtet wird ein Fertigungsprozess der WEG Group. Datengrundlage ist ein extrahierter Ereignislog aus dem ME-System mit den Attributen Fall-ID, Aktivität, Start- und Endzeitstempel. Eine Datenvorverarbeitung findet aufgrund von systematischen Bereinigungen für ein KPI-Reporting nicht statt. In einer dreistufigen Vorgehensweise wird zunächst mittels des Inductive Miners in ProM der Fertigungsprozess mit 69826 Fall-IDs, 26 Aktivitäten und 2130 Prozessvarianzen beschrieben. Aufgrund hoher Prozessvarianz werden in einem zweiten Schritt Prozessvarianzen, die zu 80 % miteinander übereinstimmen, durch einen entwickelten inkrementellen Cluster-Algorithmus (sog. Trace Clustering) zu einer Prozessvarianz zusammengefasst. Der inkrementelle Cluster-Algorithmus fasst prozessual ähnliche Fall-IDs zu Gruppen zusammen. Damit konnte die Prozessvarianz auf 170 Varianten reduziert werden. In einem weiterführenden Vergleich zwischen Fall-ID und Prozessvarianzen wird festgestellt, dass 90 % der Fall-IDs lediglich 10 % der Prozessvarianzen repräsentieren. In einem dritten Schritt wird für

[382] vgl. Park, M./Song, M./et al. (2015) Workload and Delay, S, 138 ff.

ausgewählte Prozessvarianzen, deren Soll-Durchlaufzeit überschritten wird, die Prozessperformance mittels des Inductive Visual Miners in ProM beschrieben. Dazu werden Warteschlangenlängen an Aktivitäten quantifiziert sowie häufig genutzte Prozessabläufe und Engpässe in der Prozessbeschreibung identifiziert.[383]

Bewertung: Der betrachtete Fertigungsprozess weist hohen Variantenreichtum auf und die Auftragsketten im Prozess werden beschrieben. Die zweite Anforderung wird aufgrund des beschriebenen Prozessmodells, des Aufzeigens von Warteschlangenlängen und Prozesshäufigkeiten sowie der Bestimmung von varianten- und aktivitätsbezogenen Durchlaufzeiten als voll erfüllt angesehen. Die vierte Anforderung ist nahezu voll erfüllt, da die dreistufige Vorgehensweise verständlich erläutert wird und auf Expertenwissen nur zur Validierung zurückgegriffen wird. Die Nutzung der Software ProM impliziert eine verwertungsneutrale Beschreibung des Prozessmodells auf unterschiedlichen Prozessebenen, dennoch werden verschiedene Adressaten nicht berücksichtigt und PM-Fachwissen wird zur Bedienbarkeit und Interpretation benötigt. Die erste anwendungsspezifische Anforderung ist somit teilweise erfüllt und die zweite Anforderung nahezu erfüllt.

3.2.1.7 Ansatz nach NATSCHLÄGER ET AL. (2017)

Vorstellung: Ziel des Ansatzes von NATSCHLÄGER ET AL. ist die Vorstellung einer praxisbezogenen Vorgehensweise zur Anwendung von PM, die Entwicklung eines PM-Tools sowie der Vergleich zwischen Soll- und Ist-Prozessbeschreibung. Betrachtet werden zwei Fertigungsprozesse. Für den ersten Fertigungsprozess liegt ein Soll-Prozess vor und der Ereignislog besteht aus 21 unterschiedlichen Prozessen, 1,5 Millionen Fällen und 45,8 Millionen Ereignissen. Für den zweiten Fertigungsprozess werden zwei Produkte mit jeweils 72000 bzw. 1 Million Fällen betrachtet, für die kein Soll-Prozess vorliegt. In beiden Anwendungen wurde der Ereignislog aus der Datenbank *Oracle* extrahiert. Die präsentierte zehnstufige Vorgehensweise ist nach Meinung der Publizierenden auf andere Auftragsabwicklungsprozesse (bspw. Administration und Logistik) und andere Industriesektoren (bspw. Banksektor oder Gesundheitssektor) übertragbar, sofern einzelne Aufträge als Fall-ID betrachtet werden. Während Datenanalyse, -vorverarbeitung und Ereignislog-Analyse in ProM durchgeführt werden, entwickeln die Publizierenden zur Prozessbeschreibung eine Java-basierte Software *SCCH Process AnT*, die gegenüber bestehenden Tools wie ProM, Disco oder Celonis

[383] vgl. Meincheim, A./Garcia, C./et al. (2017) Combining Process Mining, S. 498 ff.

flexibel mit Rauschen umgehen kann, Soll- und Ist-Prozessbeschreibung vergleichen kann sowie Metadaten, d.h. kategorische und numerische Klassifikationen von Attributen, beschreiben kann. Als Ergebnis werden Optimierungspotenziale basierend auf Prozessspuren und zeitbasierten PPI mittels *SCCH Process AnT* identifiziert.[384]

Bewertung: Variantenreichtum und Auftragsketten werden im Fertigungsprozess berücksichtigt. Das Prozessmodell wird beschrieben, die Berechnung der PPI Wartezeit und Bearbeitungszeit ist für unterschiedliche Prozessebenen implizit gegeben. Die vierte Anforderung ist aufgrund unzureichender Detaillierung der einzelnen Vorgehensschritte nur nahezu erfüllt. Neben Minimalanforderungen des Ereignislogs werden spezifische Attribute nicht genannt. Der Umgang mit Imperfektionen und Fehlern in der Datenvorverarbeitung wird in der Vorgehensweise berücksichtigt, jedoch nicht detailliert erläutert. Unterschiedliche Adressaten werden sowohl in ProM als auch *in SCCH Process AnT* nicht berücksichtigt. Die Publizierenden entwickeln eine eigene Software, die mittels der beschriebenen Vorgehensweise implizit als anwendungs- und bewertungsneutral angesehen werden kann, deren Visualisierung jedoch noch weiterentwickelt werden muss.

3.2.1.8 Ansatz nach Valencia-Parra et al. (2019)

Vorstellung: Valencia-Parra et al. betrachten den Montage- und Prüfprozess des Flugzeugherstellers Airbus Space & Defence. Ziel ist die Entwicklung eines Ansatzes zur Extraktion von Ereignislogs aus heterogenen Datenstrukturen und die Integration des Ansatzes in ein leicht bedienbares Tool. Die Bearbeitungsstationen generieren Logs der Montage und des Prüfens, die in No Structured Query Language (NoSQL) Datenbanken gespeichert werden. Gegenüber bestehenden Ansätzen, die Ereignislogs aus relationalen (d.h. strukturierten) Datenbanken extrahieren, liegen heterogene Datenbanken vor. Die Publizierenden entwickeln eine Domain Specific Language (DSL) zur Extraktion von Ereignislog-Attributen aus den Datenbanken. In einer prototypischen Anwendung werden nutzerfreundlich die Attribute des XES-Standards, also Fall-ID, Aktivitäten, Zeitstempel und weitere Attribute, flexibel ausgewählt. Die Anwendung dient zusätzlich als automatischer Konnektor für die Software ProM, in der das Prozessmodell für den definierten Ereignislog beschrieben wird Basierend auf elf extrahierten Attributen werden Montage- und Prüfprozesse aus drei Perspektiven beschrieben. Die erste Perspektive beschreibt den Fertigungsprozess des Flugzeugs mit

[384] vgl. Natschläger, C./Kossak, F./et al. (2017) A Practical Approach, S. 87.

Flugzeugaufträgen als Fall-ID und Arbeitsstationen als Aktivitäten. Die zweite Perspektive beschreibt die Entwicklung der Prüfdurchläufe mit Flugzeugaufträgen als Fall-ID und Prüfanweisungen als Aktivitäten. In der dritten Perspektive wird der Lebenszyklus der Prüfdurchläufe, mit Prüfanweisungen als Fall-ID und aufgetretenen Vorfällen als Aktivitäten, beschrieben. Basierend auf den drei dargestellten Prozessen werden Prozessverbesserungsmaßnahmen für den Fertigungsprozess abgeleitet.[385]

Bewertung: Als Teil der technisch-operativen Auftragsabwicklung werden unter anderem die Flugzeugaufträge im Montage- und Prüfprozess beschrieben. Das Prozessmodell wird in der Software ProM beschrieben, die implizit auch die Beschreibung unterschiedlicher PPI erlaubt. Die Vorgehensweise wird aufgrund des starken Fokus zur Generierung der Ereignislogs kaum beschrieben. Multiple Aufträge werden nicht konkret behandelt, jedoch verdeutlicht der Ansatz die Möglichkeit, durch Auswahl von Fall-ID und Aktivität unterschiedliche Prozesse zu beschreiben. Aufgrund der nutzerfreundlich entwickelten Anwendung zur Generierung des XES-Standards sowie der Nutzung von ProM zur Prozessbeschreibung werden die anwendungsbezogenen Anforderungen als kaum bzw. nahezu erfüllt bewertet.

3.2.1.9 Ansatz nach Knoll et al. (2019)

Vorstellung: Ziel des Ansatzes ist die Kombination des Wertstromdesigns mit Multidimensionalem PM (MDPM) zur Identifizierung von Verschwendung in internen Logistikprozessen. Die Methodik wird auf Logistikprozesse einer Variantenmontage der BMW AG angewendet, die sich durch hohe Teile- und Prozessvarianz charakterisiert.[386] MDPM wird aufgrund der Komplexität des Gesamtprozessmodells und zur Beschreibung einzelner Prozessvarianten gewählt.[387] Die Methodik enthält vier Schritte und baut auf der PM²-Methodik (vgl. Kapitel 2.3.3) auf. Nach der Modellierung eines Referenzprozesses wird in der Datenvorverarbeitung der Ereignislog mit Charakteristika der internen Logistik angereichert. Hierzu werden Transportaufträge, die jeweils Daten zu Artikel-Transporten sowie Start- und/oder Endzeitpunkt enthalten, für jede Artikelnummer aufgeteilt. Artikel-Transporte bilden die kleinste Ladeeinheit eines Transportbehälters und werden als Fall-ID definiert. Als Ergebnis liegt für jede Artikelnummer ein Ereignislog mit mehreren Artikel-Transporten vor. Im dritten Schritt

---

[385] vgl. Valencia-Parra, Á./Ramos-Gutiérrez, B./et al. (2019) Enabling Process Mining, S. 166 ff.
[386] vgl. Knoll, D./Reinhart, G./et al. (2019) Enabling value stream, S. 131.
[387] vgl. Bolt, A./van der Aalst, W. (2015) Multidimensional Process Mining, S. 102.

werden für jede einzelne Artikelnummer die Prozesse mit dem Heuristic Miner erstellt. Zusätzlich werden die mittlere Durchlaufzeit sowie die Anzahl an Transporten je Artikelnummer beschrieben. Mit statistischen Verfahren wird im letzten Schritt die Verschwendung in den Logistikprozessen analysiert. Eine Verbesserung des Ansatzes wird in der Betrachtung von Warte- und Bearbeitungszeiten gesehen.[388]

Bewertung: Durch die variantenreiche Montage wird die Auftragsabwicklung teilweise betrachtet. Die Prozessperformance wird durch Beschreibung von Prozess sowie Lieferzeiten und Häufigkeiten für Transportaufträge und -artikel voll beschrieben. Durch Aufteilung von Transportaufträgen in mehrere Artikel-Transporte werden multiple Fall-IDs adressiert, jedoch wird mit der Artikelnummer ein fixer Fall als Betrachtungsobjekt festgelegt. Die vier Schritte der Methodik werden nachvollziehbar anhand eines Anwendungsfalls durchexerziert. Die Datenbedarfe werden zwar nicht aus Informationen abgeleitet, jedoch in einem Datenmodell beschrieben. Syntaktische Inhomogenität oder unterschiedliche Informationsgehalte werden nicht explizit adressiert. Durch Nutzung der Software *ProM* und *Disco* werden die anwendungsbezogenen Anforderungen als teilweise bzw. nahezu erfüllt bewertet.

3.2.2 Theorieorientierte Ansätze

3.2.2.1 Ansatz nach Gschwandtner et al. (2012)

Vorstellung: Ziel des Beitrags von Gschwandtner et al. ist die Entwicklung einer Systematik zur Einordnung von Datenqualitätsproblemen, die in zeitbezogenen Daten auftreten. Zeitbezogene Daten sind entweder (1) nicht-gerastete Zeitpunkte, (2) nicht-gerastete Zeitintervalle, (3) gerastete Zeitpunkte oder (4) gerastete Intervalle. *Zeitintervalle* werden entweder durch zwei Zeitpunkte oder durch einen Zeitpunkt und eine Dauer beschrieben. *Raster* werden als lückenlose, zeitliche Fragmentierungen aus gerasterten Intervallen mit gleicher Länge definiert. Für die vier Typen zeitbezogener Daten werden die Datenqualitätsprobleme in zwei Kategorien unterteilt. Die erste Kategorie beinhaltet Datenprobleme innerhalb eines Datensatzes. Die zweite Kategorie beinhaltet Datenprobleme die auftreten, wenn mehrere Datensätze aus un-

[388] vgl. Knoll, D./Reinhart, G./et al. (2019) Enabling value stream, S. 130 ff.

terschiedlichen Quellen miteinander kombiniert werden. Der Ansatz listet die Datenqualitätsprobleme mit Beispielen auf. Nach GSCHWANDTNER ET AL. haben die Probleme keinen Anspruch auf Vollständigkeit, stellen jedoch die in der Praxis am häufigsten auftretenden Probleme dar.[389]

Bewertung: GSCHWANDTNER ET AL. betrachten nicht ausschließlich die Disziplin des PM. Die detailliert aufgeführten Datenqualitätsprobleme konzentrieren jedoch insbesondere auch syntaktische Inhomogenität und unterschiedliche Informationsgehalte, die durch Zusammenführung von Ereignislogs unterschiedlicher Informationssysteme auftreten. Da Lösungen zur Bereinigung der aufgeführten Probleme nicht geboten werden, wird die Anforderung zum Umgang mit syntaktischen Fehlern nur nahezu erfüllt. Weitere Anforderungen werden nicht oder nur kaum adressiert.

3.2.2.2 Ansatz nach CLAES UND POELS (2014)

Vorstellung: CLAES UND POELS präsentieren eine Methode zur Zusammenführung von organisationsübergreifenden Ereignislogs. In einem zweistufigen Aufbau legt zunächst der Nutzer Regeln zur Verknüpfung fest, die anschließend vom Computer ausgeführt werden. Dabei werden iterativ Spuren aus zwei Ereignislogs miteinander verknüpft. Die Regeln zur Verknüpfung beinhalten ein Attribut mit Ereignissen oder Spuren, einem festgelegten Attributinhalt (bspw. Spuren, Ereignisse) und einem Operator (bspw. „gleich“, „größer als“, „beinhaltet“).[390] Von zwei Ereignislogs, einem aus der Produktion mit Fertigungsauftrag als Fall-ID und auftragsspezifischer Kundennummer als zusätzliches Attribut und einem zweiten Ereignislog aus dem Vertrieb mit Kundenummer als Fall-ID, wird der erste Log als *Basis-Ereignislog* bezeichnet. Eine Regel zur Zusammenführung kann wie folgt lauten: „Verknüpfe alle Spuren, deren Kundennummer (Attribut) der Spuren (Attributinhalt) in Ereignislog 1 gleich (Operator) der Kundenummer (Attribut) der Ereignisse (Attributinhalt) in Ereignislog 2 ist.“[391] Die Zusammenstellung der Regeln erfolgt händisch auf Basis von Prozesswissen. Bei 1-zu-n Beziehungen werden alle Spuren des zweiten Ereignislogs in den Basis-Ereignislog übernommen. Bei n-zu-1 Beziehungen wird für jede Spur des Basis-

---

389 vgl. Gschwandtner, T./Gärtner, J./et al. (2012) A Taxonomy, S. 58 ff.

390 vgl. Claes, J./Poels, G. (2014) Merging event logs, S. 7291 ff.

391 Durch den Autor konstruiertes Beispiel.

Ereignislogs eine Kopie der Ereignisse im zweiten Ereignislog erzeugt. Spuren, für die keine Verknüpfung im Basis-Ereignislog vorliegen, werden optional übernommen.[392]

Bewertung: Durch die Objektivierung prozessübergreifender Ereignislogs wird die Auftragsabwicklung nur implizit berücksichtigt. Die regelbasierte Zusammenführung der Ereignislogs adressiert den Umgang mit multiplen Fall-IDs, setzt jedoch voraus, dass benötigte Daten zur Verknüpfung vorliegen. Das Betrachtungsobjekt (bspw. Kundenauftrag, Fertigungsauftrag) wird zu Beginn der Methode festgelegt, eine dynamische Auswahl der Betrachtungsobjekte ist nicht vorgesehen.

3.2.2.3 Ansatz nach Lu et al. (2015)

Vorstellung: Ziel des Beitrags ist die Erstellung von Artefakt-bezogenen Prozessmodellen. Als Artefakte werden Dokumente (bspw. Verkaufsdokumente, Lieferdokumente) in relationalen Datenbanken im ERP-System verstanden. Damit sind Artefakte vergleichbar mit einem Objekttyp (vgl. Kapitel 2.3.2.2). Innerhalb eines Artefakts existieren Artefakt-Typen. Ein Artefakt-Typ ist durch eine Artefakt-ID als Primärschlüssel der Dokumente definiert. Die Artefakt-IDs der Dokumente stehen in einer 1-zu-n oder n-zu-n Beziehung.[393] In Anlehnung an Nooijen et al.[394] werden (1) zunächst die Artefakte identifiziert und für jeden Artefakt-Typ ein Ereignislog extrahiert sowie eine Prozessbeschreibung erstellt. Durch ein Artefakt-Schema werden Konvergenz und Divergenz (vgl. Kapitel 2.3.4.2) innerhalb der Artefakte vermieden. Anschließend werden (2) Schnittstellen zwischen Artefakten, Artefakt-IDs und Events identifiziert. Die Schnittstellen werden durch Kanten zwischen Events der einzelnen Prozessmodelle visualisiert, sodass aus den einzelnen Prozessmodellen ein Artefakt-bezogenes Prozessmodell resultiert. Die Evaluierung erfolgt in ProM anhand eines Bestellung-bis-Zahlung Prozesses (engl.: Order-to-Cash Process, O2C-Prozess) aus SAP sowie einem Projektadministrationsprozess (engl.: Project Administration Process) aus Oracle. Neben der Güte der resultierenden Prozessbeschreibung wird auch die Interpretation der Prozessbeschreibung für nicht-technische Fachleute bewertet. Zwar erfordert die richtige Identifizierung der Artefakte Expertenwissen, dafür wird

[392] vgl. Claes, J./Poels, G. (2014) Merging event logs, S. 7298 ff.
[393] vgl. Lu, X./Nagelkerke, M./et al. (2015) Discovering Interacting Artifacts, S. 861 ff.
[394] vgl. Nooijen, E./van Dongen, B./et al. (2013) Automatic Discovery of, S. 316 ff.

die Notation der Artefakt-bezogenen Prozessbeschreibung nach einer Schulung intuitiv verstanden.[395]

Bewertung: Der Ansatz fokussiert administrative Prozesse und keine prozessübergreifenden Unternehmensbereiche der Auftragsabwicklung. Für die administrativen Prozesse liegt – neben Kennzahlen wie der durchschnittlichen Prozesszeit – der Fokus auf der Artefakt-bezogenen Prozessbeschreibung. Die adressierten multiplen Fall-IDs beziehen sich nicht explizit auf Aufträge multipler Ereignislogs. Die Erstellung von Artefakt-Schema und -Typen beruht signifikant auf Domänenwissen. Adressatengerechte Darstellungen werden kaum berücksichtigt, die Artefakt-bezogenen Prozessbeschreibungen sind jedoch auch für nicht-technische Fachleute interpretierbar. Anwendungs- oder Verwertungsneutralität wird nicht explizit berücksichtigt.

3.2.2.4 Ansatz nach Raichelson et al. (2017)

Vorstellung: Kern des Ansatzes ist die automatische Zusammenführung von Ereignislogs zweier Teilprozesse mit dem Ziel, eine übergreifende Prozessbeschreibung aus einer auftragsbezogenen (sog. Case-View) und einer artikelbezogenen Perspektive (sog. Instance-View) zu erstellen. In der auftragsbezogenen Perspektive wird ein Gesamtprozessmodell aus den Fall-IDs des ersten Teilprozesses erstellt. In der artikelbezogenen Perspektive wird eine Prozessbeschreibung aus den Fall-IDs des nachfolgenden Teilprozesses erstellt. Zwischen einzelnen Spuren der Teilprozesse existieren n-zu-n Beziehungen. Die Relationen zwischen den Fall-IDs werden auf Basis ähnlicher Attributwerte und zeitlicher Beziehungen identifiziert. A priori Annahmen über existierende Relationen (vgl. Zhang et al.[396]) oder gleiche Attributwerte (vgl. Dasu et al.[397]) sind zur Verknüpfung der Spuren nicht erforderlich. Zur Beschreibung der Prozessperformance wird der Ereignislog des zweiten Teilprozesses mittels eines implementierten Auflösungsalgorithmus (vgl. „Split traces“ Plug-In in ProM) zunächst geglättet (vgl. Kapitel 2.3.4.2). Anschließend werden die Ereignislogs beider Teilprozesse durch einen Log-Mering Algorithmus (vgl. „Merge Logs“ Plug-In in ProM) zusammengefügt. Hierdurch entsteht für jeden Auftrag des initialen Teilprozesses eine neue Fall-ID. Für die artikelbezogene Perspektive werden die neuen Fall-IDs erneut

[395] vgl. Lu, X./Nagelkerke, M./et al. (2015) Discovering Interacting Artifacts, S. 861 ff.

[396] vgl. Zhang, M./Hadjieleftheriou, M./et al. (2010) On multi-column foreign.

[397] vgl. Dasu, T./Johnson, T./et al. (2002) Mining database structure.

geglättet, sodass für jeden Artikel eine alleinige Spur entsteht. In der Annahme identischer Terminologien zur Zusammenführung der Ereignislogs sowie in zeitlichen Restriktionen zwischen Teilprozessen sehen die Autoren einen Diskussionspunkt.[398]

Bewertung: Als Anwendungsfall betrachten die Autoren die Auftragsketten eines administrativen Einkaufbestellprozesses. Die Beschreibung von Prozessmodell und Prozesszeit auf Ebene des Gesamt- und Teilprozesses ist explizites Ziel. Das Glätten der Ereignislogs erfordert fundiertes Domänenwissen und durch Glättung hervorgerufene Konvergenz und Divergenz werden nicht adressiert. Die zugrundeliegenden Ereignislogs sowie deren Erweiterungen um neue Fall-IDs werden aufgeführt. Die Güte des Ansatzes für Ereignislogs mit einem höheren Anteil an Rauschen wird als zufriedenstellend betrachtet. Eine Bereinigung der Ereignislogs adressieren die Autoren nicht.

3.2.2.5 Ansatz nach Li et al. (2018)

Vorstellung: PM-Anwendungen (vgl. Kapitel 3.2.1) erfordern häufig eine festgelegte Betrachtungsperspektive der Fall-IDs (vgl. Halbleiterscheiben-Prüfer in Kapitel 3.2.1.1). Nach Li et al. erfordert dies meist prozessbezogene Systeme (bspw. Workflow-Management-Systeme), die Ereignisse explizit mit einer Fall-ID zurückmelden. Demgegenüber melden serviceorientierte Systeme (bspw. ERP-Systeme) Ereignisse in unterschiedlichen Klassen (d.h. Datenbanktabellen) und ohne eine gemeinsame Fall-ID zurück. Ziel des Ansatzes ist, Ereignisse, die über unterschiedliche Klassen verteilt sind, durch konfigurierbare Objektpfade miteinander zu verknüpfen. Ein Objekt wird dabei als zurückgemeldeter Datensatz einer Klasse verstanden (bspw. ein Auftrag in der Klasse Aufträge), wobei Klassen über Primär- und Fremdschlüssel verknüpft sind. Basierend auf Daten- und Objektmodellen werden Objekte und Ereignisse korreliert sowie Objektpfade bestimmt. Durch Objektpfade steht eine Folge von Objekten über Korrelationspfade in Beziehung. Die Wahl des Korrelationspfads ermöglicht, Ereignisse und Prozessmodell bedarfsorientiert zu entdecken (bspw. durch Artefakt-bezogene Fall-IDs, vgl. Kapitel 3.2.2.3). Der Ansatz wird anhand eines Order-to-Cash-Prozesses erprobt. Li et al. betonen, dass es in Abhängigkeit des gewählten Korrelationspfads (d.h. des Betrachtungsobjektes) zu Konvergenz und Divergenz (vgl. Kapitel 2.3.4.2) kommen kann. Sie schlagen die Betrachtung des Objektes mit höchster Kardinalität zur Vermeidung von Konvergenz und Divergenz vor.[399]

---

[398] vgl. Raichelson, L./Soffer, P./et al. (2017) Merging event logs, S. 211 ff.

[399] vgl. Li, G./Medeiros de Carvalho, R./et al. (2018) Configurable Event Correlation, S. 203 ff.

Bewertung: Statt PPI und Prozessbeschreibung visualisieren LI ET AL. das Korrelationsmodell zwischen Events und Objekten. Multiple Fall-IDs werden betrachtet, der Fokus liegt jedoch auf der Ereigniskorrelation in Abhängigkeit des definierten Betrachtungsobjektes. Der Ordnungsrahmen des Ansatzes inklusive mathematischer Definitionen wird im PM-Kontext beschrieben. Die Datenbedarfe werden in einem Datenmodell definiert, beziehen sich aber nur auf den Anwendungsfall. Das vorgestellte Plug-In enthält einen Daten-, einen Modell-, einen Pfad- und einen Fallbereich zur Beschreibung der Ereigniskorrelation. Unterschiedliche Nutzer werden nicht betrachtet und das Plug-In ist wenig intuitiv verständlich für vergleichbare Anwendungen.

3.2.2.6 Ansatz nach VAN DER AALST (2019)

Vorstellung: Motiviert durch ein Praxisproblem des O2C-Prozesses, in dem sich Ereignisse auf mehrere Fallnotionen (d.h. Objekte) beziehen, hinterfragt VAN DER AALST die Prämissen üblicher PM-Anwendungen, in denen einzigartige Fallnotationen vorliegen und ein Ereignis sich stets auf einen Fall bezieht. VAN DER AALST stellt eine neue Notation für oEL (vgl. Kapitel 2.3.2.2) vor. Empfohlen wird eine objektzentrierte Betrachtung des PM, um Prozesse von multiplen Objekten zu vereinen sowie Konvergenz und Divergenz (vgl. Kapitel 2.3.4.2) zu vermeiden. Die objektzentrierte Notation wird formalisiert und ein algorithmischer Ansatz zur Prozessentdeckung eines skalierbaren Directly-Follows-Multigraphen (DFM) skizziert, der Prozessverläufe verschiedener Objekttypen visualisiert. Redundanzen zwischen Events von Objekten werden reduziert und Objekttypen jeweils in einem DFG projiziert. Der Fokus liegt verstärkt im Aufzeigen anwendungsbezogener Herausforderungen und nicht auf der Umsetzung des Algorithmus. Gegenüber sog. Objektzentriert-Verhaltensbeschränkten-Modellen (engl.: Object-Centric Behavioral Constraint Models, OCBC-Models)[400], Mehrere-Ansicht-Modellen (engl.: Multiple Viewpoints Models, MVM)[401] und Artefakt-bezogenen Modellen (vgl. Kapitel 3.2.2.3) differenziert sich der Ansatz durch die vorhandene Prozessbeschreibung, eine geringere Komplexität des Prozessmodells und die Skalierbarkeit des Prozessmodells nach Objekten. In der defizitären Darstellung

[400] vgl. Li, G./Carvalho, R. de/et al. (2017) Automatic Discovery.

[401] vgl. Berti, A./van de Aalst, W. (2018) StarStar Models.

von Und- bzw. Oder-Verknüpfungen sowie Kausalitäten und Parallelitäten im DFM sieht der Autor weiteren Forschungsbedarf für Prozessbeschreibungen.[402]

Bewertung: VAN DER AALST fokussiert den Umgang mit multiplen Fall-IDs respektive Ereignissen, die für diversifizierte Objekte existieren. Der Prozess wird in Form eines DFM visualisiert, inklusive Häufigkeiten von Ereignissen und Aktivitäten. Die Prozessbeschreibung visualisiert jedoch nur alle Partialprozesse der unterschiedlichen Prozessinstanzen, erlaubt aber keine durchgängige Beschreibung der Objekte in Form von Auftragsketten. Somit ist die Anforderung eines Umgangs mit multiplen Aufträgen nur nahezu erfüllt. Als Datengrundlage wird ein neues oEL-Format als Modifikation des klassischen XES-Formates (vgl. Kapitel 2.3.2) vorgestellt.

3.2.2.7 Ansatz nach BERTI UND VAN DER AALST (2020)

Vorstellung: Ziel des Forschungsbeitrags ist die Vorstellung eines MVM zur ganzheitlichen Beschreibung datenbankgestützter Prozesse, in denen Ereignisse für multiple Objekte zurückgemeldet werden. Der Ansatz komponiert MVM aus Ereignis-zu-Objekt-Graphen (engl.: Event-to-Object graphs), Ereignis-zu-Ereignis-Graphen (engl.: Event-to-Event graphs), Aktivität-zu-Aktivität-Graphen (engl.: Activity-to-Activity graphs) sowie weiteren Hilfsfunktionen. Das MVM erlaubt eine vollständige Sicht auf die Objekttypen (bspw. Kundenaufträge, Lieferaufträge) und Aktivitäten sowie die Aktivitätenreihenfolge. Zusätzlich erlauben Häufigkeitsangaben, an Aktivitäten hochfrequentierte Prozesspfade zu identifizieren. PPI unterstützen die Engpassidentifizierung. Basierend auf dem MVM kann für eine festgelegte Betrachtungsperspektive (engl.: viewpoint), d.h. eine nicht leere Teilmenge von Klassen (vgl. Kapitel 3.2.2.5), ein klassischer Ereignislog (vgl. Kapitel 2.3.2) und eine betrachtungsobjektspezifische Prozessbeschreibung in Form eines DFG erstellt werden. In einem Vergleich hinsichtlich erforderlicher Rechenleistung, Usability und Skalierbarkeit prävaliert der Ansatz gegenüber vergleichbaren Ansätzen wie den OCBC-Modellen[403]. Eine Evaluierung findet anhand eines CRM-Datensatzes mit 5863 Ereignissen, 80 Objekttypen, 4413 Objekten und 120 Aktivitäten statt, aus denen ein MVP-Prozessmodell mit 525 Kanten erstellt wird.[404]

---

[402] vgl. van der Aalst, W. (2019) Object-Centric Process Mining, S. 3 ff.
[403] vgl. Li, G./Carvalho, R. de/et al. (2017) Automatic Discovery, S. 43 ff.
[404] vgl. Berti, A./van der Aalst, W. (2020) Extracting Multiple Viewpoint, S. 24 ff.

Bewertung: Das vorgestellte MVM ermöglicht, die partialen Prozessabläufe multipler Objekttypen zusammenfassend zu beschreiben sowie die Häufigkeit der Aktivitätsdurchläufe anzugeben. Die Beschreibung weiterer Indikatoren der Prozessperformance zur Engpassidentifikation wird nicht nachvollziehbar aufgeführt. Das MVM ermöglicht die Filterung von Prozesspfaden festgelegter Betrachtungsobjekte, die durchgängige Darstellung einer Auftragskette ist nicht möglich. Die Erstellung des MVM erfolgt rein datenbasiert durch PM und bedarf keiner Integration von Domänenwissen. Als Datengrundlage wird ein Parkett-Spalten-Format (engl. Parquet columnar format) des Ereignislogs gefordert, ohne dies begründend zu erläutern. Das MVM ist verwertungsneutral und wird bewusst verständlich visualisiert, womit die Anforderung einer intuitiven Visualisierung als nahezu erfüllt bewertet wird.

3.3 Diskussion der Defizite bestehender Ansätze

Nachdem auf Basis der in Kapitel 3.1 festgelegten Anforderungen sechzehn Ansätze in Kapitel 3.2 detailliert vorgestellt und bewertet wurden, fasst Abbildung 3-1 die Bewertung zusammen. Im Folgenden werden bestehende Defizite anhand der Anforderungen aus Kapitel 3.1 ansatzübergreifend diskutiert.

3.3.1 Zusammenfassung objektbereichsbezogener Defizite

Rund die Hälfte der beschriebenen Ansätze fokussieren Auftragsketten, berücksichtigen jedoch nur fertigungsnahe Partialprozesse. Der Ansatz von LEE ET AL. konzentriert sich auf den Funktionsbereich der Fertigung, akzentuiert durch drei angrenzende Prozesse jedoch eine prozessübergreifende Beschreibung der Prozessperformance. Andere Ansätze (vgl. SURIADI ET AL., CLAES ET AL., LU ET AL. oder VAN DER AALST) berücksichtigen lediglich implizit Prozesse der technisch-operativen Auftragsabwicklung oder beschreiben administrative Prozesse.

Darüber hinaus reichert die Mehrheit der Ansätze die Prozessbeschreibungen lediglich mit einem PPI an. ROZINAT ET AL. und LEE ET AL. evaluieren die Bearbeitungs- bzw. Wartezeiten der betrachteten Auftragsketten. LU ET AL. und RAICHELSON ET AL. messen die Prozesszeit in der Prozessbeschreibung. Die Ansätze von NATSCHLÄGER ET AL. sowie VALENCIA-PARRA ET AL. messen PPI nicht explizit, durch die Softwareanwendung ist eine Beschreibung von Kennzahlen wie Prozesszeiten und Häufigkeiten implizit gegeben. Lediglich MEINCHEIM ET AL. und KNOLL ET AL. bewerten die Prozesseffizienz durch verschiedenartige PPI. Ein Konsens über die zu beschreibenden PPI zur Evaluierung der Prozesseffizienz ist ansatzübergreifend defizitär.

Legende: ○ nicht erfüllt; ◔ kaum erfüllt; ◑ teilweise erfüllt; ◕ nahezu erfüllt; ● voll erfüllt

		Bewertungsdimensionen (Kap. 3.1)							
		Objekt		Methode				Anwendung	
	Ansätze (Kap. 3.2)	Betrachtung der technisch-operativen Auftragsabwicklung	Beschreibung der Prozessperformancekennzahlen und des Prozessmodells	Umgang mit multiplen Auftragsarten in der Auftragsabwicklung	Nutzung datenbasierter Methoden zur Beschreibung der Prozessperformance	Nachvollziehbare Ableitung der Datenbedarfe zur Beschreibung der Informationsbedarfe	Umgang mit syntaktischer Inhomogenität und unterschiedlichen Informationsgehalten	Adressatengerechte Darstellung der Prozessperformance	Intuitive Visualisierung eines verwertungsneutralen Prozessabbildes
Anwendungsorientierte Ansätze	ROZINAT ET AL. (2009)	◑	◑	○	◔	◑	◔	◔	◕
	SURIADI ET AL. (2013)	○	◔	○	◑	○	◑	◔	◕
	LEE ET AL. (2013)	◕	◑	○	◑	◑	○	◑	◑
	ER ET AL. (2015)	◔	◑	◔	◕	◑	○	◔	◕
	PARK ET AL. (2015)	◑	◔	○	◔	◑	◑	○	○
	MEINCHEIM ET AL. (2017)	◑	●	○	◕	◑	○	◑	◕
	NATSCHLÄGER ET AL. (2017)	◑	◕	○	◑	◔	◑	◑	◕
	VALENCIA-PARRA ET AL. (2019)	◑	◑	◔	◔	◑	○	◔	◕
	KNOLL ET AL. (2019)	◑	●	◔	●	◕	○	◑	◕
Theorieorientierte Ansätze	GSCHWANDTNER ET AL. (2012)	◔	○	○	◔	○	◕	○	○
	CLAES UND POELS (2014)	◔	○	◑	◑	○	○	○	○
	LU ET AL. (2015)	○	◑	◕	◑	◔	○	◔	◑
	RAICHELSON ET AL. (2017)	◔	◑	◑	◑	◑	◔	◑	◔
	LI ET AL. (2018)	○	○	◑	●	◕	○	◔	◔
	VAN DER AALST (2019)	○	◑	◕	●	◑	○	○	○
	BERTI UND VAN DER AALST (2020)	○	◑	◕	●	◔	○	○	◕

Abbildung 3-1: Zusammenfassende Bewertung bestehender Ansätze

3.3.2 Zusammenfassung methodischer Defizite

Der Umgang mit multiplen Aufträgen der Auftragsabwicklung wird mehrheitlich nicht berücksichtigt. Die Ansätze von ER ET AL. und KNOLL ET AL. berücksichtigen die Anforderung ansatzweise, indem Fall-IDs aus den Fall-Kennungen zweier SAP-Tabellen definiert werden oder aus auftragsspezifischen Fall-IDs neue artikelbezogene Fall-IDs generiert werden. VALENCIA-PARRA ET AL. betonen, dass verschiedene Fall-IDs multiperspektivische Prozessbeschreibungen erlauben. Die drei Ansätze sind verstärkt dahingehend limitiert, dass Betrachtungsperspektiven zur Beschreibung von Auftragsketten nicht variieren können und der Umgang mit multiplen Fall-IDs nicht nachvollziehbar beschrieben wird. Die theorieorientierten Ansätze von LU ET AL., VAN DER AALST sowie BERTI UND VAN DER AALST adressieren die aus multiplen Fall-IDs resultierenden Konvergenz- und Divergenz-Problematiken. Diese Herausforderungen werden in anderen Ansätzen nicht explizit betrachtet. Bestenfalls ist in den objektzentrierten Ansätzen von VAN DER AALST sowie VAN DER AALST UND BERTI die Darstellung mehrerer Partialprozesse möglich. An einer durchgängigen Beschreibung unterschiedlicher Auftragsarten mangelt es in allen Ansätzen.

Hinsichtlich der beschriebenen Vorgehensweise dominieren Ansätze, die verstärkt subjektives Domänenwissen erfordern oder aufgrund unzureichender Erläuterungen eine generische Adaptierbarkeit erschweren. Die von KNOLL ET AL. entwickelte Vorgehensweise wird an Logistikprozessen durchexerziert, ist aufgrund der hohen Spezifizität des Anwendungsfalls jedoch nur bedingt auf andere Anwendungen adaptierbar. Die Ansätze von LI ET AL., VAN DER AALST sowie BERTI UND VAN DER AALST ermöglichen einerseits durch verstärkt algorithmische Formulierungen eine kleinschrittige Übertragbarkeit für die informationstechnische Anwendungsdomäne, fokussieren aber keine holistische Vorgehensweise zur Beschreibung der Prozessperformance. Die in den Ansätzen vorhandene Betonung auf die Methodik sollte für ein präzises Verständnis für das in Kapitel 4.3 entwickelte Konzept übertragen werden.

Ferner werden mehrheitlich die Datenbedarfe in Form verwendeter Ereignislog-Attribute genannt. Lediglich KNOLL ET AL. und LI ET AL. beschreiben Relationen der Datenbedarfe in einem Datenmodell. Die systematische Herleitung der Daten aus den erforderlichen Informationsbedarfen der PPIs und Prozessbeschreibungen ist analog den übrigen Ansätzen defizitär.

Ansatzübergreifend liegt der Fokus der Datenvorverarbeitung in der Reduzierung von Imperfektionen. SURIADI ET AL., PARK ET AL. und NATSCHLÄGER ET AL. entfernen Rauschen und unvollständige Ereignisse aus dem Datensatz. Die für multiple Logs entlang der Auftragsabwicklung vorliegenden syntaktischen Fehler werden ansatzübergreifend unzureichend betrachtet. GSCHWANDTNER ET AL. präsentieren praxisbezogene Datenqualitätsprobleme für die Datenvorverarbeitung. Lösungsansätze werden nicht aufgeführt, sollten für eine gute Praktikabilität der Methode jedoch berücksichtigt werden.

3.3.3 Zusammenfassung anwendungsbezogener Defizite

Ansatzübergreifend wird eine adressatengerechte Darstellung der Prozessperformance unzureichend berücksichtigt. Dominierend sind Ansätze, die frei verfügbare Softwareanwendungen (bspw. ProM) nutzen, deren Auswertungen durch die Softwarefunktionalität jedoch limitiert sind. LEE ET AL., NATSCHLÄGER ET AL. sowie KNOLL ET AL. beschreiben PPI auf Gesamt- und Teilprozessebene, präzisieren dies aber nicht für die Prozessbeschreibung. Demgegenüber pointieren RAICHELSON ET AL. ein Prozessmodell auf Gesamt- und Teilprozessebene. Schlussfolgernd ist die explizite Berücksichtigung verschiedener Nutzer in den Ansätzen defizitär.

Eine verwertungsneutrale Beschreibung von Prozessbeschreibung und PPI wird hauptsächlich durch Ansätze manifestiert, die bestehende Softwares (bspw. ProM) anwenden. Lediglich die Verständlichkeit des von LU ET AL. erzeugten Artefakt-bezogenen Prozessmodells wird evaluiert und als interpretierbar bewertet. Die überwiegenden Softwareanwendungen besitzen eine verwertungsneutrale Beschreibung, werden jedoch aufgrund umfangreicher Funktionalitäten primär von Modellierungsexperten genutzt. Für Prozessmanager im Produktionskontext sind diese aufgrund fehlenden Fachwissens bedingt praktikabel. Ferner sind die von LEE ET AL. und NATSCHLÄGER ET AL. für einen Anwendungsfall spezifisch entwickelten Prozessvisualisierungen nicht anwendungsneutral und eignen sich daher nicht für eine breite Anwendbarkeit.

3.4 Zwischenfazit: Forschungsdefizit und Handlungsbedarf

In Kapitel 3.1 wurden aus dem Defiziten der heutigen Praxis Anforderungen an eine datenbasierte Beschreibung der Prozessperformance der Auftragsabwicklung vorgestellt. Aus der Analyse bestehender Forschungsansätze lässt sich basierend auf Kapitel

3.3 konstatieren, dass die Themen nicht hinreichend genug berücksichtigt werden. Neben einer unzureichenden Berücksichtigung der technisch-operativen Auftragsabwicklung kann festgestellt werden, dass *Uneinigkeit über die zu beschreibenden PPI entlang der Auftragsabwicklung* herrscht. Dies erfordert eine Konklusion, welche PPI für die gesamte Auftragsabwicklung angewendet werden können und wie diese quantifizierbar sind. Nur wenige Ansätze definieren die zur datenbasierten Prozessbeschreibung erforderlichen Datenbedarfe in einem Datenmodell und kein Ansatz leitet die Datenbedarfe systematisch aus den in der praktischen Anwendung erforderlichen Informationen ab. Eine Kenntnis der benötigten Daten ist jedoch für eine Beschreibung des Auftragsabwicklungsprozesses mittels PM elementar. Bezogen auf die theorieorientierten Ansätze ergibt sich aus der Betrachtung multipler Fall-IDs die Anforderung zum *Umgang mit Konvergenz und Divergenz*, um kein verfälschtes Abbild der Prozessrealität zu erzeugen. Vermehrt fokussieren Ansätze eine datenbasierte Methode zur Beschreibung von Prozessen, die im Grundsatz jedoch „klassischen" Vorgehensweisen des PM, d.h. solchen mit nur einem Objekt als Fall-ID (vgl. Kapitel 2.3.2.1), gleichen und nur auf einzelne Prozesse oder Abteilungen angewendet werden. Ein *Theoriedefizit liegt in einer hinreichend genauen Vorgehensweise* zur datenbasierten Prozessperformancebeschreibung der Auftragsabwicklung, die multiple Ereignislogs und sich daraus ergebende Inhomogenität berücksichtigt sowie eine durchgängige Illustrierung der Auftragsketten, aus Sicht verschiedener Auftragsarten, ermöglicht. Zur *Sicherstellung einer Praxistauglichkeit* soll eine einfache und aufwandsgerechte Anwendbarkeit der Methodik sichergestellt sein. Weiterer Forschungsbedarf liegt in einer adressatengerechten Präsentation der komplexen Datenauswertung in einer für verschiedene Nutzer verständlichen Form. In der produzierenden Industrie müssen die Ergebnisdarstellungen einfach und intuitiv zu verstehen sein. Weiterhin müssen die Anforderungen an eine bewertungs- und anwendungsneutrale Präsentation der Ergebnisse berücksichtigt werden.

Diesem Forschungsdefizit folgend kann der Handlungsbedarf für eine Methodik zur datenbasierten Beschreibung der Prozessperformance in der Auftragsabwicklung festgehalten werden. Dazu sollen die erforderlichen Datenbedarfe ermittelt werden und die Ergebnisse der entwickelten methodischen Vorgehensweise visualisiert werden, um eine verwertungsneutrale Anwendbarkeit zu unterstützen.

4 Konzeption der Methodik

In dem folgenden Kapitel findet die Konzeption der Methodik zur datenbasierten Beschreibung der Prozessperformance der Auftragsabwicklung statt. Nach LAUFENBERG und EVERSHEIM ist eine Methodik eine planmäßige Verfahrensweise zur Erreichung eines bestimmten Ziels unter Berücksichtigung von Modellen, Hilfsmitteln und Methoden.[405] Dazu werden in Kapitel 4.1 zunächst die inhaltlichen sowie praktischen und formalen Anforderungen an die Methodik aufgestellt. In Kapitel 4.2 werden die zugrundeliegenden Lösungshypothesen als Kernidee des entwickelten Lösungsansatzes vorgestellt. Im darauffolgenden Kapitel 4.3 erfolgt die Konzeption der Lösungsmodule der Methodik zur datenbasierten Beschreibung der Prozessperformance der Auftragsabwicklung. Abschließend wird die Adressierung der Anforderungen durch das entwickelte Grobkonzept in Kapitel 4.4 als Zwischenfazit zusammengefasst.

4.1 Anforderungen an die Methodik

In diesem Kapitel werden die inhaltlichen (Kapitel 4.1.1) sowie praktischen und formalen (Kapitel 4.1.2) Anforderungen zur zielgerichteten Konzeptionierung der Methodik formuliert.

4.1.1 Inhaltliche Anforderungen

Die übergeordnete Zielsetzung der vorliegenden Arbeit ist die Entwicklung einer Methodik zur datenbasierten Beschreibung der Prozessperformance. Die inhaltlichen Anforderungen haben zum Ziel, den theoretischen und praktischen Handlungsbedarfen bei der Konzeption und Herleitung der Lösung entgegenzuwirken.

[405] vgl. Laufenberg, L. (1996) Methodik zur integrierten, S. 6 f.; Ehrlenspiel, K. (2009) Integrierte Produktentwicklung, S. 142.

Der Struktur des Handlungsbedarfs (vgl. Kapitel 2.4 bzw. Kapitel 2.5) folgend werden die inhaltlichen Anforderungen aus den Dimensionen Objektbereich der Prozessperformance der Auftragsabwicklung, aufwandsgerechte und fundierte Beschreibung der Auftragsabwicklung, nachvollziehbare Ableitung der Datenbedarfe und hinreichend genaues und verwertungsneutrales Prozessabbild der Auftragsabwicklung abgeleitet. Um den Kundennutzen gesamtunternehmerisch zu steigern, ist die Betrachtung der Auftragsketten technisch-operativer Auftragsabwicklungsprozesse notwendig. Die betriebstypologische Einordnung (vgl. Kapitel 2.1.1) konzentriert sich dabei auf den Untersuchungsbereich der Auftragsabwicklung von Rahmenauftrags- und Variantenfertigern. Neben der Auftragsabwicklung zählen auch die Beschreibung der Prozessperformance durch PPI einerseits und Prozessbeschreibung andererseits zum Objektbereich der Arbeit. Gegenüber traditionellen Ansätzen soll mittels PM eine objektive und faktenbasierte Beschreibung der Prozessperformance ermöglicht werden. Aufgrund unterschiedlicher Auftragsarten in den Partialprozessen der Auftragsabwicklung ist im Gegensatz zu klassischen Anwendungsfällen des PM, in denen nur eine Auftragsart vorliegt, die Berücksichtigung multipler Auftragsarten erforderlich. Im Sinne einer Adaptierbarkeit der entwickelten Methodik in der unternehmerischen Praxis ist eine nachvollziehbare Ableitung der benötigten Datenbedarfe notwendig. Für PM sind Daten eine notwendige Bedingung, daher gilt es diese für eine Extraktion aus den unternehmerischen Informationssystemen verständlich zu definieren. Die Verwendung von Daten in der produzierenden Industrie erfordert auch eine Berücksichtigung typischer Imperfektionen (bspw. zwischen Zeitstempelformaten), die aus einer Konsolidierung von verschiedenen Ereignislogs unterschiedlicher Unternehmensbereiche resultieren. Eine horizontal-integrative, d.h. sowohl prozessspezifische als auch prozessübergreifende Identifizierung von Potenzialen für eine effizientere Auftragsabwicklung einerseits und eine vertikal-integrative Berücksichtigung unterschiedlicher Anwender, d.h. sowohl strategischer als auch operativer Ebene, andererseits bedingen eine adressatengerechte Darstellung der Prozessperformance. Für weitreichende Anwendungen sind verwertungsneutrale Prozessbeschreibungen und PPI-Quantifizierungen erforderlich, wozu auch eine intuitiv bedien- und interpretierbare Visualisierung zählt, um die Akzeptanz in der Praxis zu steigern.

Die in Kapitel 3 analysierten Ansätze beinhalten Vorarbeiten zur prozessübergreifenden Adaptierung von PM in der produzierenden Industrie zur Beschreibung der Prozessperformance. Als zentrale Herausforderung hat sich dabei die Beschreibbarkeit der PPI für die gesamte Auftragsabwicklung herauskristallisiert. Beispielsweise eignet sich die Rüstzeit als fertigungsprozessspezifischer PPI nicht zur Quantifizierung entlang der Auftragsabwicklung, da vorgelagerte Prozesse (bspw. Vertriebsprozesse) oder nachgelagerte Prozesse (bspw. Versandprozesse) keine Rüsttätigkeiten im klassischen Sinne ausüben. In der Konsequenz lässt sich fordern, dass die zu beschreibenden PPI für die gesamte Auftragsabwicklung quantifizierbar zu definieren sind, um kohärent benötigte Datenbedarfe abzuleiten. Neben den PPI muss auch der Auftragsabwicklungsprozess mittels PM beschreibbar sein. Während sich bisherige anwendungsbezogene Ansätze primär auf eine einzige Fall-ID beschränken, existieren in der Auftragsabwicklung multiple Auftragsarten mit unterschiedlichen Kardinalbeziehungen untereinander. Werden die Fall-IDs unterschiedlicher Aufträge unter einer Fall-ID zusammengefasst, werden unweigerlich Ereignisse dupliziert oder unabhängige Ereignisse kausal verbunden. Folglich ist für eine repräsentative Prozessbeschreibung die Berücksichtigung von Konvergenz und Divergenz erforderlich. Deduzierend hat die Analyse der Ansätze in diesem Zusammenhang gezeigt, dass eine Vorgehensweise zur Prozessperformancebeschreibung der Auftragsabwicklung insbesondere vor dem Hintergrund der zu beschreibenden PPI und des Umgangs mit multiplen Fall-IDs obligatorisch ist und praxistauglich gestaltet sein muss. Die inhaltlichen Anforderungen an die Methodik zur PM-basierten Beschreibung der Prozessperformance in der Auftragsabwicklung sind in Abbildung 4-1 zusammengefasst.

Anforderungen aus der Praxis (vgl. Kapitel 3.1)

Objektbereich der Prozessperformance der Auftragsabwicklung
- Betrachtung der technisch-operativen Auftragsabwicklung
- Beschreibung der Prozessperformancekennzahlen und des Prozessmodells

Aufwandsgerechte und fundierte Beschreibung der Auftragsabwicklung
- Nutzung datenbasierter Methoden zur Prozessperformancebeschreibung
- Umgang mit multiplen Auftragsarten
- Nachvollziehbare Ableitung der Datenbedarfe
- Umgang mit syntaktischer Inhomogenität und unterschiedlichen Informationsgehalten bei der Zusammenführung prozessbereichsspezifischer Daten

Interpretation und Analyse der Prozessperformance
- Adressatengerechte Darstellung der Prozessperformance
- Intuitive Visualisierung eines verwertungsneutralen Prozessabbildes

Anforderungen aus der Theorie (vgl. Kapitel 3.4)

- Spezifizierung der zu beschreibenden Prozessperformanceindikatoren entlang der Auftragsabwicklung
- Umgang mit Konvergenz und Divergenz
- Entwicklung einer hinreichend genauen Vorgehensweise
- Sicherstellung einer hohen Praxistauglichkeit

Abbildung 4-1: Inhaltliche Anforderungen an die Methodik

4.1.2 Praktische und formale Anforderungen

Neben den inhaltlichen Anforderungen muss die Methodik auch praktischen Anforderungen für eine Anwendung in der industriellen Praxis genügen. In Anlehnung an GREITEMANN[406] werden praktische Anforderungen nachfolgend aufgeführt:

- Die **Allgemeingültigkeit der Methodik** stellt sicher, dass die Methodik produzierende Unternehmen unterschiedlicher Branchen in ihrer datenbasierten Beschreibung der Prozessperformance unterstützt.
- Unternehmen der produzierenden Industrie stehen i.d.R. begrenzte zeitliche, personelle und finanzielle Ressourcen zur Verfügung. Die **Modularisierbarkeit der Methodik** stellt sicher, dass ihre Vorgehensweise modular ist und aus mehreren Schritten besteht, um den Ablauf der Methodik effizient zu gestalten.
- Für eine **durchgängige Konsistenz der Methodik** sind die Schritte klar definiert und aufeinander abgestimmt.
- Die **Skalierbarkeit des Detaillierungsgrades bei der Durchführung der Methodik** stellt sicher, dass in Abhängigkeit der verfügbaren Ressourcen eines Unternehmens die Schritte adäquate Abstraktionsgrade zulassen und in ihrem Aufwand skalierbar sind.

Die praktischen Anforderungen werden durch formale Anforderungen ergänzt. Die nachfolgenden sechs Anforderungen basieren auf den von BECKER ET AL. aus der ordnungsgemäßen Buchführung übernommenen Grundsätzen zur ordnungsgemäßen Modellierung und werden auf die zu entwickelnde Methodik übertragen:[407]

- **Grundsatz der Richtigkeit:** Die Methodik soll den intendierten Anwendungszusammenhang korrekt und zweckmäßig repräsentiert wiedergeben.
- **Grundsatz der Relevanz:** Die Methodik soll nur die Sachverhalte beschreiben, die für den zugrundeliegenden Lösungszweck relevant sind.
- **Grundsatz der Wirtschaftlichkeit:** Die Methodik soll das Modellierungsziel mit minimalem Aufwand erreichen und der Nutzen, der aus einer Detaillierung der Methodik resultiert, soll den Aufwand zur Verfeinerung der Methodik übersteigen.

---

[406] vgl. Greitemann, J. (2016) Methodik für die, S. 48 f.

[407] vgl. Becker, J./Probandt, W./et al. (2012) Grundsätze ordnungsmäßiger Modellierung, S. 31-36.

- **Grundsatz der Klarheit:** Die Methodik gilt es verständlich, leicht lesbar und anschaulich für den Anwender zu gestalten.
- **Grundsatz der Vergleichbarkeit:** Vorgehen und Ergebnisse der Methodik sollten anwendungsübergreifend vergleichbar sein.
- **Grundsatz des systematischen Aufbaus:** Die Methodik sollte konsistent aufgebaut sein und gleiche Sachverhalte in gleicher Art und Weise darstellen.

4.2 Kernideen der Arbeit

Der Entwicklung der Lösungsideen der Methodik zur datenbasierten Beschreibung der Prozessperformance der Auftragsabwicklung liegen vier wesentliche Lösungshypothesen zugrunde:

- Die Ableitung der Datenbedarfe aus den Informationsbedarfen zur Quantifizierung der PPI der Auftragsabwicklung und zur Prozessbeschreibung mittels PM ermöglicht die Generierung eines Datenmodells, als Voraussetzung zur datenbasierten Beschreibung der Auftragsabwicklung.
- Die erforderlichen Datenbedarfe liegen extrahiert als bereichsspezifische Ereignislogs und in belastbarer Qualität aus den unternehmerischen Informationssystemen zur Beschreibung der Prozessperformance der Auftragsabwicklung vor.
- Die Konsolidierung bereichsspezifischer Ereignislogs, deren Datenvorbereitung, die Erstellung eines objektzentrierten Ereignislogs der Auftragsabwicklung, die Separierung von PPI-Quantifizierung und Prozessbeschreibung sowie das Flattening zur Beschreibung der Prozessperformance stellt eine aufwands- und zielgerichtete Vorgehensweise dar.
- Die Ableitung von Gestaltungsorientierungen ermöglicht die Entwicklung des Prozessabbildes in einer verwertungsneutralen „Sprache" zur Beschreibung der Prozessperformance der Auftragsabwicklung, deren ausdetaillierte Systemelemente eine nachträgliche toolbasierte Implementierung befähigen.

Das nachfolgend vorgestellte Grobkonzept sowie seine Detaillierung basieren auf diesen Lösungshypothesen.

4.3 Grobkonzept zur datenbasierten Beschreibung der Prozessperformance

Als Kern von Kapitel 4 wird in diesem Kapitel das Grobkonzept zur datenbasierten Beschreibung der Prozessperformance in der Auftragsabwicklung beschrieben. Dazu wird die Lösungskonzeption zunächst in einem Ordnungsrahmen strukturiert und die maßgeblichen Lösungsmodule in den folgenden Unterkapiteln skizziert.[408]

Die Methodik adressiert den aus der Praxis folgenden Handlungsbedarf (vgl. Kapitel 2.5) einer objektiven und fundierten Beschreibung der Prozessperformance als Entscheidungsgrundlage zur Initiierung fundierter Prozessoptimierungsmaßnahmen. Basierend auf der betriebstypologischen Einordnung zielt die Methodik auf die Beschreibung der Prozessperformance des gesamten Auftragsabwicklungsprozesses ab. In Anlehnung an die in der industriellen Praxis genutzten Vorgehensweisen (vgl. Kapitel 2.2.2) wird die Methodik im Anschluss an die Prozessidentifikation in die Phase der Ist-Prozessaufnahme verortet. Der Auftragsabwicklungsprozess wird als der in der ersten Phase festgelegte und zu betrachtende Prozess verstanden. Die Methodik setzt in der Ist-Prozessaufnahme an, um ein objektives und fundiertes Prozessabbild über die Prozessperformance der Auftragsabwicklung zu erhalten. Der Methodik anschließend erfolgt die Ist-Prozess-Analyse durch Schwachstellenidentifikation und Maßnahmenableitung zur Soll-Prozess-Gestaltung.

Zur Konzeption der Lösungsideen wird ein Ordnungsrahmen gestaltet. Ziel des Ordnungsrahmens ist, die Lösungsansätze und deren Zusammenhänge auf hoher Abstraktionsebene und in frei gewählter Strukturierungsweise zu ordnen, um die Konzeption der Methodik zu bezwecken.[409] Der Ordnungsrahmen der entwickelten Lösungsidee ist zweigeteilt. Einerseits ermöglicht PM, den Praxisanforderungen (vgl. Kapitel 3.1) entsprechend, eine objektive und fundierte Beschreibung der Prozessperformance. Somit wird die bereits in Kapitel 2.3.3 beschriebene Vorgehensweise nach VAN ECK ET AL.[410] als Referenzprozess zur Anwendung von PM verwendet. Die Methodik folgt

[408] Folgende Vorarbeiten des Autors verdeutlichen den Weg der Lösungskonzeption: vgl. Schuh, G./Gützlaff, A./et al. (2020) Data-based description; Schuh, G./Gützlaff, A./et al. (2020) A Data Model; Schmitz, S./Renneberg, F./et al. (2021) Definition of Process; Schuh, G./Gützlaff, A./et al. (2022) A Methodology.

[409] vgl. Meise, V. (2001) Ordnungsrahmen zur prozessorientierten, S. 61 f.

[410] vgl. van Eck, M./Lu, X./et al. (2015) PM²: A Process.

dabei dem Leitsatz „Für die gesamte Auftragsabwicklung", um die Phasen des Referenzprozesses partialprozessübergreifend auf die gesamte Auftragsabwicklung zu adaptieren. Andererseits kann gemäß der Systemtheorie jeder Prozess, folglich auch eine Methodik zur Beschreibung der Prozessperformance der Auftragsabwicklung, durch Relation von Ein- und Ausgangsgrößen über Übertragungsfunktionen charakterisiert werden.[411] Zur Sicherstellung eines kausalen Zusammenspiels der einzelnen Lösungsmodule wird der Aufbau der Methodik systemtheoretisch hergeleitet und die Methodik in ein Eingangs-, Vorgehens- und Ergebnismodul aufgeteilt. Das Eingangsmodul definiert die benötigten Eingangsgrößen, die das Vorgehensmodul analog einer Übertragungsfunktion in Ausgangsgrößen, die im Ergebnismodul dargestellt werden, transformiert. Damit folgt die Methodik ebenso dem Strukturierungsleitsatz „Von den Eingangsgrößen zum Ergebnis".

Der Ordnungsrahmen der Methodik zur Beschreibung der Prozessperformance in der Auftragsabwicklung ist in Abbildung 4-2 dargestellt und zeigt die Einordnung des Ansatzes in das Praxisvorgehen zur Prozessoptimierung (vgl. Kapitel 2.2.2.3).

Zur datenbasierten Beschreibung der Prozessperformance muss zunächst die Festlegung der erforderlichen Datenbedarfe für die Auftragsabwicklung erfolgen. Dies geschieht im Eingangsmodul, indem ausgehend von zielstellungsentsprechenden Informationsbedarfen für Prozessbeschreibung und PPI die benötigten Datenbedarfe abgeleitet und in einem Datenmodell definiert werden (vgl. Kapitel 4.3.1 bzw. Kapitel 5.1). Nachdem die Datenbedarfe für die gesamte Auftragsabwicklung bekannt sind, kann in dem Vorgehensmodul die Methodik zur Adaptierung von PM auf die Auftragsabwicklung erfolgen. Damit geht eine anwendungsspezifische Datenvorbereitung zur Sicherstellung von Datenhomogenität und -durchgängigkeit im Umgang mit multiplen Auftragsarten sowie eine darauf aufbauende datenbasierte Beschreibung der Prozessperformance einher (vgl. Kapitel 4.3.2 bzw. Kapitel 5.2). Das abschließende Ergebnismodul stellt die Ergebnisse der datenbasierten Prozessperformancebeschreibung in einem verwertungsneutralen Prozessabbild der Auftragsabwicklung dar (vgl. Kapitel 4.3.3 bzw. Kapitel 5.3). Durch das gegenseitige Zusammenspiel der einzelnen Module soll die übergeordnete Forschungsfrage (vgl. Kapitel 1.2) beantwortet werden. Zusammenfassend ist das Grobkonzept der Methodik, inklusive der begleitenden Forschungsfragen, in Abbildung 4-3 dargestellt.

[411] vgl. Unbehauen, H. (2008) Regelungstechnik I, S. 57 ff.

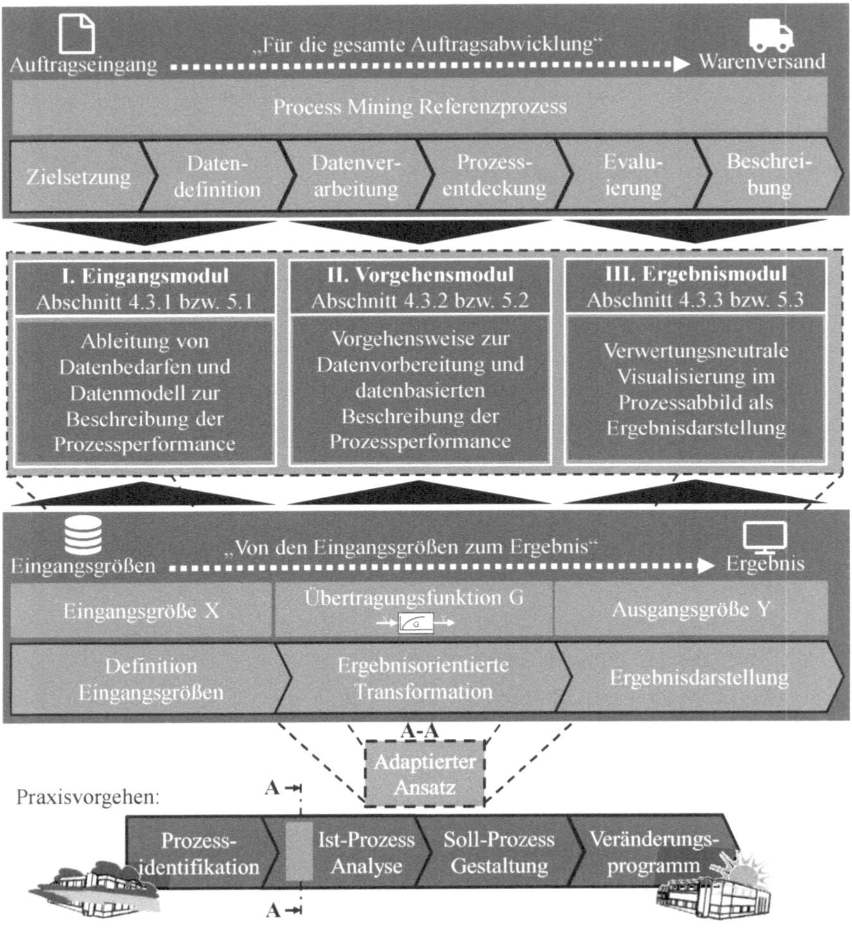

Abbildung 4-2: Ordnungsrahmen der Methodik

In den nachfolgenden Abschnitten werden Eingangs-, Vorgehens- und Ergebnismodul sowie ihr Zusammenwirken grob aufgeführt. Die Aufführung erfolgt durch Darlegung der Zielstellung, der methodischen Vorgehensweise und durch Adressierung des jeweiligen Praxisproblems als Ergebnis der Module.

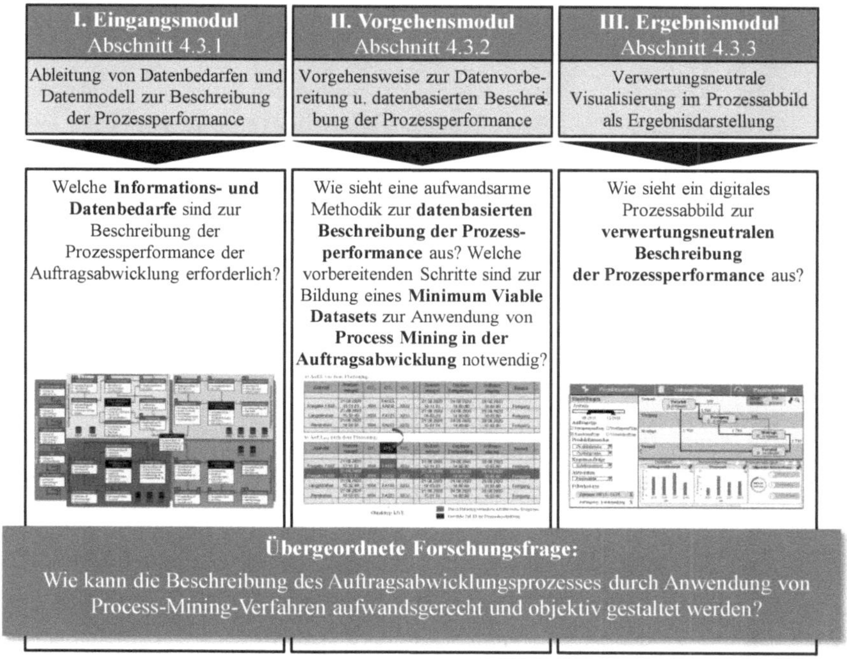

Abbildung 4-3: Konzept zur datenbasierten Prozessperformancebeschreibung

4.3.1 Konzeption eines Datenmodells zur Beschreibung der Prozessperformance in der Auftragsabwicklung

Ziel des Eingangsmoduls ist die Beantwortung der Fragestellung, welche Datenbedarfe als Grundlage für eine datenbasierte Beschreibung der Prozessperformance der Auftragsabwicklung erforderlich sind. Die Beantwortung der Fragestellung beabsichtigt, Datenbedarfe einerseits für PPI und andererseits für die Prozessbeschreibung abzuleiten, da sich die Beschreibung von PPI und Prozessmodell zur Prozessperformance synthetisieren (vgl. Kapitel 2.2.1.3). Zusätzlich beabsichtigt das Eingangsmodul, die Datenbedarfe zur Beschreibung der Prozessperformance in einem Datenmodell systematisch zu strukturieren.

Das **methodische Vorgehen** des Eingangsmoduls gliedert sich in Anlehnung am Ordnungsrahmen der Daten-Information-Wissen-Pyramide (kurz: DIW-Pyramide, engl.:

DIK pyramid)[412] zur Konvertierung von Informationen in Daten. Damit situiert sich das Eingangsmodul in die Identifikation und Strukturierung der Informationsbedarfe für PPI und Prozessbeschreibung sowie der anschließenden Ableitung des Datenmodells zur Beschreibung der Prozessperformance der Auftragsabwicklung. Im ersten Schritt werden relevante PPI für die Auftragsabwicklung basierend auf Vorarbeiten des Autors[413] konstatiert. Damit geht die Festlegung der PPI, welche sinnvoll entlang der gesamten Auftragsabwicklung beschreibbar sind, sowie die Ermittlung von Berechnungsvorschriften zur Quantifizierung der PPI einher. Im zweiten Schritt werden die Informationsbedarfe für die Prozessbeschreibung, basierend auf dem induzierten Auftragsabwicklungsprozess von Varianten- und Rahmenfertigern (vgl. Kapitel 2.1.2.3), identifiziert. Um die unterschiedlichen Informationsbedarfe inklusive der Auftragsarten zur Abbildung der Auftragsketten strukturiert darzustellen, wird auf die SIPOC[414]-Methode zurückgegriffen. Im letzten Schritt des Eingangsmoduls erfolgt eine logische Ableitung der Datenbedarfe aus den zuvor identifizierten Informationsbedarfen für PPI und Prozessbeschreibung. Dies erfolgt unter Berücksichtigung der Mindestanforderungen zur Anwendung von PM nach VAN DER AALST[415] sowie der Berechnungsvorschriften der PPI. Zur Extraktion der erforderlichen Daten in der industriellen Praxis werden Informationssysteme den Datenbedarfen zugeordnet. Schließlich werden die Datenbedarfe mittels der Unified Modeling Language (UML) in Klassendiagrammen eines Datenmodells systematisch strukturiert.

Ergebnis des Eingangsmoduls sind aus Informationsbedarfen der Auftragsabwicklung abgeleitete und im Datenmodell strukturierte Datenbedarfe. Das Eingangsmodul adressiert damit das Praxisproblem einer nachvollziehbaren Ableitung der Daten zur Beschreibung der Prozessperformance der Auftragsabwicklung mittels PM.

4.3.2 Konzeption einer datenbasierten Beschreibung der Prozessperformance in der Auftragsabwicklung

Das Vorgehensmodul hat zum **Ziel**, die Fragestellung zu beantworten, wie für eine aufwandsarme Anwendung von PM zur Beschreibung der Auftragsabwicklung vor-

[412] vgl. Gressel, S./Pauleen, D./et al. (2020) Management decision-making, S. 31.
[413] vgl. Schmitz, S./Renneberg, F./et al. (2021) Definition of Process.
[414] SIPOC ist die Abbreviatur für die englischen Begriffe Supplier, Input, Process, Output und Customer.
[415] vgl. van der Aalst, W. (2016) Process mining, S. 35.

zugehen ist. Ein Teilziel ist die aus dem Anwendungskontext resultierende Datenvorbereitung, um Ereignislogs multipler Auftragsarten zu homogenisieren und in einen geeigneten Datensatz (sog. Minimum Viable Dataset) zu überführen. Zur Beantwortung der Fragestellung wird als weiteres Teilziel ein Vorgehensmodell entwickelt, das durch eine strukturierte Separierung von Prozessmodellerstellung und PPI-Quantifizierung eine praxistaugliche Beschreibung der Prozessperformance in der Auftragsabwicklung adressiert.

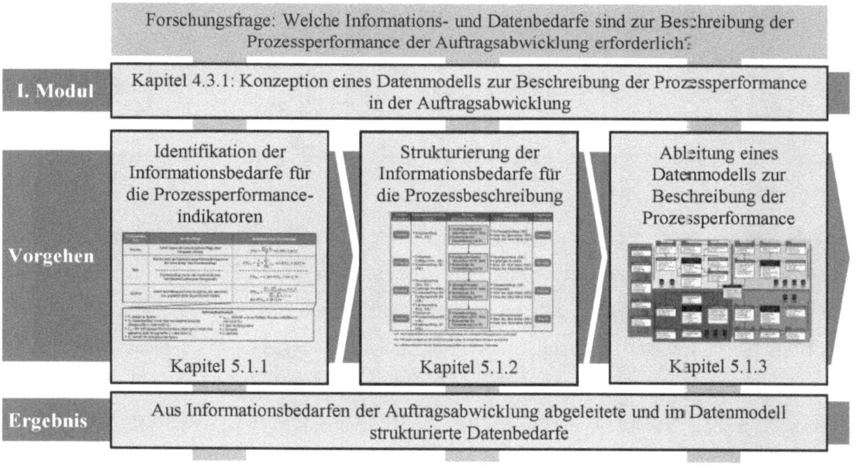

Abbildung 4-4: Struktur und Vorgehen des Eingangsmoduls

Das **methodische Vorgehen** beginnt mit der Vorbereitung von extrahierten Ereignislogs einzelner Funktionsbereiche zur prozessübergreifenden Datenauswertung für die Auftragsabwicklung. Ausgehend vom Ordnungsrahmen von VAN ECK ET AL.[416] erfolgt die Datenvorbereitung in den Stufen Konsolidierung der Ereignislogs, Homogenisierung von Zeitstempeln, Anreichern des objektzentrierten Ereignislogs und Komplexitätsreduzierung. Dabei wird im Gegensatz zum Ordnungsrahmen von VAN ECK ET AL. die Leitidee des PROCESS MINING MANIFESTO[417] verfolgt, wonach die einzelnen Ereignislogs für eine belastbare Anwendung von PM in ausreichender Qualität zur Verfü-

[416] vgl. van Eck, M./Lu, X./et al. (2015) PM²: A Process, S. 300 ff.
[417] vgl. van der Aalst, W./Adriansyah, A./et al. (2012) Process Mining Manifesto, S. 179 f.

gung stehen. Im Zuge der Konsolidierung der Ereignislogs werden diese in ein Datenformat zur Abbildung unterschiedlicher Auftragsarten in Form von Objekttypen (OT) überführt und Ereignislog-übergreifende Inhomogenität bereinigt. Dabei werden die Auftragsarten nach der Hierarchisierung von HOFFMANN[418] klassifiziert und das Ausfiltern kundenanonymer Aufträge berücksichtigt. Schließlich erfolgt eine Komplexitätsreduzierung durch die Aggregation von Aktivitäten. Im Anschluss an die Datenvorbereitung wird die Beschreibung der Prozessperformance, anlehnend an LEEMANN[419], in eine separierte Beschreibung von PPI und Prozessmodell strukturiert. Durch die Separierung wird mittels der Flattening-Methode die Nutzung praxisbezogener PM-Tools im letzten Schritt ermöglicht.[420] Durch bereinigte PPI wird Konvergenz (vgl. Kapitel 2.3.4.2) und durch injektive OT Divergenz adressiert. Als letzter Schritt des Vorgehensmodells erfolgt damit die datenbasierte Beschreibung der Prozessperformance in der Auftragsabwicklung.

Ergebnis des Vorgehensmoduls ist eine anwendungsspezifische Datenvorbereitung sowie die datenbasierte Beschreibung von Prozessmodell und PPI aus Sicht ausgewählter Auftragsarten der Auftragsabwicklung. Das Vorgehensmodul adressiert das Praxisproblem einer Betrachtung multipler Auftragsarten sowie den Umgang mit Inhomogenität und Scheinkorrelationen in der Nutzung datenbasierter Methoden zur Beschreibung der Prozessperformance der Auftragsabwicklung. Die zu beantwortende Forschungsfrage des Grobkonzept des Vorgehensmoduls sowie Struktur und Ergebnis sind zusammenfassend in Abbildung 4-5 dargestellt.

4.3.3 Konzeption einer verwertungsneutralen Visualisierung der Prozessperformance in der Auftragsabwicklung

Die Herausforderungen steigender Prozesskomplexität und kontextueller Informationen (vgl. Kapitel 2.4) werden im Ergebnismodul berücksichtigt. **Ziel** des Ergebnismoduls ist die Beantwortung der Fragestellung, wie ein digitales Prozessabbild zur verwertungsneutralen Beschreibung der Prozessperformance aussieht. Dazu beabsichtigt

---

[418] vgl. Hoffmann, W. (1999) Objektorientiertes Qualitätsinformationssystem.
[419] vgl. Leemans, S./Poppe, E./et al. (2019) Directly Follows-Based Process, S. 26-30.
[420] vgl. van der Aalst, W. (2019) Object-Centric Process Mining, S. 3 ff.

als Darstellungsweise ein digitales Prozessabbild die aggregierte Beschreibung der Prozessperformance, um die aus dem Vorgehensmodul resultierenden Ergebnisse anwendungs- und bewertungsneutral zu visualisieren.

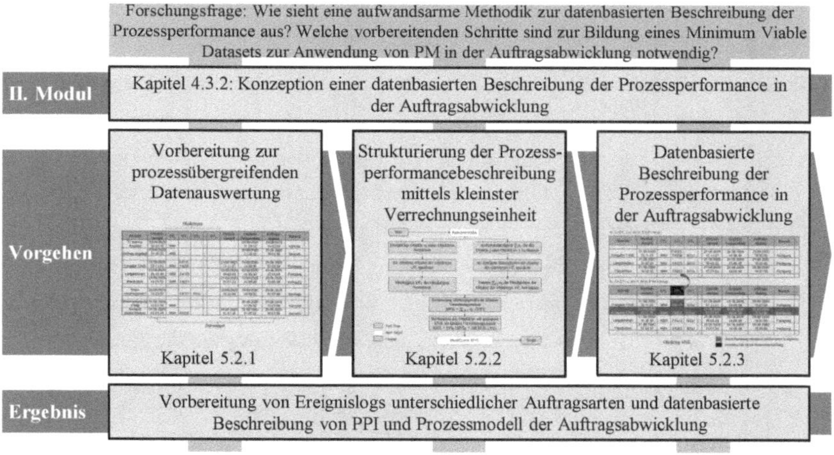

Abbildung 4-5: Struktur und Vorgehen des Vorgehensmoduls

Das **methodische Vorgehen** des Ergebnismoduls beginnt mit einer Konjunktion der Darstellungserwartungen aus der Prozessmodellierung (vgl. Kapitel 2.2) und der Datenverfügbarkeit im Ereignislog sowie der Ableitung von Gestaltungsorientierungen aus der Praxis und der Anwendung. Die Aufnahme von Gestaltungsorientierungen aus der Anwendung erfolgt mittels der User-Story-Methode, um Rollen, Funktionen und Nutzungen der Anwender strukturiert aufzunehmen.[421] Im zweiten Schritt erfolgt in Anlehnung am Software-Life-Cycle von Renz[422] die Identifizierung der Systemelemente. Die Identifizierung des Systemelements Prozessbeschreibung berücksichtigt sowohl die Prozessbeschreibung der gesamten Auftragsabwicklung als auch einzelner Prozessbereiche, um vertikal-integrativ unterschiedliche Anwender zu berücksichtigen (vgl. Kapitel 4.1.1). Die Identifizierung des Systemelements PPI erfolgt für die aus dem Eingangsmodul definierten Indikatoren zur Beschreibung der Prozessperformance. Zudem werden Prozessmodell- und PPI-übergreifende Einstellungs- und Filterungsmöglichkeiten im Prozessabbild berücksichtigt. Anlehnend am Software-Life-

[421] vgl. Pfeffer, J. (2019) Grundlagen der agilen, S. 118 f.
[422] vgl. Renz, B. (2018) Softwaretechnik, S. 231-234.

Cycle werden die Systemelemente anschließend in einer Detailplanung spezifiziert. Zur Befähigung des Nutzers für eine anwendungsfallspezifische Ist-Prozess-Analyse gilt für das Ergebnismodul stets der Grundsatz einer anwendungs- und bewertungsneutralen Informationsdarstellung (vgl. Kapitel 2.3.3.4). Schließlich erfolgt im dritten Schritt die Zusammenführung der Systemelemente in einem digitalen Prozessabbild.

Als **Ergebnis** stellt das Modul die Resultate des Vorgehensmoduls in einem Prozessabbild für unterschiedliche Nutzer verwertungsneutral dar. Das Prozessabbild gilt als Darstellungsweise einer aggregierten Beschreibung der Prozessperformance in der Auftragsabwicklung. Das Ergebnismodul adressiert damit den Praxisbedarf einer verwertungsneutralen Darstellung zur Beschreibung der Auftragsabwicklung mittels PM, die unterschiedliche Adressaten in der Nutzung berücksichtigt und eine intuitive Visualisierung fokussiert. Die beantwortende Forschungsfrage des Grobkonzept des Ergebnismoduls sowie Struktur und Ergebnis sind in Abbildung 4-6 dargestellt.

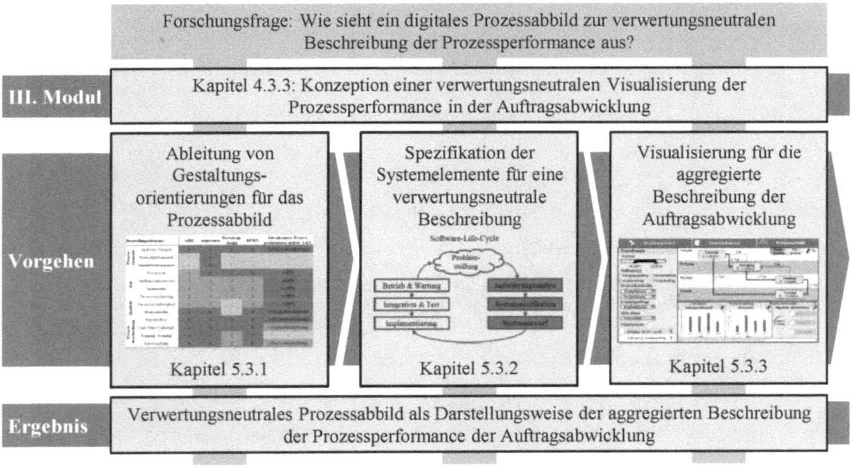

Abbildung 4-6: Struktur und Vorgehen des Ergebnismoduls

4.4 Zwischenfazit: Adressieren der Anforderungen durch das Grobkonzept

Die in vorherigen Kapiteln identifizierten inhaltlichen Anforderungen aus der Zielsetzung, den Herausforderungen der Praxis und dem Forschungsdefizit wurden in Kapitel 4.1 konsolidiert und um praktische sowie formale Anforderungen erweitert. Basierend auf den erläuterten Lösungsideen in Kapitel 4.2 wurde in Kapitel 4.3 der zugrundeliegende Ordnungsrahmen der Methodik hergeleitet. Darauffolgend konnte die Methodik konzeptioniert werden. Mit den drei konzeptionierten Modulen Eingangs-, Vorgehens- und Ergebnismodul, welche die datenbasierte Beschreibung der Prozessperformance in der Auftragsabwicklung ermöglichen, adressiert die Methodik die inhaltlichen Anforderungen aus Abbildung 4-1, wie im Folgenden erläutert wird.

Durch das Eingangsmodul wird der *Objektbereich der Prozessperformance der Auftragsabwicklung* sichergestellt, da Daten zur datenbasierten Beschreibung des technisch-operativen Auftragsabwicklungsprozesses (bspw. unterschiedliche Auftragsarten) und zur Quantifizierung der Prozesseffizienz der Auftragsabwicklung mittels PPI betrachtet werden. Für den Betrachtungsbereich von Rahmen- und Variantenfertiger werden die Datenbedarfe zur Beschreibung von auftragsannehmenden, produktionsbezogenen und produktionsnachgelagerten Prozessen nachvollziehbar abgeleitet und in einem UML-Datenmodell strukturiert. Eine *aufwandsgerechte und fundierte Beschreibung der Auftragsabwicklung* wird durch die Nutzung von PM zur Prozessbeschreibung sowie die datenbasierte Quantifizierung von PPI im Vorgehensmodul adressiert. Zunächst werden syntaktische Inhomogenität und unterschiedliche Informationsgehalte in den Datenvorbereitungsschritten betrachtet und der minimal erforderliche Datensatz zur datenbasierten Beschreibung der Prozessperformance definiert. Durch die Strukturierung der Prozessperformancebeschreibung mittels kleinster Verrechnungseinheit werden einerseits unterschiedliche Auftragsarten (bzw. Objekttypen) sowie Konvergenz und Divergenz berücksichtigt und andererseits eine hohe Praxistauglichkeit sichergestellt, da industrietaugliche PM-Anwendungen und -Verfahren genutzt werden können. Durch die strukturierte Ableitung von Gestaltungsorientierungen und die darauf aufbauend konzeptionierte Visualisierung für die aggregierte Beschreibung der Auftragsabwicklung werden im Ergebnismodul die Anforderungen an *Interpretation und Analyse der Prozessperformance* berücksichtigt, indem Prozessbeschreibung und PPI bewertungs- und anwendungsneutral visualisiert werden.

5 Detaillierung der Methodik

In Kapitel 4 wurde das Grobkonzept zur datenbasierten Beschreibung der Prozessperformance in der Auftragsabwicklung vorgestellt. Nachfolgend werden die einzelnen Schritte des vorgestellten Konzeptes in der erforderlichen Detaillierungstiefe ausgearbeitet. Die Kapitelstruktur beruht auf dem Ordnungsrahmen der Methodik in Abbildung 4-2 und ist analog dem Grobkonzept in Kapitel 4.3 aufgebaut.

Das Eingangsmodul wird in Kapitel 5.1 beschrieben und leitet das Datenmodell zur Beschreibung der Prozessperformance in der Auftragsabwicklung ab. In einem ersten Schritt werden die Informationsbedarfe für die PPI der Auftragsabwicklung identifiziert. Der zweite Schritt strukturiert die Informationsbedarfe zur Prozessbeschreibung der Auftragsabwicklung mittels PM. Anschließend werden die auf den Informationsbedarfen resultierenden Datenbedarfe abgeleitet und in einem Datenmodell zur Beschreibung der Prozessperformance der Auftragsabwicklung gegliedert.

Kapitel 5.2 beschreibt das Vorgehensmodul zur datenbasierten Beschreibung der Prozessperformance. Zunächst werden vorbereitende Maßnahmen zur prozessübergreifenden Datenauswertung durchgeführt und ein oEL als Minimum Viable Dataset zur Beschreibung der Prozessperformance erstellt. In einem zweiten Schritt wird die datenbasierte Beschreibung der Prozessperformance durch Einführung einer kleinsten Verrechnungseinheit in die separierte Beschreibung von PPI und Prozessmodell strukturiert. Abschließend wird in einem dritten Schritt die datenbasierte Darstellung der Prozessperformance durch Beschreibung von Prozessmodell und PPI realisiert.

Das Ergebnismodul zur verwertungsneutralen Visualisierung wird in Kapitel 5.3 erläutert. Zunächst werden Gestaltungsorientierungen aus traditionellen Methoden der Prozessbeschreibung, der Praxis und aus Anwendungsfällen abgeleitet sowie die Systemelemente spezifiziert. Ergebnis ist ein Prozessabbild zur verwertungsneutralen Visualisierung der Prozessperformance der Auftragsabwicklung.

Abschließend wird in Kapitel 5.4 ein Zwischenfazit der detaillierten Methodik zur Beschreibung der Prozessperformance gezogen.

5.1 Datenmodell zur Beschreibung der Prozessperformance

In dem folgenden Kapitel wird das Datenmodell zur Beschreibung der Prozessperformance in der Auftragsabwicklung hergeleitet und detailliert beschrieben. Die Definition des Datenmodells beruht auf zwei Kausalzusammenhängen. Die Prozessperformance der Auftragsabwicklung wird durch die Beschreibung des Auftragsabwicklungsprozesses und der Messung von PPI beschrieben (vgl. Kapitel 2.2.1.3). Die verwertungsneutrale und damit nutzerunabhängige Beschreibung der Prozessperformance komprimiert Informationen, aus denen durch nutzerabhängige Erfahrungen Wissen zur Verbesserung der Auftragsabwicklung generiert wird (vgl. Kapitel 2.3.2.1). In Anlehnung an die Wissenspyramide von GRESSEL ET AL.[423] werden zunächst die Informationsbedarfe zur Beschreibung der PPI (vgl. Kapitel 5.1.1) und des Auftragsabwicklungsprozesses (vgl. Kapitel 5.1.2) definiert, um den Wissensbedarfen der Auftragsabwicklungsprozessperformance zu begegnen. Ausgehend von den Informationsbedarfen wird ein Datenmodell zur Beschreibung der Prozessperformance abgeleitet (vgl. Kapitel 5.1.3). Das Top-Down-Vorgehen ist in Abbildung 5-1 dargestellt.

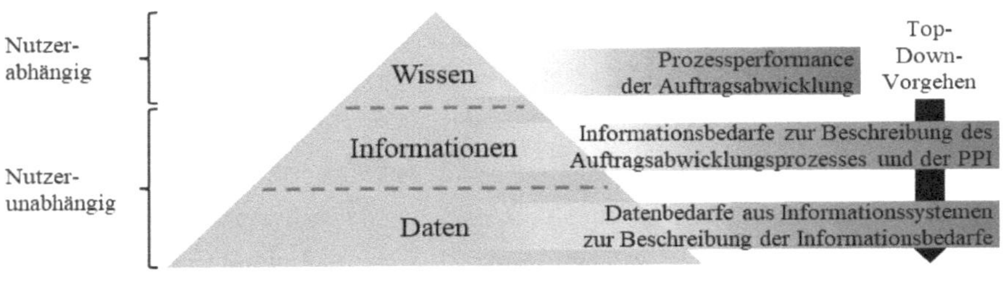

Abbildung 5-1: Ableitung der Datenbedarfe aus Informationsbedarfen[424]

5.1.1 Informationsbedarfe für die Prozessperformanceindikatoren

In Vorarbeiten des Autors wurde gezeigt, dass eine Vielzahl an PPI existieren, die jedoch überwiegend nur für dedizierte Prozessbereiche gelten. Die Mehrheit der PPI ist für den gesamten Auftragsabwicklungsprozess unmessbar oder nicht quantifizierbar. Basierend auf einer systematischen Literaturrecherche wurden in

[423] vgl. Gressel, S./Pauleen, D./et al. (2020) Management decision-making, S. 31.

[424] vgl. Völker, R./Sauer, S./et al. (2007) Wissensmanagement im Innovationsprozess, S. 60; North, K. (2016) Wissensorientierte Unternehmensführung, S. 40; Gressel, S./Pauleen, D./et al. (2020) Management decision-making, S. 31.

Vorarbeiten fünf PPI für die Auftragsabwicklung identifiziert.[425] Diese werden im Folgenden zur datenbasierten Beschreibung der Prozessperformance der Auftragsabwicklung beschrieben und die erforderlichen Informationsbedarfe abgeleitet. Der Fokus liegt auf der kalkulatorischen Bestimmung der PPI zur datenbasierten Quantifizierung. Zur Beschreibung der Prozessperformance aus unterschiedlichen Betrachtungsbereichen erfolgt die Quantifizierung für den gesamten Auftragsabwicklungsprozess, für einzelne Spuren oder für Aktivititäen. Die Betrachtung einzelner Spuren beschreibt die PPI für Teilmengen ausgewählter Aufträge (bspw. Produktgruppen) bzw. für den Durchlauf eines Auftrags. Die Fokussierung einer Aktivität quantifiziert die PPI für eine Aktivität (bspw. Fräsen) und betrachtet alle Aufträge, für welche die Aktivität durchgeführt wurde.

5.1.1.1 Prozesszeit

Das Ziel der *Prozesszeit* PPI_D ist die Beschreibung des Zeitaufwandes, der für die Durchführung der Auftragsabwicklung oder zur Ausführung einzelner Aktivitäten anfällt. Die Prozesszeit des gesamten Auftragsabwicklungsprozesses (PPI_D) ist die durchschnittliche Prozesszeit aller Spuren der Auftragsabwicklung. Die Prozesszeit einer Spur ($PPI_{D,i}$) beschreibt die Dauer zwischen dem Startzeitpunkt des ersten Ereignisses des Kundenauftrags bis zum Endzeitpunkt des letzten Ereignisses des zugehörigen Versandauftrags. Die Prozesszeit einer Aktivität ($PPI_{D,a}$) ist die durchschnittliche Dauer der Aktivität, gemittelt über alle Aufträge welche die Aktivität durchlaufen. Die Prozesszeit liegt im Wertebereich größer Null. Ob die Prozesszeit performant ist oder nicht, muss auftragsspezifisch mittels Domänenwissen bewertet werden.

Zur Kalkulation von PPI_D sind als Informationsbedarfe die Prozesszeiten der Spuren und die Gesamtanzahl an Spuren erforderlich. Zur Bestimmung von $PPI_{D,i}$ wird der Startzeitpunkt des ersten Ereignisses der Spur sowie der Endzeitpunkt des letzten Ereignisses der Spur benötigt. Zur Bestimmung von $PPI_{D,a}$ sind Informationen erforderlich, für welche Aufträge die Aktivität ausgeführt wird und welche Start- und Endzeitpunkte existieren. Darüber hinaus muss bekannt sein, welche Spur, welches Ereignis und welche Aktivität betrachtet wird und was die Gesamtanzahl an Ereignissen einer Spur ist. Abbildung 5-2 fasst die Kalkulationsvorschriften der Prozesszeit inklusive der benötigten Informationsbedarfe zusammen.

[425] vgl. Schmitz, S./Renneberg, F./et al. (2021) Definition of Process, S. 677.

Prozesszeit PPI_D	Beschreibung	Kalkulatorische Bestimmung
Prozess	Durchschnittliche Prozesszeit aller Spuren der Auftragsabwicklung	$PPI_D = \frac{\sum_{i=1}^{T} PPI_{D,i}}{T}$ $mit\ PPI_D \in [0, \infty)$
Spur	Dauer zwischen dem Startzeitpunkt des ersten Ereignisses bis zum Endzeitpunkt des letzten Ereignisses in der Abwicklung eines Auftrags	$PPI_{D,i} = ZS_{i,E_i} - ZB_{i,1}$ $mit\ PPI_{D,i} \in [0, \infty) \forall i$
Aktivität	Durchschnittliche Dauer der Aktivität, gemittelt über alle Aufträge welche die Aktivität durchlaufen	$PPI_{D,a} = \frac{\sum_i^T \sum_j^{E_i} (x_{i,j,a} \times (ZS_{i,j} - ZB_{i,j}))}{\sum_i^T \sum_j^{E_i} (x_{i,j,a})}$ $mit\ PPI_{D,a} \in [0, \infty)\ \forall a$

Informationsbedarfe

- T: Anzahl an Spuren
- ZS_{i,E_i}: Endzeit des letzten Ereignisses der Spur
- $ZB_{i,1}$: Startzeit des ersten Ereignisses der Spur
- i: Spur im Ereignislog
- $x_{i,j,a}$: Aktivität ist im Ereignis der Spur enthalten (1) oder nicht (0)
- $ZS_{i,j}$: Endzeit des Ereignisses j in der Spur i
- $ZB_{i,j}$: Startzeit des Ereignisses j in der Spur i
- E_i: Anzahl der Ereignisse der Spur i
- j: Ereignis
- a: Aktivität

Abbildung 5-2: Informationsbedarfe der Prozesszeit

5.1.1.2 Auftragsreaktionszeit

Der Indikator *Auftragsreaktionszeit PPI_R* beschreibt die Latenz zwischen Eingang des Kundenauftrags und Beginn der Auftragsbearbeitung. Die Auftragsreaktionszeit der gesamten Auftragsabwicklung (PPI_R) ist die durchschnittliche Auftragsreaktionszeit aller Spuren. Die Auftragsreaktionszeit einer Spur ($PPI_{R,i}$) beschreibt die Zeit, welche zwischen dem Eingang des Kundenauftrags und der ersten Aktivität zur Auftragsbearbeitung liegt. Für die Zeit zwischen Kundenauftragseingang und dem Beginn weiterer Aktivitäten in der Auftragsabwicklung (bspw. die Dauer zwischen Kundenauftragseingang und Beginn eines Fräsvorgangs) eignet sich keine Interpretation der Prozessperformance. Damit liegt für den Betrachtungsbereich einzelner Aktivitäten kein Wissensbedarf vor. Der Wertebereiche der Auftragsreaktionszeit ist größer null. Allgemein liegt bei einer hohen Auftragsreaktionszeit eine schlechte Prozessperformance vor, da für den Kunden lange Wartezeiten bis zur Auftragsbearbeitung auftreten.

Zur Kalkulation von PPI_R ist die Auftragsreaktionszeit jeder Spur sowie die Gesamtanzahl an Spuren erforderlich. Zur Bestimmung von $PPI_{R,i}$ ist die Information über den Zeitpunkt des Kundenauftragseingangs sowie den Zeitpunkt des Starts der Auftragsabwicklung erforderlich. Die Information über den Start der Auftragsabwicklung kann entweder das erste Ereignis der Auftragsabwicklung oder, sofern der Kundenauftragseingang bereits das erste Ereignis der Auftragsabwicklung ist, das zweite Ereignis der Auftragsabwicklung sein. Um die Auftragsreaktionszeit für alle Spuren zu bestimmen, ist ferner die Information über die zu betrachtende Spur erforderlich. Die

Kalkulationsvorschriften der Auftragsreaktionszeit inklusive der benötigten Informationsbedarfe fasst Abbildung 5-3 zusammen.

Auftragsreaktionszeit PPI_R	Beschreibung	Kalkulatorische Bestimmung
Prozess	Durchschnittliche Auftragsreaktionszeit aller Spuren der Auftragsabwicklung	$PPI_R = \frac{\sum_{i=1}^{T} PPI_{R,i}}{T}$ *mit* $PPI_R \in [0, \infty)$
Spur	Dauer zwischen Eingang des Kundenauftrags und dem Beginn der Auftragsabwicklung	$PPI_{R,i} = ZB_{i,1} - ZA_i$ *mit* $PPI_{R,i} \in [0, \infty)\ \forall i$

Informationsbedarfe

- T: Anzahl an Spuren
- ZA_i: Zeitpunkt des Kundenauftragseingang der Spur
- $ZB_{i,1}$: Startzeit der Auftragsabwicklung der Spur
- i: Spur im Ereignislog

Abbildung 5-3: Informationsbedarfe der Auftragsreaktionszeit

5.1.1.3 Termintreue

Der Anteil abgeschlossener Kundenaufträge ohne Terminabweichung wird durch die *Termintreue* PPI_T beschrieben. Die Termintreue der gesamten Auftragsabwicklung (PPI_T) beschreibt den Anteil der Aufträge, die spätestens zum vereinbarten Liefertermin fertiggestellt wurden. Die Termintreue einer Spur ($PPI_{T,i}$) wird in Abhängigkeit der Datenverfügbarkeit bestimmt. Liegt für die Aktivitäten ein geplanter Endzeitpunkt vor, beschreibt $PPI_{T,i}$ den Anteil an Aktivitäten, deren Bearbeitung vor bzw. an dem geplanten Bearbeitungsende abgeschlossen wurde. Alternativ wird die Termintreue aus Kundenperspektive ermittelt. Sie quantifiziert, ob ein Auftrag zum vereinbarten Liefertermin fertiggestellt wurde. Dies kann durch den Abgleich des vereinbarten Liefertermins mit dem letzten auftragsspezifischen Ereignis im Versand (bspw. Ereignis „Zugestellt“) erfolgen. Die Bestimmung der Termintreue aus Kundenperspektive ist von aktivitätsspezifischen Terminabweichungen in der Auftragsabwicklung unabhängig. Die Termintreue einer Aktivität ($PPI_{T,a}$) gibt den Anteil aktivitätsspezifischer Ereignisse an, die spätestens zum geplanten Ende abgeschlossen wurden. Termintreue und Prozessperformance verhalten sich simultan, sodass bei geringer Termintreue auch eine geringe Prozessperformance der Auftragsabwicklung vorliegt.

Die im Rahmen der vorliegenden Arbeit definierten Kalkulationen der Termintreue sind in Abbildung 5-4 zusammengefasst. Zur Kalkulation erfolgt die Angabe der Termintreue von Ereignissen im Binärsystem, wonach ein termintreues Bearbeitungsende mit Eins und ein verspätetes Bearbeitungsende mit Null bewertet wird. Als Zeiteinheit werden Tage zur Bestimmung der Termintreue empfohlen, sodass Aufträge, die spätestens am geplanten Tag fertiggestellt werden, termintreu sind. Abweichend davon können unternehmensspezifisch andere Zeiteinheiten (bspw. Kalenderwoche) existieren. Die Termintreue wird prozentual quantifiziert. Bei einer Termintreue von 100 % bzw. Eins werden alle Aktivitäten bzw. Spuren termintreu abgeschlossen.

Termintreue PPI_T	Beschreibung	Kalkulatorische Bestimmung
Prozess	Anteil abgeschlossener Kundenaufträge ohne Terminabweichung	$PPI_T = \frac{\sum_{i=1}^{T} b_i}{T}$ mit $PPI_T \in [0,1]$
Spur	Durchschnitt der termintreu ausgeführten Ereignisse in der Abwicklung eines Kundenauftrags	$PPI_{T,i} = \frac{1}{E_i} \times \sum_{j=1}^{E_i} y_{i,j}$ mit $PPI_{T,i} \in [0,1]\ \forall i$
	Kundenauftrag wurde oder wurde nicht zum vereinbarten Liefertermin fertiggestellt	$PPI_{T,i} = b_i$ mit $PPI_{T,i} \in \{0; 1\}\ \forall i$
Aktivität	Anteil aktivitätsspezifischer Ereignisse, die spätestens zum geplanten Ende abgeschlossen wurden	$PPI_{T,a} = \frac{\sum_{i=1}^{T} \sum_{j=1}^{E_i} (x_{i,j,a} \times y_{i,j})}{\sum_{i=1}^{T} \sum_{j=1}^{E_i} x_{i,j,a}}$ mit $PPI_{T,a} \in [0,1]\ \forall a$

Informationsbedarfe

- T: Anzahl an Spuren
- b_i: Kundenauftrag wurde zum vereinbarten Zeitpunkt fertiggestellt (1) oder nicht (0)
- $y_{i,j}$: Das auftragsspezifische Ereignis j einer Spur i wurde zum geplanten Ende fertiggestellt (1) oder nicht (0)
- E_i: Anzahl der Ereignisse der Spur i
- $x_{i,j,a}$: Aktivität a ist im Ereignis der Spur enthalten (1) oder nicht (0)
- i: Spur im Ereignislog
- j: Ereignis
- a: Aktivität

Abbildung 5-4: Informationsbedarfe der Termintreue

Zur Verdeutlichung der Kalkulation der Termintreue sind in Abbildung 5-5 zwei Auftragsspuren mit aktivitätsspezifisch geplanten Bearbeitungsenden dargestellt. Je nachdem ob der gesamte Auftragsabwicklungsprozess, einzelne Spuren oder Aktivitäten betrachtet werden, ergeben sich unterschiedliche Termintreuen.

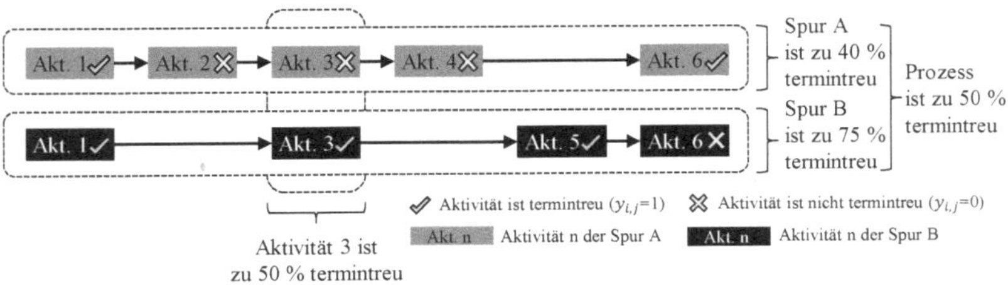

Abbildung 5-5: Berechnungskonzeption des Indikators PPI$_T$

5.1.1.4 Prozessverzögerung

Ziel der *Prozessverzögerung PPI$_V$* ist, die durchschnittliche Überschreitung der Fälligkeitszeit zu beschreiben. Im Gegensatz zur Termintreue gibt die Prozessverzögerung nicht an, ob Aufträge zum geplanten Endzeitpunkt fertiggestellt wurden, sondern wie stark die Abweichungen sind. Die Prozessverzögerung der Auftragsabwicklung (PPI_V) ergibt sich aus der durchschnittlichen Verzögerung der einzelnen Auftragsspuren. Die Prozessverzögerung einer Spur ($PPI_{V,i}$) beschreibt die betragsmäßige Differenz zwischen dem Ende der letzten Aktivität und dem geplanten Fertigstellungstermin des Kundenauftrags. Existieren, analog der Termintreue, die geplanten Bearbeitungsenden für die Aktivitäten, wird die Verzögerung einer Spur als durchschnittliche Differenz der betragsmäßigen Verzögerungen je Ereignis im Auftragsdurchlauf beschrieben. Existieren keine Informationen bezüglich der geplanten Endzeitpunkte einzelner Aktivitäten, wird die Prozessverzögerung nur als Abweichung vom geplanten Fertigstellungstermin und analog der Termintreue auf Tagesbasis bestimmt. Dies bedeutet, dass nur Abweichungen vom geplanten Fertigstellungstag als verzögert gelten, nicht jedoch stündliche, minütige oder sekündliche Abweichungen. Auch die Prozessverzögerung der Aktivitäten ($PPI_{V,a}$) wird als durchschnittliche betragsmäßige Differenz zwischen tatsächlichem und geplantem Bearbeitungsende der Aktivität definiert. Je größer die Prozessverzögerungen sind, desto schlechter wird die Prozessperformance, aufgrund ungeplant längerer Prozesszeiten oder verspäteter Liefertermine, bewertet. Die Prozessverzögerung liegt im Wertebereich größer Null.

Zur Bestimmung von PPI_V werden Informationen hinsichtlich der Verzögerung einzelner Spuren sowie die Anzahl der betrachteten Spuren benötigt. $PPI_{V,i}$ wird, analog PPI_T, über die durchschnittliche Differenz zwischen den geplanten und tatsächlichen Aktivitätsabschlüssen bestimmt oder über die zeitliche Verzögerung, die zwischen Fertigstellung des Kundenauftrags und dem vereinbarten Fertigstellungstermin liegt. Zur Bestimmung von $PPI_{V,a}$ wird die Zeitdifferenz zwischen geplantem und tatsächlichem Bearbeitungsende einer Aktivität als Information benötigt sowie die Information, für welche Aufträge die Aktivität ausgeführt wird. Sowohl ein verfrühtes als auch ein verspätetes Bearbeitungsende zeigen eine schlechte Prozessperformance. Damit verfrühte und verspätete Bearbeitungsenden sich im Auftragsdurchlauf nicht gegenseitig aufheben, wird PPI_V aus dem Betrag der Zeitdifferenzen gebildet. Abbildung 5-6 fasst die Berechnungsvorschriften sowie zugehörige Informationsbedarfe für die Prozessverzögerung zusammen.

Prozessverzögerung PPI_V	Beschreibung	Kalkulatorische Bestimmung
Prozess	Durchschnittliche Verzögerung der Spuren der Auftragsabwicklung	$PPI_V = \frac{\sum_{i=1}^{T} PPI_{V,i}}{T}$ $mit\ PPI_V \in [0,\infty)$
Spur	Durchschnittliche Verzögerung der kundenspezifischen Aufträge in der Auftragsabwicklung ----- Differenz zwischen dem Bearbeitungsende der letzten Aktivität in der Auftragsabwicklung und dem geplanten Fertigstellungstermin des Kundenauftrags	$PPI_{V,i} = \frac{\sum_{j=1}^{E_i} \lvert ZS_{i,j} - ZG_{i,j} \rvert}{E_i}$ $mit\ PPI_{V,i} \in [0,\infty) \forall i$ ----- $PPI_{V,i} = \lvert ZS_{i,E_i} - ZG_{i,E_i} \rvert$ $mit\ PPI_{V,i} \in [0,\infty)\ \forall i$
Aktivität	Durchschnittliche Verzögerung der Aktivität, gemittelt über alle Aufträge, welche die Aktivität durchlaufen	$PPI_{V,a} = \frac{\sum_i^T \sum_j^{E_i} (x_{i,j,a} \times \lvert ZS_{i,j} - ZG_{i,j} \rvert)}{\sum_i^T \sum_j^{E_i} x_{i,j,a}}$ $mit\ PPI_{V,a} \in [0,\infty)\ \forall a$

Informationsbedarfe

- T: Anzahl an Spuren
- ZS_{i,E_i}: Bearbeitungsende des letzten Ereignisses der Spur i
- ZG_{i,E_i}: Geplantes Bearbeitungsende des Kundenauftrags der Spur i
- E_i: Anzahl der Ereignisse der Spur i
- $ZG_{i,j}$: Geplantes Bearbeitungsende des Ereignises j der Spur i
- $x_{i,j,a}$: Aktivität a ist im Ereignis der Spur enthalten (1) oder nicht (0)
- i: Spur im Ereignislog
- j: Ereignis
- a: Aktivität
- $ZS_{i,j}$: Bearbeitungsende des Ereignisses j der Spur i

Abbildung 5-6: Informationsbedarfe der Prozessverzögerung

5.1.1.5 Prozesszuverlässigkeit

Die *Prozesszuverlässigkeit PPIz*hat zum Ziel, die Prozessqualität zu beschreiben. Dem liegt die Hypothese zugrunde, dass Prozessaktivitäten oder -durchläufe effizient sind, wenn sie nur einmal durchgeführt werden. Bspw. weist ein wiederholter Fräsvorgang eines Fertigungsauftrags darauf hin, dass das Fräsen nicht zuverlässig ist und dadurch Nacharbeiten, d.h. Wiederholungen der Aktivitäten, notwendig werden. Geplante Wiederholungen im Prozess werden demnach als separate Aktivitäten (bspw. Plandrehen und Längsdrehen) aufgenommen. Die Prozesszuverlässigkeit der Auftragsabwicklung (PPI_Z) ist die durchschnittlichen Zuverlässigkeit der Spuren. Die Zuverlässigkeit einer Spur ($PPI_{Z,i}$) ergibt sich aus den Informationen, ob und wie häufig Aktivitäten für einen Auftrag durchgeführt wurden. Die Zuverlässigkeit einer Aktivität ($PPI_{Z,a}$) beschreibt den Anteil an Aufträgen, welche die Aktivität nicht wiederholen und somit die Aktivität genau einmal ausführen. Die Prozesszuverlässigkeit wird prozentual quantifiziert. Im Allgemeinen geht mit einer hohen Prozesszuverlässigkeit eine gute Prozessperformance einher. Damit beschreibt eine Prozesszuverlässigkeit von 100 % für die Auftragsabwicklung, dass jede Aktivität nur einmal durchlaufen wird. Eine Zuverlässigkeit von 50 % gibt an, dass durchschnittlich jede zweite Aktivität in der Auftragsabwicklung wiederholt wird.

Die Prozesszuverlässigkeit eines Auftragsdurchlaufs, d.h. $PPI_{Z,i}$, wird nicht aus der Summe der aktivitätsspezifischen Prozesszuverlässigkeit gebildet, da andernfalls Auftragsspuren trotz singulärer Aktivitätsdurchführungen eine Prozesszuverlässigkeit kleiner 100 % aufweisen können. Diese Situation ergibt sich bspw. dadurch, dass eine Auftragsspur ein Ereignis mit der Aktivität *Auftragsfreigabe* aufweist, die in anderen Auftragsdurchläufen wiederholt wird und somit als unzuverlässig eingestuft wird. Abbildung 5-7 fasst die Indikatoren der Prozesszuverlässigkeit sowie ihre kalkulatorische Bestimmung und Informationsbedarfe zusammen.

Prozesszuverlässigkeit PPI_Z	Beschreibung	Kalkulatorische Bestimmung
Prozess	Durchschnittliche Zuverlässigkeit der Spuren der Auftragsabwicklung	$PPI_Z = \frac{\sum_{i=1}^{T} PPI_{Z,i}}{T}$ $mit\ PPI_Z \in [0,1]$
Spur	Anteil der Aktivitäten in der Auftragsabwicklung eines Kundenauftrags, die nicht wiederholt werden	$PPI_{Z,i} = \frac{\sum_{a \in A} \tau_{i,a}}{\sum_{a \in A} z_{i,a}}$ $mit\ PPI_{Z,i} \in [0,1]\ \forall i$
Aktivität	Anteil an Aufträgen, welche die Aktivität durchlaufen, ohne dass eine Wiederholung der Aktivität erforderlich ist	$PPI_{Z,a} = \frac{\sum_{i=1}^{T} \tau_{i,a}}{\sum_{i=1}^{T} z_{i,a}}$ $mit\ PPI_{Z,a} \in [0,1]\ \forall a$

Informationsbedarfe

- $\tau_{i,a}$: Aktivität a wird in Spur i genau einmal durchgeführt (1) oder nicht (0)
- $z_{i,a}$: Aktivität a wird im Auftragsdurchlauf i mindestens einmal durchgeführt (1) oder nicht (0)
- T: Anzahl an Spuren
- i: Spur im Ereignislog
- a: Aktivität

Abbildung 5-7: Informationsbedarfe der Prozesszuverlässigkeit

5.1.2 Informationsbedarfe für die Prozessbeschreibung

Die Ableitung der Informationsbedarfe für die Prozessbeschreibung erfolgt basierend auf drei Strukturierungsgrundlagen. Der induzierte Auftragsabwicklungsprozess der Rahmen- und Variantenfertiger, deren Auftragsabwicklung sich in auftragsannehmende, produktionsbezogene (bzw. fertigungs- und montagebezogene) sowie produktionsnachgelagerte Aktivitäten differenzieren lässt (vgl. Kapitel 2.1.2.3. und Kapitel 2.1.2.4), fungiert zur Strukturierung der Prozessinformationen. Weiter dienen die Mindestanforderungen zur Beschreibung von Prozessen mittels PM, d.h. Prozessinstanzen, Aktivitäten und Zeitstempel, ebenfalls als Grundlage zur Ableitung der Informationsbedarfe (vgl. Kapitel 2.3.2.1). Schließlich bilden die unterschiedlichen Auftragsarten prozessprägende Grundlagen (vgl. Kapitel 2.1.2.1), da sie die erforderliche Perspektive bilden, aus der die Prozessbeschreibung erstellt wird.

Basierend auf den drei Strukturierungsgrundlagen werden die Informationsbedarfe anhand der SIPOC-Methode systematisch abgeleitet und strukturiert. Mittels der

SIPOC-Methode werden prozessbezogene Informationsbedarfe bestimmt.[426] Die Abbreviaturen stehen dabei für Sender (engl.: Supplier (S)), Eingang (engl.: Input (I)), Prozess (engl.: Process (P)), Ausgang (engl.: Output (O)) und Empfänger (engl.: Customer (C)). Als Sender wird der Unternehmensbereich bezeichnet, der die erforderlichen Bedarfe in Form von Eingangsinformationen liefert. Unter Prozess werden die Informationen der durchführenden Aktivitäten zusammengefasst. Der Ausgang beschreibt Informationen, die an den Empfänger gerichtet sind. Der Empfänger ist der nächste Unternehmensbereich oder der Kunde.[427] Nachfolgend werden die Informationsbedarfe auf den kausal aufeinander aufbauenden Strukturierungsgrundlagen Auftragsabwicklungsprozess (AUF), Mindestanforderungen zur Anwendung von PM (MA) und Auftragskette (AK) der Auftragsarten abgeleitet. Zunächst werden die Prozessinformationen beschrieben, von denen ausgehend die Eingangs- und Ausgangsinformationen abgeleitet werden. Die Auswahl erfolgt erfahrungsbasiert und fokussiert Informationsbedarfe zur Beschreibung des Auftragsabwicklungsprozesses. Somit wird kein Anspruch auf Vollständigkeit erhoben und die Auswahl kann basierend auf Branche, Produkt und Organisationsstruktur angepasst oder ergänzt werden. Die aus den drei Strukturierungsgrundlagen abgeleiteten Informationsbedarfe sind in Abbildung 5-9 zusammenfassend dargestellt.

Der Auftragsabwicklungsprozess wird durch auftragsannehmende Aktivitäten initialisiert, denen fertigungs- und montagebezogene Aktivitäten folgen. Den Abschluss bilden produktionsnachgelagerte Aktivitäten (vgl. Kapitel 2.1.2.3 und 2.1.2.4). Die Bearbeitung eines Auftrags generiert relevante Prozessinformationen, zu denen die *durchgeführten Aktivitäten* sowie die *Reihenfolge der Durchführung* zählen. Die Durchführung der Aktivitäten kann sequenziell, alternativ oder parallel erfolgen. Die zu berücksichtigenden Aktivitäten in der Auftragsabwicklung adressieren die benötigten Aktivitäten als Mindestanforderung zur Anwendung von PM. Im Folgenden werden Eingangs- und Ausgangsinformationen der Auftragsabwicklung als weiterer Bedarf zur Prozessbeschreibung mittels PM ausgeführt.

Eingangsinformation für die Auftragsabwicklung kommen vom Vertrieb und sind *Kundenaufträge* aufgrund von Kundenbestellungen. Kundenaufträge sind durch die bestellten Artikel entsprechend ihrer Menge sowie dem Kundenwunschtermin zur

[426] vgl. Schmied, S./Großmann, D./et al. (2020) Vertical Integration via, S. 208.
[427] vgl. George, M. (2002) Lean Six Sigma, S. 184.

Fertigstellung definiert. Durch Identifikationsnummern (bspw. Auftragsnummern) sind Kundenaufträge differenzierbar und bilden, als eine Klasse von Aufträgen in der Auftragsabwicklung (vgl. Kapitel 2.1.2.1), die Prozessinstanz zur Beschreibung der Vertriebsprozesse. Abbildung 5-8 zeigt den Auszug eines Kundenauftrags aus der Industrie inklusive der im ERP-System hinterlegten Daten. Nach Durchführung der auftragsannehmenden Aktivitäten liegen als Ausgangsinformationen die zu fertigenden Artikel als offener Auftrag für die Fertigung vor. Dabei stellen *Fertigungsaufträge* die nachfolgende Auftragsklasse in der Auftragskette dar (vgl. Kapitel 2.1.2.1). Als weitere Ausgangsinformation liegen *Durchführungsstart und -ende der auftragsannehmenden Aktivitäten* vor, die zur Prozessbeschreibung mittels PM erforderlich sind.

Kundenname
Kundenadresse
Kundenstraße
Kundenland

Musterfirma

Kundenauftrag 26.02.2021

Bestellnummer:	Kundenauftragsnummer:	Bestellzeitpunkt:	Lieferant:
0134593321	110342.003	24.02.2021	Beispielspedition
Versandanschrift:	Rechnungsanschrift:	Interner Ansprechpartner:	
…	…	…	

Pos.:	Artikelnr.:	Bezeichnung:	Vereinbarter Liefertermin:	Menge/ Einheit:
1	0004314567	Bezeichnung des bestellten Produktes	24.03.2021	24,00/ Satz
2	0008372456	Bezeichnung des bestellten Produktes	27.04.2021	3,00/ Stück
…	…	…	…	…

Abbildung 5-8: Beispielhafte Darstellung eines Kundenauftrags

Die Fertigung nutzt als Eingangsinformation offene *Fertigungsaufträge* zur Durchführung der fertigungsbezogenen Aktivitäten. Zur Auftragssteuerung (bspw. terminliche Kundenänderungswünsche) wird die *Kundenauftragsnummer* als Referenz zum Kundenauftrag für fertigungsbezogene Aktivitäten benötigt. Je Kundenauftragsposition liegt in der Regel ein Fertigungsauftrag vor mit Angaben des zu fertigenden Artikels entsprechend seiner Menge sowie dem Fertigstellungstermin. Neben einer Unterklasse der Auftragskette sind Fertigungsaufträge die Prozessinstanz zur Beschreibung von fertigungsbezogenen Aktivitäten mittels PM. Ergebnis der fertigungsbezogenen Aktivitäten sind *Produkte* (bspw. Halbfertigwaren) und *Montageaufträge* für die nachgelagerte Montage. Zudem liegen *Start- und Endzeiten* der durchgeführten Fertigungsaktivitäten als Ausgangsinformationen vor.

Eingangsinformationen für die montagebezogenen Tätigkeiten sind *Montageaufträge* für Endprodukte, die durch Zusammenbau von ein oder mehreren Produkten aus der

Fertigung mit Einkaufs- bzw. Lagerteilen entstehen. Der Montageauftrag ist die Prozessinstanz als Mindestanforderung zur Beschreibung der montagebezogenen Aktivitäten mittels PM. Ferner liegt als Eingangsinformation ebenfalls der Bezug zum Kundenauftrag oder vorgelagertem Fertigungsauftrag durch eine entsprechende *Auftragsnummer* vor. Ergebnis der montagebezogenen Tätigkeiten sind Fertigwaren mit offenen *Versandaufträgen*. Zusätzlich liegen *Start- und Endzeiten* als Ausgangsinformationen vor. Empfänger der Ausgangsinformationen ist der Versand.

Sender (Supplier)	Eingangsinformation (Input)	Prozess-information (Process)	Ausgangs-information (Output)	Empfänger (Customer)
Vertrieb	▪ Kundenauftrag (MA, AK)	▪ Auftragsannehmende Aktivitäten (AUF, MA) ▪ Reihenfolge der Durchführung (AUF)	▪ Fertigungsauftrag (AK) ▪ Kundenauftrags-bestätigung ▪ Artikelgruppe ▪ Start der Aktivitäten (MA) ▪ Ende der Aktivitäten (MA)	Fertigung
Fertigung	▪ Fertigungs-aufträge (MA, AK) ▪ Fertigungslose ▪ Kundenauftrags-nummer (AK)	▪ Fertigungsbezogene Aktivitäten (AUF, MA) ▪ Reihenfolge der Durchführung (AUF)	▪ Montageauftrag (AK) ▪ Gefertigte Produkte ▪ Start der Aktivitäten (MA) ▪ Ende der Aktivitäten (MA)	Montage
Montage	▪ Montageauftrag (MA, AK) ▪ Gefertigte Produkte ▪ Kundenauftrags-/ Fertigungsnr. (AK)	▪ Montagebezogene Aktivitäten (AUF, MA) ▪ Reihenfolge der Durchführung (AUF)	▪ Versandauftrag (AK) ▪ Fertigware ▪ Start der Aktivitäten (MA) ▪ Ende der Aktivitäten (MA)	Versand
Versand	▪ Versandauftrag (MA, AK) ▪ Fertigware ▪ Montageauftrags-nummer (AK) ▪ Kundenauftrags-nummer (AK)	▪ Versandbezogene Aktivitäten (AUF, MA) ▪ Reihenfolge der Durchführung (AUF)	▪ Zustellungsbescheid ▪ Start der Aktivitäten (MA) ▪ Ende der Aktivitäten (MA)	Kunde

AUF: Informationsbedarfe aus der Strukturierungsgrundlage des Auftragsabwicklungsprozess resultierend

MA: Informationsbedarfe aus der Strukturierungsgrundlage der Mindestanforderungen resultierend

AK: Informationsbedarfe aus der Strukturierungsgrundlage der Auftragsketten resultierend

Abbildung 5-9: Informationsbedarfe für die Prozessbeschreibung

Der Versandauftrag (bspw. in Form eines Lieferscheins) ist das letzte Glied der Auftragskette (vgl. Kapitel 2.1.2.1) der Auftragsabwicklung und ist die Prozessinstanz zur Beschreibung von versandbezogenen Prozessen. Der Versandauftrag ist über eine zugehörige Auftragsnummer mit dem *Kunden- oder Montageauftrag* verknüpft. Nach

Fertigstellung der Versandware liegen die Prozessinformationen hinsichtlich der durchgeführten *versandbezogenen Aktivitäten* (bspw. Etikettierung, Verpackung, Kommissionierung, Bereitstellung, Versand) vor. Ausgangsinformationen der Versandprozesse sind *Ausführungszeitpunkte* der durchgeführten Aktivitäten sowie *Zustellungsbescheide* als Abschluss der Auftragsabwicklung.

5.1.3 Ableitung des Datenmodells der Prozessperformance

Aufbauend auf den in Kapitel 5.1.1 und 5.1.2 beschriebenen Informationsbedarfen zur Beschreibung der Prozessperformance der Auftragsabwicklung werden nachfolgend die Datenbedarfe für die PPI in Kapitel 5.1.3.1 und die Datenbedarfe für die Prozessbeschreibung in Kapitel 5.1.3.2 abgeleitet. Methodisch erfolgt die Ableitung der Datenbedarfe durch eine Top-Down-Vorgehensweise, indem eruiert wird, welche Datenbedarfe zur Beschreibung der Informationsbedarfe mindestens erfüllt sein müssen.[428] Abschließend werden die Datenbedarfe in Kapitel 5.1.3.3 in einem UML-Datenmodell zur Beschreibung der Prozessperformance strukturiert. Die Datenbedarfe sind aufgrund ihres Auftragsbezugs als Ereignisdaten (vgl. Kapitel 2.3.2.1) systematisiert.

5.1.3.1 Datenbedarfe der Prozessperformanceindikatoren

Die Datenbedarfe zur Beschreibung der PPI werden aus fünf Kategorien, denen die Informationsbedarfe aus Kapitel 5.1.1 zugeordnet sind, abgeleitet. Die erste Kategorie fasst Informationsbedarfe zusammen, die PPI-übergreifend sind. Ihr werden auch die Informationsbedarfe zur Beschreibung von PPI_D zugeordnet. Die weiteren Kategorien beinhalten die Informationsbedarfe zur Beschreibung von PPI_V, PPI_T, PPI_Z und PPI_R. Die aus den Informationsbedarfen resultierenden Datenbedarfe zeigt Abbildung 5-10.

PPI-übergreifend und zur Quantifizierung der Prozesszeit werden Datenbedarfe zur Identifizierung von Ereignissen, Spuren, Aktivitäten oder Aktivitätsbeginn bzw. -ende benötigt. Ereignisse sind über die ereignisauslösende Auftrags-ID, Aktivitäten und zugehörige Zeitstempel definiert (vgl. Kapitel 2.3.2.1). Durch die drei Datenbedarfe werden Ereignisse im Generellen oder Start- bzw. Endzeiten von spezifischen Ereignissen bestimmt. Als Beispiel kann die Endzeit/Startzeit des letzten/ersten

[428] vgl. Frické, M. (2009) The knowledge pyramid, S. 135.

Ereignisses durch die Auftrags-ID sowie den spätesten/frühesten Endzeitstempel/Startzeitstempel einer Aktivität definiert werden. Eine Spur im Ereignislog ist ein Auftragsdurchlauf, der sich durch die Auftragsnummer als Datenbedarf identifizieren lässt. Die Gesamtanzahl an Spuren wird über die Anzahl eindeutiger Auftragsnummern bestimmt. Informationen darüber, welche Aktivitäten betrachtet werden, sind über eindeutige Aktivitätsbezeichnungen (Aktivitäten-ID) zu bestimmen. Diese werden in produktionsbezogenen Aktivitäten auch durch Stations-IDs definiert, um bei parallelen Bearbeitungsprozessen den Ort zu unterscheiden. Durch Auftrags-ID, Aktivitäten-ID und Startzeitstempel sowie durch Auftrags-ID, Aktivitäten-ID und Endzeitstempel werden die Start- und Endzeiten der Ereignisse für den gesamten Auftragsabwicklungsprozess, für jede Auftragsnummer und für jede Aktivität bestimmt. Dies entspricht den Datenbedarfen zur Quantifizierung von PPI_D. Die aus den PPI-übergreifenden Informationsbedarfen abgeleiteten Datenbedarfe sind die Mindestanforderungen zur Anwendung von PM (vgl. Kapitel 2.3.2.1), mit einem zusätzlichen Attribut als Zeitstempel zur Quantifizierung der Prozesszeit.

Zur Beschreibung von PPI_V sind neben übergreifenden Datenbedarfen auch Kundenauftrags-ID, Liefertermin, Auftrags-ID und Plan-Ende erforderlich. Die Kundenauftrags-ID identifiziert den Kundenauftrag, wohingegen die Auftrags-ID sich auf weitere Aufträge der Auftragskette (bspw. Fertigungs-, Montage oder Versandaufträge) bezieht. Die Plan-Fertigstellung, die das geplante Bearbeitungsende des Kundenauftrags angibt, kann durch die Kundenauftrags-ID sowie den zugehörigen vereinbarten Liefertermin beschrieben werden. Um die Informationsbedarfe für die geplante Fertigstellung eines Ereignisses zu decken, sind Daten über den betrachteten Auftrag, die Aktivität und das geplante Ende der Aktivität erforderlich. Die Datenbedarfe ähneln den übergreifenden Datenbedarfen zur Beschreibung des Ist-Bearbeitungsendes mit der Ausnahme, dass Plan- statt Ist-Zeiten erforderlich sind.

Zur Quantifizierung von PPI_T müssen zusätzliche Informationen darüber vorliegen, ob Kundenaufträge und Ereignisse zum geplantem Zeitpunkt fertiggestellt wurden. Die Auftragsfertigstellung des Kundenauftrags lässt sich durch die Datenbedarfe der Kundenauftrags-ID, die Endzeitstempel des betrachteten Kundenauftrags und den vereinbarten Liefertermin festlegen. Der späteste Endzeitstempel kann das Bearbeitungsende der letzten Aktivität in der Abwicklung eines Auftrags darstellen, durch dessen Abgleich mit dem geplanten Liefertermin die Termintreue bestimmt wird. Um

Informationen über die geplante Fertigstellung eines Ereignisses zur erhalten, sind neben Auftrags-ID, Aktivitäten-ID und Endzeitstempel auch die Plan-Endzeitstempel als Datenbedarfe erforderlich.

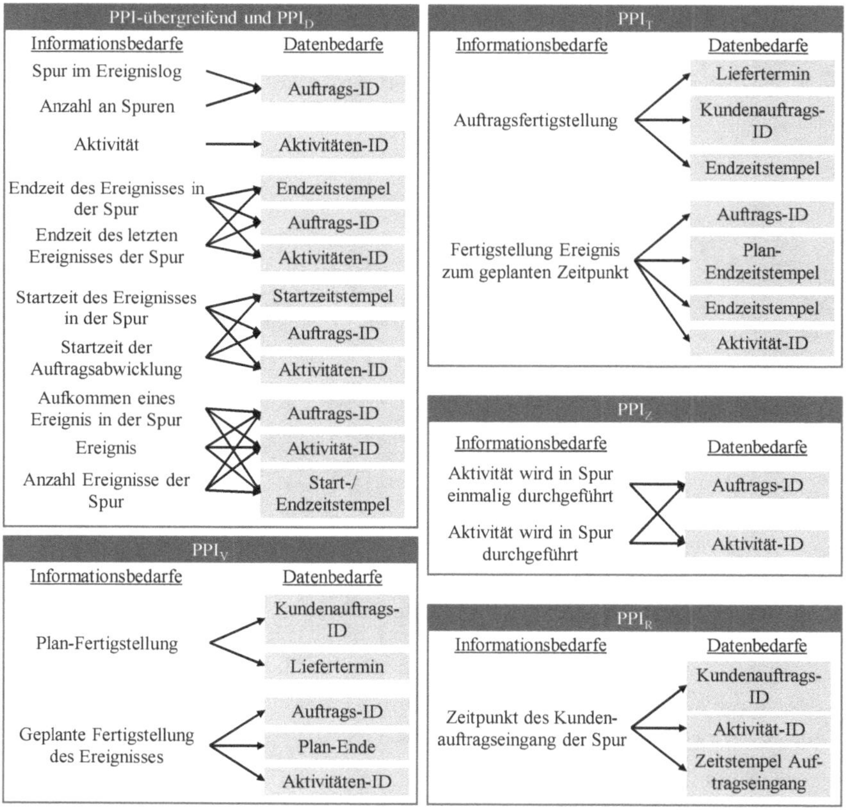

Abbildung 5-10: Ableitung der Datenbedarfe für die PPI

Zur Beschreibung von PPIz sind neben den übergreifenden Informationen auch Informationen darüber erforderlich, wie häufig eine Aktivität in der Abwicklung eines Auftrags durchgeführt wurde. Dies kann durch die Datenbedarfe Auftrags-ID und Aktivitäten-ID gedeckt werden. Dadurch ist bekannt, für welchen Kunden-, Fertigungs-, Montage- oder Versandauftrag welche Aktivitäten durchgeführt wurden. Ebenso sind dadurch ihre Häufigkeiten bekannt. Liegt bspw. für einen Fertigungsauftrag die Aktivität *Plandrehen* zweimalig vor, wurde diese Aktivität nicht zuverlässig durchgeführt.

Zur Quantifizierung von PPI_R kann der Informationsbedarf über den Zeitpunkt des Kundenauftragseingangs durch die Datenbedarfe Auftrags-ID, Aktivität-ID und Zeitstempel der Auftragseingänge erfüllt werden. Eine Aktivitäten-ID ist erforderlich, wenn der Kundenauftragseingang einer Spur als separate Aktivität mit entsprechendem Zeitstempel zurückgemeldet wird. Andernfalls kann die Information auch über die Kundenauftrags-ID und zugehörigen Zeitpunkt des Auftragseingangs gedeckt werden.

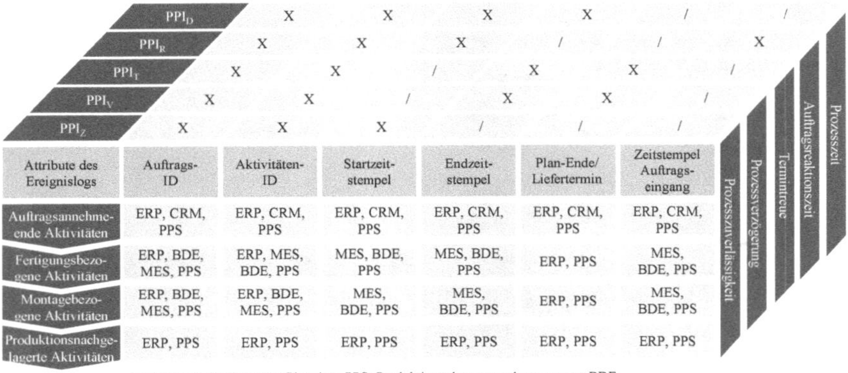

ERP: Enterprise Resource Planning; PPS: Produktionsplanung und -steuerung; BDE: Betriebsdatenerfassung; MES: Manufacturing Executive System; X: Attribute zur PPI-Kalkulation erforderlich; /: Attribute zur PPI-Kalkulation nicht erforderlich

Abbildung 5-11: Konsolidierung der PPI-Datenbedarfe als Ereignislog-Attribute[429]

Basierend auf Vorarbeiten des Autors sind die Datenbedarfe als Ereignislog-Attribute in Abbildung 5-11 zusammengefasst.[430] Demnach lassen sich durch die sechs Attribute *Auftrags-ID*, *Aktivitäten-ID*, *Startzeitstempel*, *Endzeitstempel*, *Plan-Ende* bzw. *Liefertermin* und *Zeitstempel des Auftragseingangs* alle fünf Indikatoren quantifizieren. Die Daten zur Auftrags- und Aktivitäten-ID sind dabei für jede Kalkulation erforderlich, wohingegen der Zeitstempel des Auftragseingangs nur für PPI_R erforderlich ist. Zur Beschreibung der PPI für die gesamte Auftragsabwicklung müssen die Datenbedarfe jeweils für die auftragsannehmenden, fertigungsbezogenen, montagebezogenen und produktionsnachgelagerten Aktivitäten vorliegen. Da die Teilprozesse die Datenbedarfe entlang der Auftragsabwicklung in unterschiedlichen Informationssystemen

[429] vgl. Schmitz, S./Renneberg, F./et al. (2021) Definition of Process, S. 678.

[430] vgl. Schmitz, S./Renneberg, F./et al. (2021) Definition of Process.

zurückmelden werden, zeigt Abbildung 5-11 zusätzlich eine Auswahl an Informationssystemen zur Extraktion der Datenbedarfe in der Praxis.

5.1.3.2 Datenbedarfe zur Prozessbeschreibung

Die Datenbedarfe zur Prozessbeschreibung mittels PM werden aus zwei Informationskategorien abgeleitet. Basierend auf der Strukturierung mittels der SIPOC-Methode (vgl. Kapitel 5.1.2) umfasst die erste Kategorie Eingangs- bzw. Ausgangsinformationen für die Auftragsabwicklung. In der zweiten Kategorie werden die Datenbedarfe zur Deckung der Prozessinformationen abgeleitet. Die aus den Informationsbedarfen resultierenden Datenbedarfe fasst Abbildung 5-12 zusammen.

Die Auftragsabwicklung wird durch die Eingangsinformation eines vorliegenden Kundenauftrags initiiert. Kundenaufträge lassen sich durch Kundenauftrags-ID und den bestellten Artikel bzw. Auftragspositionen datenbasiert definieren (vgl. Kapitel 2.1.2.1). Im Zuge des Auftragsabwicklungsprozesses werden Fertigungs-, Montage- und Versandaufträge als weitere Eingangs- und Ausgangsinformationen generiert. Die Information eines Fertigungsauftrags lässt sich durch eine Fertigungsauftrags-ID, die Anzahl an zu fertigenden Positionen sowie die zu fertigenden Artikel mit zugehöriger Artikelgruppe beschreiben. Durch die Produktionsplanung existieren auch für die Fertigungsaufträge Fertigstellungstermine, um den zugehörigen Kundenauftrag terminiert abzuschließen. Durch den zusätzlichen Datenbedarf der Kundenauftrags-ID wird der Bezug zum übergeordneten Kundenauftrag hergestellt. Mit ähnlichen Datenbedarfen wird der Montageauftrag beschrieben. Neben einer eindeutigen Montageauftrags-ID, den zu montierenden Positionen sowie dem Montageartikel kann auch der Montageauftrag einen terminierten Fertigstellungstermin haben. Der Bezug zum Kundenauftrag kann durch Angaben der Kundenauftrags-ID gegeben sein. Alternativ ist der Auftrag über eine Fertigungsauftrags-ID mit dem vorgelagerten Fertigungsauftrag systemseitig verknüpft. Der Versandauftrag ist durch Angaben von Versand-ID, Versandtermin, dem zu versendenden Artikel und der zugehörigen Kundenauftrags-ID datenbasiert beschrieben. Die Ist-Zeiten der durchgeführten Aktivitäten werden durch Angabe von Start- und Endzeitstempel sowie die zugehörigen Aktivitäten-IDs beschrieben.

Die Prozessinformationen umfassen Informationen bzgl. der Aktivitäten der Auftragsabwicklung sowie der Durchführungsreihenfolge. Die Aktivitäten werden durch Aktivitäten-IDs definiert und werden für die jeweiligen Auftragsarten der Teilprozesse durchgeführt. Die Auftragsarten lassen sich über ihre Auftragsnummern eindeutig identifizieren. Durch Angabe der Organisationseinheit lassen sich die durchgeführten Aktivitäten den beteiligten Unternehmensbereichen der Auftragsabwicklung (bspw. Auftragsannahme, Fertigung, Montage, Versand) zuordnen. Durch die zusätzlichen Datenbedarfe der Start- und Endzeitstempel lässt sich neben der Information, welche Aktivitäten in der Auftragsabwicklung durchgeführt wurden, auch der Informationsbedarf über die Reihenfolge ihrer Durchführung decken.

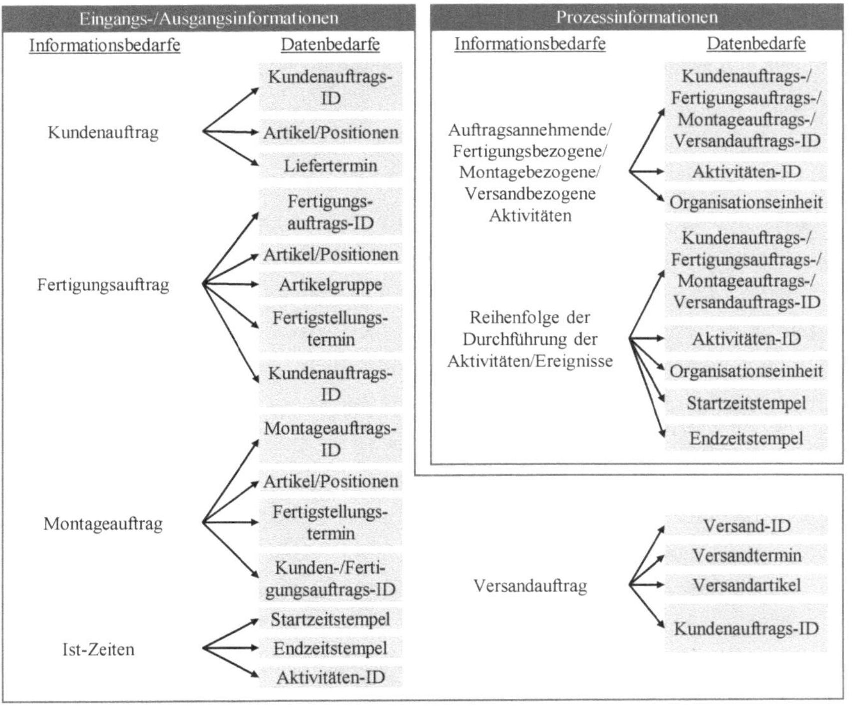

Abbildung 5-12: Ableitung der Datenbedarfe für das Prozessmodell

Analog der PPI (vgl. Abbildung 5-11) werden die Datenbedarfe zur Beschreibung des Auftragsabwicklungsprozesses in Informationssystemen entlang der Auftragsabwicklung zurückgemeldet. Basierend auf Analysen des Autors werden abhängig vom Teilprozess der Auftragsabwicklung die Datenbedarfe aus dem CRM-System, dem

ERP-System oder dem ME-System extrahiert.[431] Abbildung 5-13 zeigt eine Auswahl der Informationssysteme in der Praxis. In diesen werden die erforderlichen Daten zur Beschreibung der technisch-operativen Auftragsabwicklung mittels PM gesammelt und zugänglich gemacht.

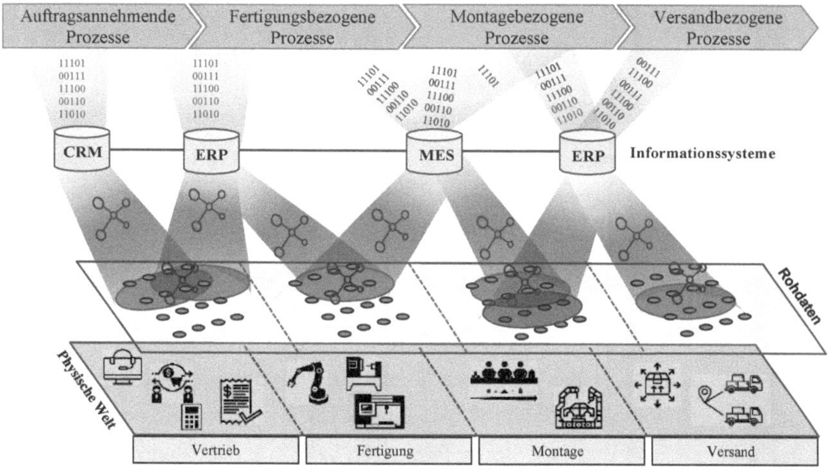

Abbildung 5-13: Informationssysteme der Auftragsabwicklung

5.1.3.3 Datenmodell zur Beschreibung der Prozessperformance

Die abgeleiteten Datenbedarfe aus Kapitel 5.1.3.1 und Kapitel 5.1.3.2 werden in ein Datenmodell zur Strukturierung und Systematisierung für die Praxis überführt. In einem Datenmodell werden Daten für einen bestimmten Anwendungsbereich mit ihren logischen Zusammenhängen, dem nötigen Abstraktionsgrad und der Verwendung einheitlich beschrieben.[432] Eine Sprache zur Erstellung von Datenmodellen ist die Modellierungssprache UML (Unified Modeling Language).[433] Ein UML-Datenmodell besteht aus Klassen, Attributen, Assoziationen und Multiplizität. Klassen sind Objekte, die innerhalb des Anwendungsbereichs eine Rolle spielen. Eine Klasse wird als Rechteck dargestellt, welches den Klassennamen enthält. Unterhalb der Klasse wird ein weiteres Rechteck dargestellt, welches Attribute enthält. Attribute beschreiben die

[431] vgl. Schuh, G./Gützlaff, A./et al. (2020) A Data Model, S. 152-154.
[432] vgl. Lemke, C./Brenner, W./et al. (2017) Einführung in die, S. 348.
[433] vgl. Moos, A. (2004) Datenbank-Engineering, S. 1.

Merkmale der Objekte der Klasse. Assoziationen zeigen Beziehungen zwischen Klassen durch eine verbindende Linie. Die Art der Beziehung wird durch die Multiplizität, die über der Assoziation und neben der Klasse steht, angegeben. Eine 1 bedeutet, dass mit genau einem Objekt der Klasse eine Beziehung besteht, bei einem n bestehen Beziehungen zu beliebig vielen Objekten.[434]

Die Strukturierung des Datenmodells erfolgt durch vier Quadranten für die an der Auftragsabwicklung beteiligten Unternehmensbereiche (vgl. Kapitel 2.1.2.3 und 2.1.2.4). Innerhalb der Quadranten stellen die Informationsbedarfe Objekte dar, die durch Daten- oder Informationsbedarfe als Attribute beschrieben werden. Zentrales Element der Quadranten sind bereichsspezifische Ereignislogs, in denen die Datenbedarfe des Unternehmensbereichs zur Beschreibung der Prozessperformance der Auftragsabwicklung konsolidiert werden. Prozessübergreifende Informationsbedarfe, die zur Quantifizierung der PPI benötigt werden, sind Aktivitätsdurchführungen, Endzeiten der Ereignisse, Aufkommen der Ereignisse, vorhandene Spuren sowie Startzeiten der Ereignisse. Sie ergeben sich aus Assoziationen mit den jeweiligen Teilprozessen. Das Datenmodell ist in Abbildung 5-15 dargestellt. Die Zuordnung der Daten erfolgt basierend auf Vorarbeiten[435] und Erfahrungen des Autors und kann basierend auf Branche, Produkt und Informationssystem variieren.

Zentrales Element des Quadranten der auftragsannehmenden Prozesse ist die Klasse *auftragsannehmender Ereignislog*. Der auftragsannehmende Ereignislog enthält die Datenbedarfe Kundenauftrags-ID, Artikel bzw. Position, vereinbarte Liefertermine, geplante Endzeiten, Ist-Zeiten und die durchgeführten Aktivitäten der Auftragsannahme. Der auftragsannehmende Ereignislog steht mit den Klassen *Ereignisse (Auftragsannahme)*, *Kundenauftrag* und *Plan-Zeiten (Auftragsannahme)* in einer 1-zu-n Beziehung. Dies bedeutet, dass der Ereignislog mehrere Kundenaufträge, Ereignisse und Plan-Zeiten beinhaltet. Die Klasse der Ereignisse der Auftragsannahme steht in einer 1-zu-1-Assoziation mit den Klassen *Ist-Zeiten* und *Annahmeaktivität*. Die Ist-Zeiten zu einer Aktivitäten-ID werden durch Start- und Endzeitstempel datenbasiert beschrieben. Die Klasse der Annahmeaktivität ist mit dem Kundenauftrag im Verhältnis n-zu-1 und mit der Aktivitätsdurchführung im Verhältnis 1-zu-n assoziiert. Für einen Kundenauftrag werden mehrere Aktivitäten durchgeführt und eine Aktivität

---

[434] vgl. van Randen, H./Bercker, C./et al. (2016) Daten in einem, S. 5 ff.

[435] vgl. Schuh, G./Gützlaff, A./et al. (2020) Data-based description; Schmitz, S./Renneberg, F./et al. (2021) Definition of Process; Schuh, G./Gützlaff, A./et al. (2020) A Data Model.

kann mehrmals durchgeführt werden. Der Kundenauftragseingang ist eine Aktivität oder ein Zeitstempel der Auftragsannahme und steht mit den Klassen *Annahmeaktivität* und *Ist-Zeiten (Auftragsannahme)* in einer 1-zu-1 Assoziation. Der Kundenauftrag steht mit der Information der Auftragsfertigstellung in einer 1-zu-1-Assoziation, da jeder Kundenauftrag eine Fertigstellung enthält. Die Auftragsfertigstellung ist zur Quantifizierung von PPI_T und PPI_V erforderlich und lässt sich durch den vereinbarten Liefertermin des Kundenauftrags und den Ist-Endzeitstempel der letzten Aktivität des Kundenauftrags als Datenattribute beschreiben. Die aufgeführten Datenbedarfe der auftragsannehmenden Prozesse werden vorwiegend im ERP- und CRM-System zurückgemeldet und sind von diesem zu extrahieren.

In dem Quadranten der fertigungsbezogenen Prozesse stellt der *fertigungsbezogene Ereignislog* die zentrale Klasse dar. Die Klasse steht in einer 1-zu-n-Beziehung zu der Klasse *Fertigungsauftrag*, der Klasse *Ereignisse (Fertigungsbezogen)* und der Klasse *Plan-Zeiten (Fertigungsbezogen)*. Ein fertigungsspezifischer Ereignislog enthält multiple Ereignisse mit den jeweiligen Plan-Zeiten für mehrere Fertigungsaufträge. Die Klasse *Ereignisse (Fertigungsbezogen)* steht mit den Fertigungsaktivitäten und den Ist-Zeiten (Fertigungsbezogen) in einer Assoziation mit einer Multiplizität von 1. Demnach besteht ein Ereignis aus einer Aktivitäten-ID, einem Start- und Endzeitstempel der Aktivität und einer Fertigungsauftrags-ID, für welche die Aktivität von einem Fertigungsbereich ausgeführt wird. Die Klasse Fertigungsaktivität steht mit der Klasse Fertigungsauftrag in einer n-zu-n-Assoziation, da bspw. bei Rüstgruppen einerseits eine Fertigungsaktivität für mehrere Fertigungsaufträge durchgeführt werden kann und andererseits ein Fertigungsauftrag mehrere Bearbeitungsschritte enthalten kann. Die fertigungsbezogenen Datenbedarfe werden unternehmensspezifisch aus dem ERP- oder ME-System sowie aus dem BDE-System und PPS-System extrahiert.

Die Daten für die montagebezogenen Prozesse werden in der Klasse *Montagebezogener Ereignislog* zusammengefasst. Der montagebezogene Ereignislog befindet sich im dritten Quadranten. Die Daten für die versandbezogenen Prozesse werden in der Klasse *Versandbezogener Ereignislog* zusammengefasst und befinden sich im vierten Quadranten. Die Assoziationen, Klassen und Attribute ähneln denen des zweiten Quadranten mit dem Unterschied, dass Daten und Informationen sich jeweils auf die montagebezogenen bzw. versandbezogenen Prozesse beziehen. Bedeutendste Rückmeldesysteme für die versandbezogenen Prozesse sind das PPS- und ERP-System und für die montagebezogenen Prozesse zusätzlich das ME-System.

Die Klasse der Auftragsrelation basiert auf dem Prinzip der Foreign-Key-Relation in relationalen Datenbanken (vgl. Kapitel 2.3.4.1). Damit existiert ein datenbasierter Zusammenhang der Auftragsarten in den Informationssystemen.[436] Durch Foreign-Key-Relationen kann die Verknüpfung von unterschiedlichen Auftragsarten erfolgen. Basierend auf Claes und Poels (vgl. Kapitel 3.2.2.2) kann eine regelbasierte Vorgehensweise zur Herstellung der Auftragsrelation sein, Auftragsnummern zusammenzuführen, für welche die Kundenauftrags-ID des Kundenauftrags gleich der Kundenauftrags-ID des Fertigungs- und Versandauftrags ist bzw. für welche die Fertigungsauftrags-ID des Fertigungsauftrags mit der Fertigungsauftrags-ID des Montageauftrags übereinstimmt. In Abbildung 5-14 ist das Prinzip der Foreign-Key-Relationen am Beispiel unterschiedlicher Aufträge zur Herstellung der Auftragsrelationen dargestellt. Basierend auf den Auftragsrelationen im Datenmodell werden Ereignissen, welche für eine Auftragsart in einem Teilprozess stattfinden, korrespondierende Aufträge aus vor- oder nachgelagerten Teilprozessen zugeordnet.

Kundenauftrag:

Kundenauftrags-ID	Artikel/Position	Menge/Einheit	Liefertermin
K0034	3	2	10.02.2020

Fertigungsauftrag:

Fertigungsauftrags-ID	Position	Menge/Einheit	...	Kundenauftrags-ID
FAUF1203	1	1		K0034
FAUF3421	1	1		K0034

Montageauftrag:

Montageauftrags-ID	Position	Menge/Einheit	...	Kundenauftrags-ID	Fertigungsauftrags-ID
MAUF23	1	1		K0034	FAUF3421
MAUF24	1	1		K0034	FAUF1203

Versandauftrag:

Versandnummer	Menge/Einheit	...	Kundenauftrags-ID
V4432	1		K0034

——— : Foreign-Key-Relation

Auftragsrelation:

Kundenauftrags-ID	Fertigungsauftrags-ID	Montageauftrags-ID	Versandnummer
K0034	FAUF1203	MAUF24	V4432
K0034	FAUF3421	MAUF23	V4432

Abbildung 5-14: Prinzip der Foreign-Key-Relation und Auftragsrelation

[436] vgl. Schuh, G./Gützlaff, A./et al. (2020) A Data Model, S. 154; Schuh, G./Gützlaff, A./et al. (2020) Data-based description, S. 383.

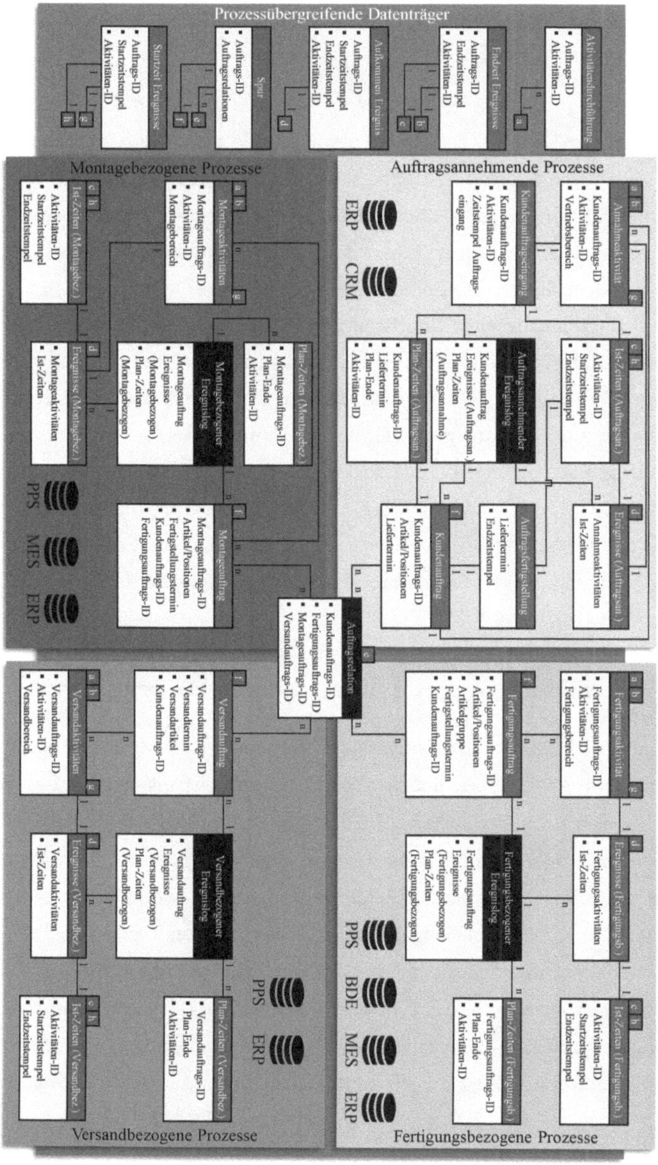

Abbildung 5-15: UML-Datenmodell zur Beschreibung der Prozessperformance

5.2 Vorgehen zur datenbasierten Beschreibung der Prozessperformance

Aufbauend auf den identifizierten Datenbedarfen und den im Datenmodell strukturierten Ereignislogs wird im Folgenden die Methode zur datenbasierten Beschreibung der Prozessperformance in der Auftragsabwicklung beschrieben. Das Vorgehensmodul gliedert sich in drei aufeinander aufbauende Schritte. Im ersten Schritt werden die Ereignislogs aus den Prozessbereichen der Auftragsabwicklung konsolidiert und für eine prozessübergreifende Datenauswertung vorbereitet (Kapitel 5.2.1). Im zweiten Schritt wird die datenbasierte Beschreibung der Prozessperformance, in Anlehnung an LEEMANS[437] und Vorarbeiten[438], in zwei Strukturierungspfade separiert, um die Verwendung praxistauglicher PM-Algorithmen zu ermöglichen und Eigenschaften von PM-Anwendungen mit multiplen Objekten (Kapitel 2.3.4) zu integrieren. Der erste Strukturierungspfad beschreibt das Prozessmodell, der zweite Strukturierungspfad quantifiziert die PPI (vgl. Kapitel 5.2.2). Daraufhin wird im dritten Schritt erläutert, wie mittels der Flattening-Methode (vgl. Kapitel 2.3.4.2) die Prozessperformance der Auftragsabwicklung aus der Beschreibung des Prozesses und der Quantifizierung der PPI resultiert (vgl. Kapitel 5.2.3).

5.2.1 Vorbereitung zur prozessübergreifenden Datenauswertung

Ziel des Kapitels 5.2.1 ist, die Ereignislogs einzelner Auftragsarten der Auftragsabwicklung zusammenzuführen und für die Datenauswertung mittels PM vorzubereiten. Dazu werden zunächst in Kapitel 5.2.1.1 die Ereignislogs der auftragsannehmenden, fertigungsbezogenen, montagbezogenen und versandbezogenen Prozesse in einem oEL konsolidiert. In Kapitel 5.2.1.2 werden anschließend die mit unterschiedlicher Syntaktik und Informationsgehalt zurückgemeldeten Zeitstempel der einzelnen Prozessbereiche homogenisiert, da die Zeitstempel Grundlage für die Auswertung mittels PM sind (vgl. Kapitel 2.3.2.1). Zur Beschreibung der Auftragsabwicklung aus der Perspektive unterschiedlicher Objekte (d.h. Auftragsarten, vgl. Kapitel 2.3.2.2) wird der oEL in Kapitel 5.2.1.3 basierend auf existierenden Auftragsrelationen ange-

---

[437] vgl. Leemans, S./Poppe, E./et al. (2019) Directly Follows-Based Process, S. 26-30.
[438] vgl. Schuh, G./Gützlaff, A./et al. (2022) A Methodology.

reichert. Abschließend wird in Kapitel 5.2.1.4 die Komplexität des Ereignislogs verbessert, um das wesentliche und relevante Prozessverhalten der Auftragsabwicklung zu visualisieren und irrelevante Ereignisse herauszufiltern.

5.2.1.1 Konsolidierung der Ereignislogs

Zu Beginn des Vorgehensmoduls liegen die prozessspezifischen Ereignislogs EL_i analog den definierten Datenbedarfen aus Kapitel 5.1.3 und mit ausreichender Datenqualität (vgl. Kapitel 2.3.3.2) extrahiert aus den Informationssystemen vor. Ausgehend von einem ersten Ereignislog EL_1 mit bspw. auftragsannehmenden Aktivitäten und der Menge S_1 an Datenattributen werden die Ereignisse E weiterer prozessspezifischer Ereignislogs E_2 bis E_N konsolidiert. Die Datenattribute S_1 entsprechen dabei mindestens den definierten Datenbedarfen Kundenauftrags-ID, Artikel bzw. Position, Liefertermin, Aktivitäten mit Start- bzw. Endzeitstempel, Vertriebsbereich sowie geplante Endzeiten der Auftragsannahme (vgl. Kapitel 5.1.3.3). Voraussetzung zur Zusammenführung der Ereignislogs ist, dass Attribute, welche in verschiedenen Logs vorhanden sind, aber gleiche Datenbedarfe besitzen, einheitlich benannt werden. Nachfolgend werden daher Plan-Ende, vereinbarter Liefertermin, Fertigstellungstermin und Versandtermin im Datenattribut *geplante Fertigstellung* und Vertriebs-, Fertigungs-, Montage- und Versandbereiche im Datenattribut *Bereich* zusammengefasst.

Die Ereignisse eines zweiten, bspw. fertigungsbezogenen, Ereignislogs E_2 werden zusammengeführt, indem die Ereignisse jeweils unterhalb der Ereignisse von EL_1, d.h. in die nächsten freien Zeilen, ergänzt werden. Die jeweiligen Ereigniseinträge werden dabei an die Stelle der Datenattribute aus S_1 kopiert. Neue Datenattribute (bspw. die Fertigungsauftrags-ID) werden als Spalte S an die bereits vorhandenen Datenattribute ergänzt und die Menge S_1 aktualisiert. Das Vorgehen wird für alle prozessspezifischen Ereignislogs iteriert (d.h. n-1 mal), bis alle Ereignislogs zusammengeführt wurden. Das Vorgehen zur Konsolidierung der Ereignislogs ist in Abbildung 5-16 generisch dargestellt und beispielhaft visualisiert. Ergebnis ist ein konsolidierter Ereignislog, in dem die Daten der prozessspezifischen Ereignislogs zusammengefasst sind. Dabei entspricht die Reihenfolge der Datenattribute zunächst der des initialen Ereignislogs E_1, die entsprechend der Reihenfolge der konsolidierten Ereignislogs um weitere, vorher nicht enthaltene Datenattribute ergänzt werden.

Auftragsannehmende Aktivitäten: EL_1

Kundenauftrags-ID	Aktivität-ID	Startzeitstempel	Endzeitstempel	Geplante Fertigstellung	...	Bereich
1201	Auftragseingang	09/02/2020 10-22-47		10/02/2020	...	Vertrieb
...	...	...	...	...	...	...

Fertigungsbezogene Aktivitäten: EL_2

Fertigungsauftrags-ID	Aktivität-ID	Startzeitstempel	Endzeitstempel	...	Kundenauftrags-ID	Bereich
FA234	FAUF Freigabe	11.02.2020 09:23:00	14.02.2020 11:55:00	...	1201	Fertigung
...	...	...	...	...	...	...

...

Produktionsnachgelagerte Aktivitäten: EL_N

Versandauftrags-ID	Aktivität-ID	Startzeitstempel	Endzeitstempel	...	Kundenauftrags-ID	Bereich
V23238	V-Papiere drucken	14/02/2020 13-32-00	14/02/2020 13-35-00	...	1201	Versand
...	...	...	...	...	...	...

Pseudocode zur Konsolidierung

```
INPUT: Prozessspezifische Ereignislogs EL_i
Initialisiere i=1, 2, ...N; \\ Index der Eventlogs
SELECT EL_1 als initialer Ereignislog;
Initialisiere S_1 als Menge der Attribute von EL_1;
    FOR i=2 bis N;
        FOR jedes Ereignis E des EL_i;
        Wähle nächste freie Zeile in EL_1;
            IF Attribut S des Ereignis E in EL_1
                vorhanden;
                THEN kopiere Ereigniseintrag in die
                Zeile an Attributstelle S;
                ELSE erweitere die Attribute S_1 des EL_1
                rechtsseitig um das Attribut S;
                S_1=S_1+S;
                Kopiere Ereigniseintrag in die Zeile an
                Attributstelle S;
            ENDIF;
OUTPUT: Konsolidierter Ereignislog
```

Konsolidierte Ereignislogs

Kundenauftrags-ID	Aktivität-ID	Startzeitstempel	Endzeitstempel	Geplante Fertigstellung	Auftragseingang	...	Bereich	Fertigungsauftrags-ID	Montageauftrags-ID	Versandauftrags-ID
1201	Auftragseingang	09/02/2020 10-22-47		10/02/2020	09/02/2020 10-22-47	...	Vertrieb			
...	...	...	...	...	...	...	...	...	...	...
1201	FAUF Freigabe	11.02.2020 09:23:00	14.02.2020 11:55:00	19.02.2020	09/02/2020 10-22-47	...	Fertigung	FA234		
...	...	...	...	...	...	...	...	...	...	...
1201	V-Papiere drucken	14/02/2020 13-32-00	14/02/2020 13-35-00	20.02.2020	09/02/2020 10-22-47	...	Versand		MA224	V23238
...	...	...	...	...	...	...	...	...	...	...

Abbildung 5-16: Pseudocode zur Konsolidierung der Ereignislogs

Im Anschluss an die Zusammenführung der Ereignislogs wird die Reihenfolge der Attribute geändert, sodass ein oEL per Definition (vgl. Kapitel 2.3.2.2) und zur Anwendung von PM mit multiplen Objekttypen vorliegt. Abbildung 5-17 zeigt den resultierenden oEL, wobei die Auftragsarten als Objekttypen verallgemeinert sind. Die Attribute *Aktivitäten-ID*, *Startzeitstempel*, vorhandene *Objekttypen*, *Endzeitstempel*, *geplante Fertigstellung*, *Auftragseingang* und *Bereich* stellen die Mindestattribute zur Beschreibung der Prozessperformance der Auftragsabwicklung dar, weshalb der dargestellte oEL als *Minimum Viable Dataset (MVD)* zur Beschreibung der Prozessperformance der Auftragsabwicklung eingeführt wird.[439]

[439] vgl. Schuh, G./Gützlaff, A./et al. (2020) Data-based description, S. 382.

Objekttypen

Aktivität	Startzeit-stempel	OT_1	OT_2	OT_3	...	OT_n	Endzeit-stempel	Geplante Fertigstellung	Auftrags-eingang	Bereich	...
Erstellung Angebot	20/08/2020 12-22-32	1604			...			25/08/2020 11-28-52	29/08/2020 10-03-00	Vertrieb	...
Auftrag angelegt	20/08/2020 12-30-23	1604			...			25/08/2020 11:28:52	29.08.2020 10:03:00	Vertrieb	...
...	...	...	...	...	...	...	...	...	...	...	...
Freigabe FAUF	21/08/2020 13-11-21	1604	FA123, FA232		...		21/08/2020 13-11-21	24/08/2020 14:00:00	29.08.2020 10:03:00	Fertigung	...
Längsdrehen	21/08/2020 15-32-49	1604	FA123		...		21/08/2020 16-03-24	24/08/2020 14:00:00	29.08.2020 10:03:00	Fertigung	...
Plandrehen	21/08/2020 14-59-55	1604	FA223		...		21/08/2020 15-01-24	24/08/2020 14:00:00	29.08.2020 10:03:00	Fertigung	...
...	...	...	...	...	...	...	...	...	...	...	...
Ware kommissioniert	22/08/2020 13-23-52		FA123	X23J	...		22/08/2020 13-33-00	24/08/2020 14:00:00	29.08.2020 10:03:00	Montage	...
...	...	...	...	...	...	...	...	...	...	...	...
Warenbewegung erfolgt	24.08.2020 13:01:34	1604			...			25.08.2020 11:28:52	29.08.2020 10:03:00	Versand	...
Versand abgeschlossen	24.08.2020 15:01:44	1604	FA232		...		24.08.2020 15:41:32	25.08.2020 11:28:52	29.08.2020 10:03:00	Versand	...

Zeitstempel

Abbildung 5-17: Minimum Viable Dataset zur Prozessperformancebeschreibung

5.2.1.2 Homogenisierung von Zeitstempeln

Im Anschluss an die Konsolidierung der Ereignislogs und die Formatierung zum oEL kann trotz hoher Güte der bereichsspezifischen Ereignislogs Inhomogenität vorliegen, da sich die Attributwerte der Zeitstempel in der Syntaktik und im Informationsgehalt unterscheiden. Abbildung 5-18 zeigt links für die Kategorie der syntaktischen Inhomogenität ein Beispiel für unterschiedliche Formatierung der Zeitstempel. Im Praxisbeispiel eines Variantenfertigers liegen die Zeitstempelformate der auftragsannehmenden Aktivitäten aus dem ERP-System und den montagebezogenen Aktivitäten aus dem ME-System in unterschiedlichen Formatierungen vor. Ein Entstehungsgrund für Zeitstempel in unterschiedlichen Formaten sind die vorgeschriebenen Syntax der Informationssysteme. Für die Prozessbeschreibung mittels PM sind uneinheitliche Zeitstempel problematisch, da Algorithmen zur Prozessentdeckung (vgl. Kapitel 2.3.3.3) i.A. Zeitstempel mit einer festgelegten Semantik benötigen und abweichende Einträge nicht auswerten (sog. unverankertes Ereignismuster, engl.: Unanchored Event Pattern)[440]. Auch bei identischem Syntax kann Inhomogenität durch unterschiedlichen Informationsgehalt vorliegen. Abbildung 5-18 zeigt rechts erneut das Beispiel eines

[440] vgl. Suriadi, S./Andrews, R./et al. (2017) Event log imperfection, S. 139.

Variantenfertigers, in dem für fertigungs- und montagebezogene Aktivitäten unterschiedliche Zeitstempel im ME-System zurückgemeldet werden. So wird in einem Ereignislog durch Rückmeldung der Zeitstempel *Mach_start* und *Date_local* sowohl Start- als auch Endzeitstempel zurückgemeldet, wohingegen in montagebezogenen Aktivitäten mit Zeitstempel *Date_local* nur der Endzeitstempel zurückgemeldet wird. Folglich kann im oEL eine unterschiedliche Anzahl an Zeitstempeln zur Beschreibung der Prozessperformance vorliegen.[441]

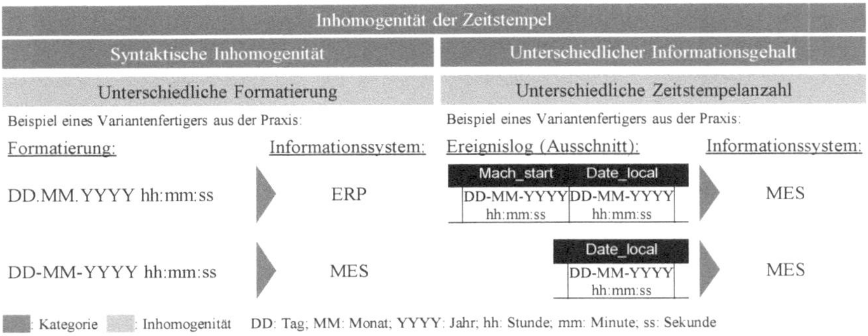

Abbildung 5-18: Inhomogenität der Zeitstempel nach Konsolidierung

Um die in Abbildung 5-18 dargestellte Inhomogenität zu korrigieren, wird eine Homogenisierung der Zeitstempel durchgeführt. Dies betrifft die Homogenisierung der Zeitstempel und -anzahl in das für diese Arbeit empfohlene Zielformat gemäß Abbildung 5-19. Vorausgehend ist eine Vervollständigung fehlender Zeitstempelelemente unter Integration von Domänenwissen um Nulleinträge, sodass die Zeitstempelelemente Tag (DD), Monat (MM) und Jahr (YYYY) bzw. Stunde (hh), Minute (mm) und Sekunde (ss) vorliegen. Bspw. wird ein Zeitstempel im Format *12-03-1999* um Nulleinträge auf *12-03-1999 00:00:00* erweitert und ein Zeitstempel im Format *12/03/1999 12-03* auf *12/03/1999 12-03-00*. Alternativ sind die Uhrzeiten der Informationssysteme so einzustellen, dass die Tageszeit vollständig zurückgemeldet wird.

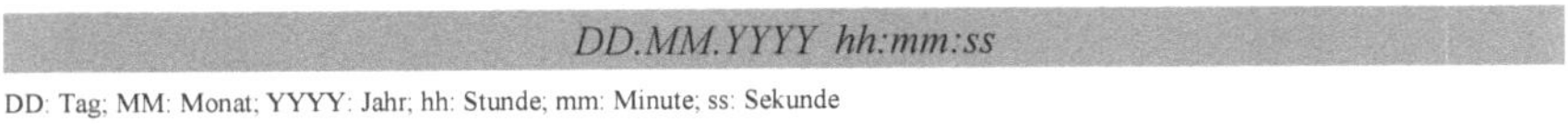

Abbildung 5-19: Zielformat der Zeitstempel

[441] vgl. Schuh, G./Gützlaff, A./et al. (2020) Data-based description, S. 383.

Homogenisierung der Syntaktik der Zeitstempel

Die Homogenisierung der unterschiedlichen Formatierung betrifft die Auswahl der Sonderzeichen sowie die Reihenfolge der Zeichen. Zunächst wird das Format der bereichsspezifischen Ereignislogs identifiziert und anschließend homogenisiert. Das Vorgehen erfolgt für alle einzigartigen Attributwerte des Attributs *Bereich*.

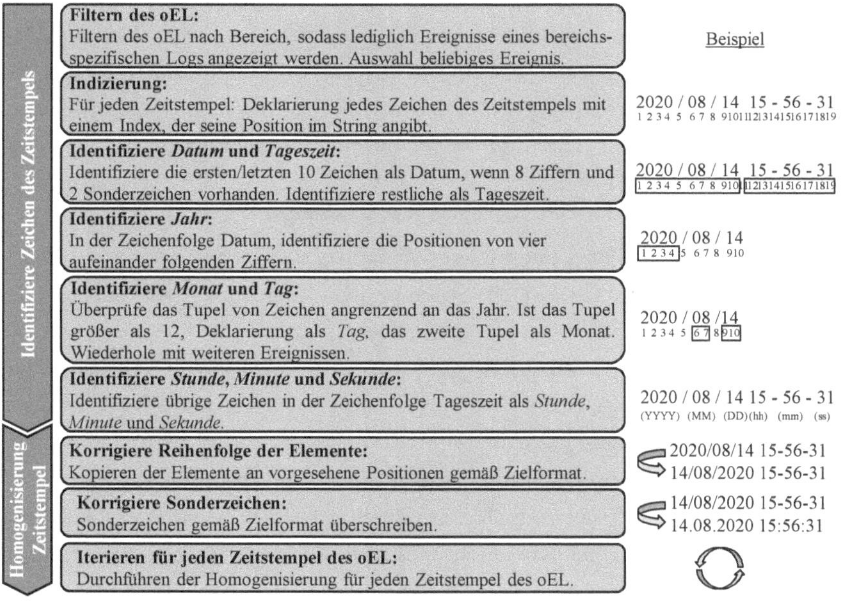

Abbildung 5-20: Vorgehensweise zur Homogenisierung der Zeitstempel

Um die Zeichenfolge von Datum und Tageszeit zu identifizieren, werden zunächst für jeden Zeitstempel (d.h. Startzeitstempel, Endzeitstempel, Geplante Fertigstellung und Auftragseingang) die Zeichen des Zeitstempels mit einem Index deklariert. Dieser Index gibt die Position im Zeitstempel an. Eine Zeichenfolge besteht aus Elementen, ein Element besteht aus aufeinander folgenden Ziffern, die weder von Sonderzeichen noch von Leerstellen unterbrochen werden. Bspw. entspricht *YYYY* in Abbildung 5-19 dem Element Jahr. Die Zeichenfolge Datum sind die ersten oder letzten zehn Zeichen, bestehend aus acht Ziffern und zwei Sonderzeichen. Die verbleibende Zeichenfolge stellt die Tageszeit dar. Das Element mit vier Ziffern im Datum ist das Jahr. Die Elemente Monat und Tag können möglicherweise nicht anhand eines einzigen

Ereignisses bestimmt werden, weshalb Zeitstempel weiterer Ereignisse desselben Ereignislogs überprüft werden. Die Zeichenfolge Tageszeit ist durch eine Leerstelle vom Datum getrennt und wird durch die einheitliche Dokumentationsreihenfolge von Stunden, Minuten und Sekunden (d.h. drei Tupel aus zwei Zeichen, getrennt durch Sonderzeichen) rechtsseitig oder linksseitig vom Datum identifiziert. Nach Identifizierung des Zeitstempelformats erfolgt die Homogenisierung für jeden Zeitstempel. Hierzu werden die Elemente des Zeitstempels an die Positionen des Zielformats kopiert und Sonderzeichen überschrieben. Der Vorgang wird für jeden Zeitstempel und bereichsspezifischen Ereignislog wiederholt. Abbildung 5-20 bildet das Vorgehen zur Identifizierung der Zeichen der Zeitstempel und zur Homogenisierung ab.

Homogenisierung des Informationsgehaltes der Zeitstempel

Gemäß Abbildung 5-18 liegt eine weitere Inhomogenität durch eine unterschiedliche Zeitstempelanzahl vor. Auslöser der Inhomogenität sind bspw. Prozessabläufe der Auftragsannahme im ERP-System, für die statt Start und Ende der Ereignisse nur einer von beiden Zeitpunkten zurückgemeldet wird. Als Resultat fehlen Zeitstempel zur Beschreibung der Prozessperformance (bspw. zur Berechnung von PPI_D). Bestehende Ansätze zur Fehlerbehandlung von Scattered Events (dt.: streuende Ereignisse) und Form-Based Event Capture (dt.: formularbasierte Ereignisdokumentation) adressieren diese Inhomogenität.[442] Demnach sind Zeitdaten in weiteren Attributen objektzentrierter Datenbanken vorhanden, um die fehlenden Zeitstempel zu ersetzen. Ein beispielhaftes Szenario ist, dass in einem fertigungsbezogenen Ereignislog keine End-, sondern nur Startzeitstempel zurückgemeldet werden. Allerdings wird die Bearbeitungszeit der Tätigkeiten in einem weiteren Attribut rückgemeldet. Aus dem vorliegendem Startzeitstempel und der Bearbeitungszeit kann der Endzeitstempel bestimmt werden kann. Dennoch existieren keine generellen Lösungsschemata, da die Art der Lösung entscheidend von den Möglichkeiten zur Generierung zusätzlicher Daten aus den vorhandenen Datenbanktabellen abhängt. Sind in den Datenbanktabellen keine

[442] vgl. Suriadi, S./Andrews, R./et al. (2017) Event log imperfection, S. 137 ff.

korrespondierenden Zeitdaten zu finden, erfolgt die Homogenisierung des Informationsgehalts in der Methodik alternativ durch zeitpunktbezogene, aktivitätsbezogene oder ressourcenbezogene Interpolation.[443]

Die zeitpunktbezogene Interpolation eignet sich für Prozessaktivitäten, die einen Zeitpunkt beschreiben. So kann beispielsweise der Auftrag im ERP-System den Status *Warenbewegung erfolgt* erhalten. In der zeitpunktbezogenen Interpolation wird der fehlende Start- bzw. Endzeitstempel mit dem vorhandenen End- bzw. Startzeitstempel gleichgesetzt. Durch die zeitpunktbezogene Interpolation wird die aktivitätsbezogene Prozesszeit einer Aktivität Null.

Bei der aktivitätsbezogenen Interpolation werden die fehlenden Zeitstempel eines Ereignisses durch den jeweiligen Start- oder Endzeitstempel des nachfolgenden bzw. vorangehenden Ereignisses des Auftrags gebildet. Sind Startzeitstempel vorhanden, wird der Startzeitstempel des nachfolgenden Ereignisses des Auftrags als Endzeitstempel verwendet. Analog funktioniert die Interpolation für vorhandene Endzeitstempel. Die ersten und letzten Zeitstempel eines Auftrags werden bei der aktivitätsbezogenen Interpolation durch den Arbeitsbeginn bzw. das -ende ermittelt. Die Interpolation erlaubt die Quantifizierung aktivitätsbezogener Prozesszeiten zur Beschreibung der Prozessperformance, allerdings wird der Einfluss von Übergangszeiten vernachlässigt.

Eine Berücksichtigung etwaiger Übergangszeiten erfolgt in der ressourcenbezogenen Interpolation. Neben dem nächsten Ereignis des betrachteten Auftrags wird zusätzlich das Tupel bestehend aus Auftrag und gleichnamiger Aktivität betrachtet. Damit kommen für den fehlenden Zeitstempel eines Ereignisses die Zeitstempel zweier weiterer Ereignisse in Frage. Erstens das nächste Ereignis des Auftrags, d.h. das zeitlich nächste Ereignis mit demselben Objekt, und zweitens das Ereignis des nächsten Auftrags, bei dem die Aktivität wieder stattfindet. Dies erfolgt unter der Hypothese, dass eine Aktivität bspw. eine Arbeitsstation darstellt und nur einen Auftrag bearbeiten kann. Der frühere Zeitstempel wird ausgewählt, da in beiden Fällen das Ereignis abgeschlossen ist. Abbildung 5-21 stellt die drei Arten der Interpolation für einen beliebigen Objekttypen OT_i dar. Bzgl. der ressourcenspezifischen Interpolation wird bei fehlendem Endzeitstempel deutlich, dass Auftrag *ZZ* an Station *GA240* bearbeitet wird. Damit

[443] vgl. Schuh, G./Gützlaff, A./et al. (2020) Data-based description, S. 383.

liegt für Auftrag *XY* eine Übergangszeit vor, bis dieser an Station *GA250* weiter bearbeitet wird.

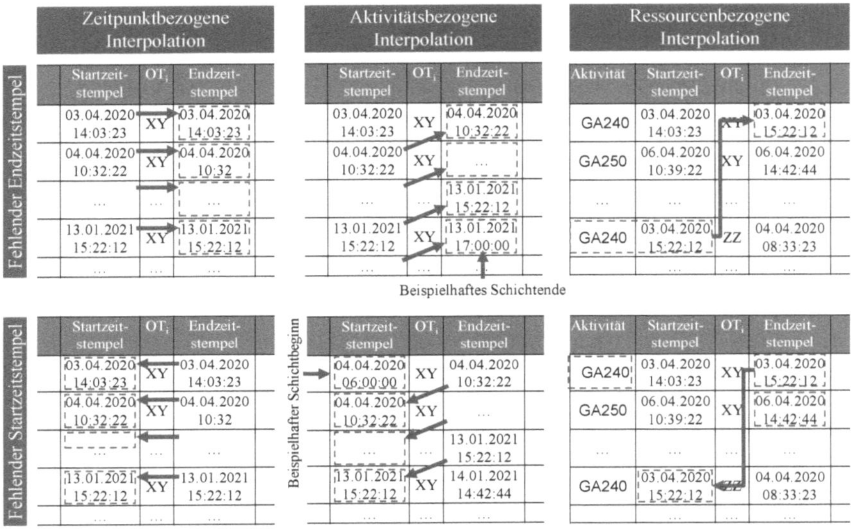

Abbildung 5-21: Arten der Interpolation bei fehlendem End-/Startzeitstempel

5.2.1.3 Anreichern des objektzentrierten Ereignislogs

Nach der Konsolidierung der Ereignislogs (vgl. Kapitel 5.2.1.1) und der Homogenisierung der Zeitstempel (vgl. Kapitel 5.2.1.2) sind nicht alle OT den Ereignissen zugeordnet (s. Abbildung 5-17). So kann bspw. OT_2 (respektive die Fertigungsauftrags-ID) nicht durchgängig als Prozessinstanz verwendet werden, da diese den Ereignissen von OT_1 (bzw. der Kundenauftrags-ID) nicht zugeordnet sind. Ziel der Anreicherung des oEL ist, die Auftragsabwicklung aus der Perspektive einer jeden Auftragsart (d.h. Objekttyp) zu beschreiben. Dabei werden Ereignisse, welche zu Beginn des Auftragsabwicklungsprozesses stattfinden (z.B. im Vertrieb), retroperspektiv mit Objekttypen angereichert, die erst im späteren Auftragsabwicklungsprozess kreiert werden (z.B. Fertigungsauftrags-ID in der Fertigung). Durch die Anreicherung wird u.a. Deficiency durch Flattening (vgl. Kapitel 2.3.4.2) vermieden. Ergebnis des Vorgehens ist ein angereicherter objektzentrierter Ereignislog der Auftragsabwicklung (AoEL).

Grundlage ist die Verwendung einer Relationstabelle, die auf dem Prinzip der Foreign-Key-Relationen basiert und in der das notwendige Wissen über die Auftragsrelationen aus datenbasierten Zusammenhängen in den Informationssystemen aggregiert festgehalten wird (vgl. Kapitel 5.1.3.3). Abbildung 5-22 zeigt das Prinzip der Relationstabelle für die Auftragsarten Kunden-, Fertigungs- und Montageauftrag. Die schematische Darstellung der Relationen ist eine visuelle Übersetzung der in der Relationstabelle enthaltenen Auftragsrelationen. So werden für den Kundenauftrag *1656* drei Fertigungsaufträge erzeugt, für die jeweils eigene Montageaufträge erzeugt werden.

Relationstabelle

Kundenauftrag	Fertigungsauf.	Montageauf.
1653	FA343	X34J
1654	FA344	X35J
1655	FA345	X36J
1656	FA346	X50J
1656	FA347	X51B
1656	FA348	X52B
1657	FA349	ZB43
1657	FA350	ZB43
1657	FA351	ZB43
1657	FA352	ZB44
1657	FA353	ZB44
1657	FA354	ZB45
1657	FA355	ZB46

Schematische Darstellung der Relationen

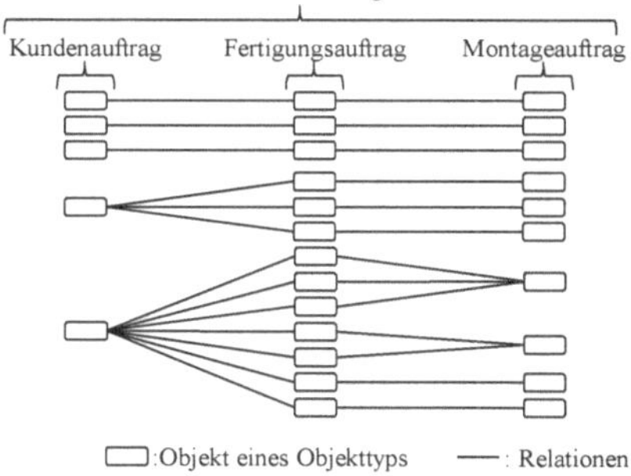

Abbildung 5-22: Relationstabelle und schematische Darstellung der Relationen

Zur algorithmischen Umsetzung ist das Ablaufdiagramm zur Anreicherung des oEL in Abbildung 5-23 dargestellt, welchem als Input der oEL und die Relationstabelle übergeben wird. Der Ablauf ist so konzipiert, dass fehlende Objekte einzelner Ereignisse des oEL über die Relationstabelle ergänzt werden. In der Praxis kann es vorkommen, dass für ein Ereignis eines Objekttyps multiple Objekte erfasst werden. Daher wird vor der Anreicherung für Ereignisse, die für mehrere Objekte eines Objekttypen durchgeführt werden, Flattening (vgl. Kapitel 2.3.4.2) durchgeführt. Bspw. wird ein Ereignis *Freigabe FAUF* für die Fertigungsaufträge *FA124* und *FA232* durchgeführt (vgl. Abbildung 5-17). Das Ereignis wird vervielfältigt, wobei alle Ereigniseinträge übernommen werden und somit das gleiche Ereignis einmal für FA123 und einmal für FA232 vorliegt. Das Flattening wird für jedes Ereignis mit multiplen Objekten eines Objekttyps durchgeführt, damit die Betrachtung jeder möglichen Kombination der Objekte unterschiedlicher Objekttypen stattfindet. Zudem setzt die Anwendung der Relationstabelle voraus, dass pro Objekttyp ein Objekt vorliegt. Für eine Kombination von Objekten, welche nicht in der Relationstabelle vorhanden ist, findet keine Anreicherung statt und die entsprechenden Zeilen werden nach der Anreicherung gelöscht. Durch Speicherung der Zeilenindizes vor und nach dem Flattening wird vermerkt, welche Ereignisse vervielfältigt wurden, um die ursprünglichen Ereignisse zu rekonstruieren. Zur Anreicherung wird für jedes Ereignis des Datensatzes überprüft, ob für einen oder mehrere Objekttypen ein Objekt fehlt, d.h. keine Zeileneinträge vorhanden sind. Für jede Kombination vorhandener Objekte je Objekttyp wird die Kombination in der Relationstabelle identifiziert und fehlende Objekt aus der Relationstabelle aufgenommen. Ereignisse, für deren Kombination keine entsprechende Zeile in der Relationstabelle existieren oder doppelte Objekte der Objekttypen werden entfernt. Nachdem der Ablauf für alle Ereignisse durchgeführt wurde, wird die ursprüngliche Anzahl an Ereignissen über den Zeilenindex wiederhergestellt und alle Objekte eines Objekttyps werden in dem ursprünglichen Ereignis und damit in einem Zelleneintrag zusammengefasst. Ergebnis des Ablaufs ist der AoEL, welcher die gleiche Anzahl an Ereignissen wie der oEL aufweist, allerdings keine fehlenden Objekte für Objekttypen mehr beinhaltet.

In Abbildung 5-24 ist das Vorgehen schematisch skizziert. Für die Aktivität *Auftrag angelegt* ist lediglich für einen Objekttyp ein Objekt vorhanden. Daher wird in der Relationstabelle jede Zeile identifiziert, in welcher das Objekt *1604* gelistet ist. Die entsprechenden Objekte der anderen Objekttypen werden aufgenommen und dem Ereignis hinzugefügt. Somit werden die Objekte *FA123* und *FA232* dem Objekttyp OT_2 hinzugefügt und das Objekt *X23J* dem Objekttyp OT_3. Im zweiten Fall sind für die Aktivität *Längsdrehen* Objekte von zwei Objekttypen gegeben. Diese Kombination an Objekten wird in der Relationstabelle identifiziert und lediglich das Objekt *X23J* dem fehlendem Objekttyp OT_3 hinzugefügt.

Abbildung 5-25 zeigt exemplarisch den Ausschnitt eines AoEL, der durch Anreicherung des oEL aus Abbildung 5-17 mit der Relationstabelle resultiert. Der AoEL weist keine fehlenden Objekte für die Objekttypen auf. Für die Aktivität *Erstellung Angebot*, *Auftrag angelegt* und *Warenbewegung erfolgt* werden nach der Anreicherung mehrere Objekte eines Objekttyps zusammengefasst, da die Aktivitäten zunächst für das Objekt 1604 (OT_1) durchgeführt werden, in der späteren Auftragsabwicklung jedoch zwei Objekte von OT_2 entstehen.

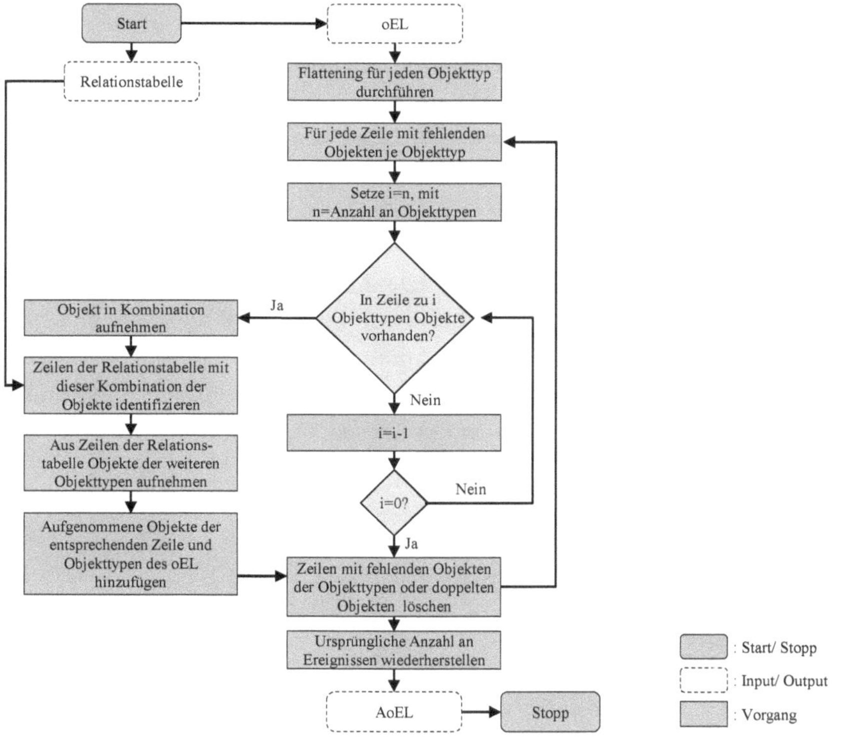

Abbildung 5-23: Ablaufdiagramm zur Anreicherung des oEL zum AoEL

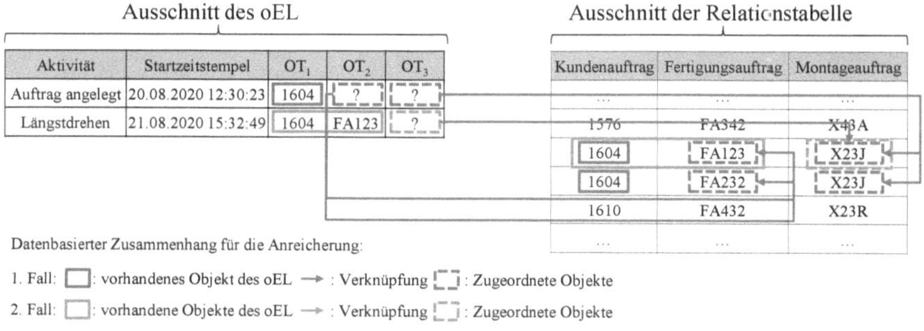

Abbildung 5-24: Schematische Darstellung der Anreicherung des oEL

5.2.1.4 Komplexitätsreduzierung der Auftragsabwicklung

Nach der Anreicherung des objektzentrierten Ereignislogs erfolgt eine Komplexitätsreduzierung des AoEL mit dem Ziel, irrelevantes Prozessverhalten aus dem AoEL herauszufiltern und somit die Qualität und das intuitive Verständnis der Prozessbeschreibung zu erhöhen.[444] Die Komplexitätsreduzierung erfolgt durch drei strukturell aufeinander aufbauende Maßnahmen. Die erste Maßnahme entfernt kundenauftragsspezifische Objekte, die in einem definierten Betrachtungszeitraum nicht gestartet bzw. abgeschlossen wurden (vgl. Kapitel 5.2.1.4). Durch die zweite Maßnahme werden kundenanonyme Ereignisse aus dem Datensatz entfernt (vgl. Kapitel 5.2.1.4). Als dritte Maßnahme kann schließlich die Reduzierung der Aktivitätsdichte die Lesbarkeit der Prozessbeschreibung erhöhen (vgl. Kapitel 5.2.1.4). Abbildung 5-26 fasst die Maßnahmen zur Entfernung unvollständiger Prozesspuren und kundenanonymer Ereignisse inklusive Beispiele zusammen.

Aktivität	Startzeitstempel	OT_1	OT_2	OT_3	...	Endzeitstempel	Geplante Fertigstellung	Auftragseingang	Bereich	...
Erstellung Angebot	20.08.2020 12:22:32	1604	FA123, FA232	X23J	...	20.08.2020 12:30:23	25.08.2020 11:28:52	29.08.2020 10:03:00	Vertrieb	...
Auftrag angelegt	20.08.2020 12:30:23	1604	FA123, FA232	X23J	...	20.08.2020 14:33:22	25.08.2020 11:28:52	29.08.2020 10:03:00	Vertrieb	...
...	...	...	...	...	...	...	...	...	...	...
Freigabe FAUF	21.08.2020 13:11:21	1604	FA123, FA232	X23J	...	21.08.2020 13:11:21	24.08.2020 14:00:00	29.08.2020 10:03:00	Fertigung	...
Längsdrehen	21.08.2020 15:32:49	1604	FA123	X23J	...	21.08.2020 16-03-24	24.08.2020 14:00:00	29.08.2020 10:03:00	Fertigung	...
Plandrehen	21.08.2020 14:59:55	1604	FA223	X23J	...	21.08.2020 15:01:24	24.08.2020 14:00:00	29.08.2020 10:03:00	Fertigung	...
...	...	...	...	...	...	...	...	...	...	...
Ware kommissioniert	22.08.2020 13:23:52	1604	FA123	X23J	...	22.08.2020 13:33:00	24.08.2020 14:00:00	29.08.2020 10:03:00	Montage	...
...	...	...	...	...	...	...	...	...	...	...
Warenbewegung erfolgt	24.08.2020 13:01:34	1604	FA123, FA232	X23J	...	24.08.2020 13:01:34	25.08.2020 11:28:52	29.08.2020 10:03:00	Versand	...
Versand abgeschlossen	24.08.2020 15:01:44	1604	FA232	X23J	...	24.08.2020 15:41:32	25.08.2020 11:28:52	29.08.2020 10:03:00	Versand	...

: Angereicherte Objekte

Abbildung 5-25: Ausschnitt eines AoEL der Auftragsabwicklung

[444] vgl. Sani, M. (2020) Preprocessing Event Data, S. 1 f.

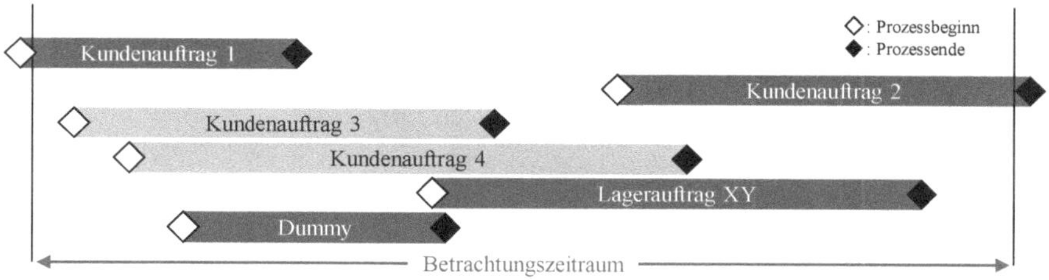

Methode	Beschreibung der Maßnahme	Beispiel
Positionierung von Ereignissen	Entfernen von Spuren ohne definiertes Start- und/oder Endereignis	Kundenauftrag 1; Kundenauftrag 2
Eingeschränktes Zeitfenster	Auswahl von Spuren im Ereignislog innerhalb eines spezifischen Zeitraums	Kundenauftrag 3; Kundenauftrag 4
Definierte Attributwerte	Herausfiltern von Ereignissen mit definierten Attributwerten	Lagerauftrag XY, Dummy

Abbildung 5-26: Methoden zum Herausfiltern irrelevanter Ereignisse

Fokussierung vollständiger Prozessspuren im Betrachtungszeitraum

Grundsätzlich ist durch Festlegung eines geeigneten anwendungsspezifischen Betrachtungszeitraums zur Beschreibung der Prozessperformance die Laufzeit der betrachteten Objekte kürzer als der Zeitraum der Datenextraktion.[445] Dennoch kommen unvollständige Spuren im AoEL vor, da die Prozessinstanzen in dem Betrachtungszeitraum nicht begonnen oder abgeschlossen wurden. Beispielhaft dargestellt wird dies in Abbildung 5-26. Kundenauftrag 1 und Kundenauftrag 2 sind nur teilweise im Betrachtungszeitraum enthalten, da sie bereits gestartet oder noch nicht beendet sind. Beide Fälle führen zu Rauschen (vgl. Kapitel 2.3.3.2) in der Beschreibung der Prozessperformance, da ein späteres bzw. verfrühtes Ereignis fälschlicherweise den Start bzw. Endzeitpunkt des Auftragsdurchlaufs abbildet. Sie werden folglich herausgefiltert.

Methodisch erfolgt die Bereinigung entweder über die Positionierung von Ereignissen oder über die Einschränkung des Zeitfensters. Bei der Positionierung von Ereignissen[446] wird zunächst eine Auswahl möglicher regulärer Start- (bspw. Auftragseingang)

[445] vgl. Schuh, G./Gützlaff, A./et al. (2020) Data-based description, S. 383.

[446] Eine beispielhafte Filterfunktion ist die Funktion *Filter log using simple heuristics* in der Software *ProM 6.8.*

und Endaktivitäten (bspw. Ware versendet) für die Auftragsabwicklung aus der Menge vorhandener Aktivitäten ausgewählt. Anschließend werden alle Spuren ohne definierte Start- und Endereignisse aus dem Datensatz entfernt. Bei der Einschränkung des Zeitfensters[447] werden die Aktivitäten zu jedem Kundenauftrag zunächst über die Zeit als Punktdiagramm aufgetragen. Im Punktdiagramm bildet die Zeit die Abszisse und die Kundenaufträge des AoEL die Ordinate. Die Auftragsabwicklungsaktivitäten bilden Punkte mit unterschiedlichen Farbcodierungen, wobei gleiche Aktivitäten gleiche Farbcodierungen erhalten. Anschließend wird visuell bestimmt, welche Instanzen in der gewählten Periode nicht vollständig begonnen und abgeschlossen wurden, um diese nachträglich aus dem AoEL herauszufiltern.[448]

Herausfiltern ungewollter Ereignisse

Die Auftragsabwicklung umfasst a priori keine Ereignisse, die nicht Teil eines Kundenauftrags sind (vgl. Kapitel 2.1.2.3). Daher werden Ereignisse ohne Bezug zu einem Kundenauftrag, sog. kundenanonyme Ereignisse, exkludiert. Kundenanonyme Ereignisse entstehen bspw. durch die Fertigung kundenanonymer Lageraufträge in der Produktion. Eine Datenverarbeitung findet bereits in den prozessspezifischen Ereignislogs der Auftragsabwicklung statt (vgl. Kapitel 2.3.3.2), allerdings wird die Bereinigung kundenanonymer Ereignisse erst durchgeführt, nachdem in der Anreicherung des oEL (vgl. Kapitel 5.2.1.3) determiniert wurde, ob ein Ereignis einem Kundenauftrag zugeordnet ist oder nicht. Demnach liegt ein kundenanonymes Ereignis vor, wenn das Ereignis nicht direkt oder auch nicht indirekt über die Relationstabelle einem Kundenauftrag zuzuordnen ist. Indiz, um kundenanonyme Ereignisse datenbasiert aus dem AoEL zu entfernen, ist eine leere Menge, d.h. ein fehlendes Objekt, im Objekttyp des Kundenauftrags im AoEL.

Auch Aufträge mit bestimmten Attributwerten sind ungewollte Aufträge zur Beschreibung der Prozessperformance der Auftragsabwicklung. Ein Beispiel sind Dummy-Aufträge, die in der Praxis bspw. vorkommen, um die Funktionsfähigkeit einer Produktionsmaschine zu überprüfen. Findet kein Testbetrieb statt, werden die Ereignisdaten analog dem regulären Betrieb zurückgemeldet. Dummy-Aufträge besitzen meist eine der Kundenauftragsnummer differente Nomenklatur und werden so aus

---

447 Eine beispielhafte Funktion ist *Dotted chart* in der Software *ProM 6.8.*

448 vgl. Sani, M./van Zelst, S./et al. (2018) Improving Process Discovery, S. 219.

dem zugehörigen Objekttyp herausgefiltert. Durch Integration von Domänenwissen werden weitere ungewollte Ereignisse zur Beschreibung der Prozessperformance über die Attributwerte des AoEL herausgefiltert.

Methodisch erfolgt die Reduzierung ungewollter Ereignisse über das Herausfiltern von Ereignissen mit definierten Attributwerten.[449] Als Beispiel sind in Abbildung 5-26 ein Lagerauftrag und ein Dummy-Auftrag abgebildet. Diese werden zwar innerhalb des Betrachtungszeitraums vollständig begonnen und abgeschlossen, werden jedoch aufgrund fehlender oder unzutreffender Identifikationsnummer im Attribut des Objekttyps des Kundenauftrags aus dem AoEL exkludiert.

Reduzierung der Aktivitätsdichte

Nachdem unvollständige Prozessverläufe der Auftragsabwicklung und irrelevante Ereignisse aus dem AoEL entfernt wurden, findet eine Verbesserung des Auflösungsgrads der Prozessbeschreibung statt. Bei einer hohen Aktivitätsdichte des Auftragsabwicklungsprozesses führt die Aggregation von Ereignissen innerhalb des AoEL zu einer besser strukturierten und damit verständlicheren Prozessbeschreibung (vgl. Kapitel 2.3.3.2). Die Aktivitätsdichte ρ_A des Auftragsabwicklungsprozesses beschreibt dabei die Anzahl an zurückgemeldeten Aktivitäten der Auftragsabwicklung N innerhalb eines bestimmten Zeitintervalls Δt.

$$\rho_A = \frac{N}{\Delta t}$$

Abhängig vom Teilprozess der Auftragsabwicklung kann die Aktivitätsdichte unterschiedlich sein. Für die Auftragsannahme können viele Aktivitäten in wenigen Sekunden durch die Dateneingaben im ERP-System zurückgemeldet werden, während in fertigungs- oder montagebezogenen Aktivitäten mehrere Tage zwischen Aktivitäten liegen. Unterschiedliche Aktivitätsdichten führen dazu, dass die in der Prozessbeschreibung dargestellten Aktivitäten in unzutreffender Relation zu ihrem zeitlichen Aufwand stehen. Abbildung 5-27 visualisiert uneinheitliche Aktivitätsdichten am Beispiel der Prozesse des Vertriebsaußen und -innendienstes in (1). Die Aktivitäten A bis G der Auftragsbearbeitung werden so zurückgemeldet, dass jeder Eintrag im ERP-System ein Ereignis darstellt. Die Auftragsbearbeitung hat damit eine höhere Aktivitätsdichte als Auftragseingang, Freigabe und Auftragsbestätigung. Demgegenüber

[449] vgl. Sani, M./van Zelst, S./et al. (2018) Improving Process Discovery, S. 219; Eine beispielhafte Filterfunktion ist die Funktion *Filter log on event/trace attributes* in der Software *ProM 6.8.*

zeigt Abbildung 5-27 (2) eine gleichwertige Gewichtung, in dem die Aktivitäten der Auftragsbearbeitung zeitlich normiert dargestellt werden. Diese Darstellung ist jedoch mit gängigen PM-Algorithmen nicht möglich, da diese lediglich die kausale Beziehung der Aktivitäten erkunden. In Abbildung 5-27 (3) werden die Aktivitäten A-G in der Aktivität *Auftragsbearbeitung* aggregiert. Durch die Aggregation der hochfrequent zurückgemeldeten Aktivitäten wird die Komplexität der Prozessbeschreibung reduziert und die Lesbarkeit verbessert.

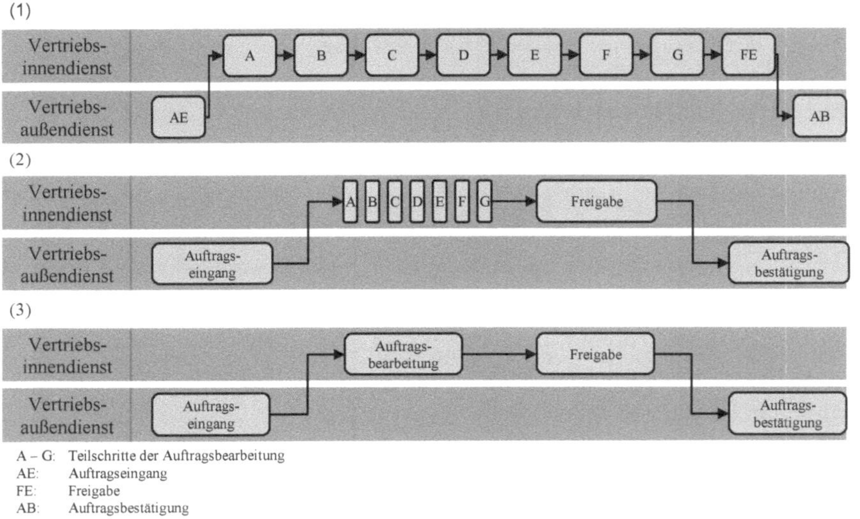

Abbildung 5-27: Uneinheitliche und einheitliche Aktivitätsdichten

Die Aggregation erfolgt gemäß dem Clustering-Algorithmus in Abbildung 5-28 durch die drei Phasen Initialisierung, Clustering und Aggregation. Der Clustering-Algorithmus wird für jeden Prozessbereich einzeln und für jeden Kundenauftrag durchlaufen (vgl. Abbildung 5-28). In der Initialisierungsphase wird der gewünschte Auflösungsgrad der Prozessbeschreibung durch den Grenzwert $\rho_{A,max}$ anwendungsbezogen und unter Berücksichtigung des gesamten Auftragsabwicklungsprozesses festgelegt. Folglich werden Cluster von Aktivitäten, die mindestens über eine Aktivitätsdichte von $\rho_{A,max}$ verfügen, aggregiert. Basierend auf zwei Laufvariablen werden Cluster von Ereignissen gebildet, welche die Aktivitätsdichte $\rho_{A,max}$ überschreiten. Eine Zusammenfassung von Ereignissen kann die Transparenz der Prozessbeschreibung negativ beeinflussen, weshalb die ermittelten Cluster vor der Aggregationsphase durch den Anwender überprüft und ausgewählt werden. In der Aggregationsphase werden die Ereignisse je ausgewähltem Cluster zu einem neuen Ereignis zusammengefasst. Als Aktivitätsbezeichnung wird die Bezeichnung des ersten Ereignisses, gefolgt von der Bezeichnung des letzten Ereignisses des Clusters gewählt. Als Startzeitstempel dient der Startzeitstempel der ersten Aktivität des Clusters, als Endzeitstempel und geplantes Ende die Daten des letzten Ereignisses des Clusters. Die Objekte der Ereignisse werden entsprechend den Objekttypen im neuen Ereignis zusammengefasst. Der AoEL mit aggregierten Ereignissen hat einen geringeren Auflösungsgrad, damit die Prozessbeschreibung übersichtlicher und intuitiver gestaltet ist und den Anforderungen aus der Praxis entsprochen wird.

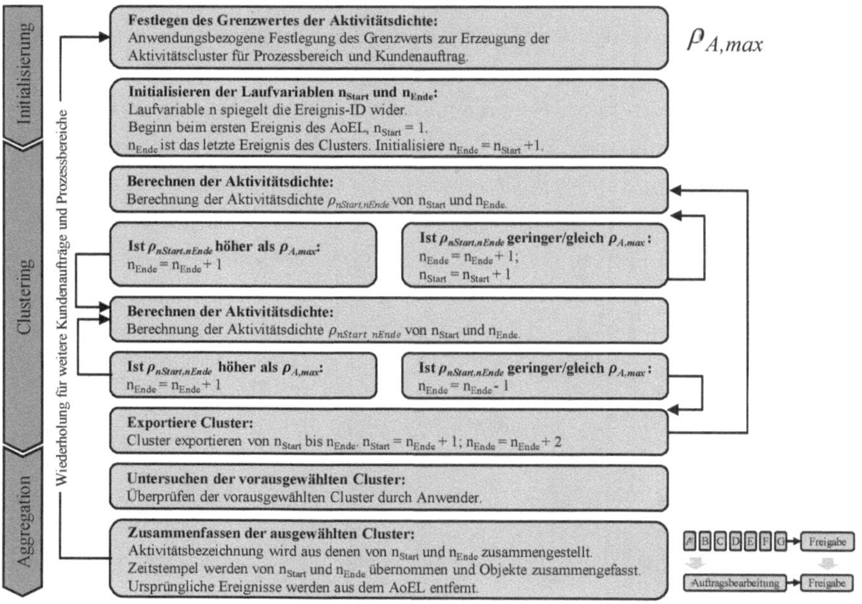

n = Ereignis-ID des Kundenauftrags im Prozessbereich
n_{Start} = Erstes Ereignis des Clusters
n_{Ende} = Letztes Ereignis des Clusters
$\rho_{nStart,nEnde}$ = Aktivitätsdichte von Aktivität n_{Start} bis n_{Ende}
$\rho_{A,max}$ = Grenzdichte

Abbildung 5-28: Clustering-Algorithmus zur Aggregation von Aktivitäten

5.2.2 Strukturierung mittels kleinster Verrechnungseinheit

Die vorliegende Methodik strebt an, die Prozessbeschreibung der Auftragsabwicklung aus der Perspektive eines durchgängigen Objekttyps zu erstellen, da resultierende Prozessbeschreibungen intuitiv für den Nutzer verständlich sind und gängige PM-Algorithmen die Festlegung einer Perspektive, respektive Prozessinstanz, fordern (vgl. Kapitel 2.3.2.2). Zudem wird dadurch die Beschreibung der gesamten Auftragsabwicklung aus Sicht des Objekttyps ermöglicht und nicht nur der Teilprozesse. Die Auswahl eines Objekttyps aus der Menge multipler Objekttypen erfordert Flattening zur Beschreibung des vollständigen Auftragsabwicklungsprozesses, was Konvergenz und Divergenz hervorrufen kann (vgl. Kapitel 2.3.4.2). Um Auswirkungen von Konvergenz und Divergenz auf die Beschreibung der Prozessperformance der Auftragsabwicklung zu reduzieren, wird die Quantifizierung der PPI und die Beschreibung des Prozessmodells durch zwei Strukturpfade separiert (vgl. Abbildung 5-29). Im ersten Strukturierungspfad wird der Objekttyp zur Bestimmung der PPI ausgewählt. Damit wird die Quantifizierung der PPI vom Flattening für die Prozessbeschreibung entkoppelt. Im zweiten Strukturierungspfad wird eine kleinste Subinstanz (sog. kleinste Verrechnungseinheit, klVE) als Objekttyp bestimmt, um Scheinkausalität durch Divergenz zu reduzieren. Während die Quantifizierung der PPI für den Objekttyp erfolgt, aus dessen Perspektive die Prozessperformance der Auftragsabwicklung beschrieben wird, wird die Prozessbeschreibung stets für die klVE erstellt, da sich andere Objekttypen injektiv auf die klVE abbilden lassen. Kapitel 5.2.2.1 führt das Prinzip der klVE ein, dessen Identifizierung in Kapitel 5.2.2.2 ausgeführt wird.

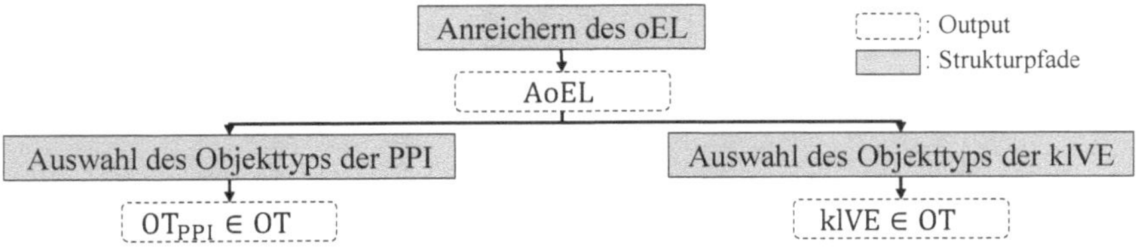

Abbildung 5-29: Strukturierung nach Objekttypen für PPI und Prozessmodell

5.2.2.1 Das Prinzip der kleinsten Verrechnungseinheit

Die Bestimmung der klVE beruht auf vier Prinzipien, welche in Abbildung 5-30 dargestellt sind, sowie dem Grundsatz der Bijektivität. Dabei bildet der Objekttyp OT_N die Ausgangsmenge und der Objekttyp OT_M die Zielmenge. Die Abbildung f heißt bijektiv, wenn sie injektiv und surjektiv ist. Injektiv bedeutet, dass für jedes Objekt der Zielmenge höchstens ein Objekt der Ausgangsmenge existiert, welches darauf abgebildet wird. Demnach existieren nicht zwei oder mehr Objekte der Ausgangsmenge, die auf dasselbe Objekt der Zielmenge abgebildet werden. Die Abbildung f ist surjektiv, wenn für jedes Objekt aus der Zielmenge mindestens ein Objekt in der Ausgangsmenge existiert.[450]

In der Auftragsabwicklung liegen verschiedene Objekttypen vor, welche wiederum verschiedene Objekte besitzen (Abbildung 5-30, I). Ferner existieren gemäß Kapitel 5.1.3.3 multiple datenbasierte Zusammenhänge zwischen den verschiedenen Objekten der Objekttypen (Abbildung 5-30, II), die konsolidiert in der Relationstabelle vorliegen. Durch das Herausfiltern von irrelevanten Aufträgen in Kapitel 5.2.1.4 sowie dem AoEL ist Surjektivität zwischen den Objekttypen gegeben, d.h. für ein Objekt der Zielmenge existiert mindestens ein datenbasierter Zusammenhang zu anderen Objekttypen. Eine klVE liegt vor, wenn eine bijektive Abbildung f zwischen zwei Objekttypen OT_N und OT_M existiert. Liegt keine klVE vor, so existiert mindestens ein Objekt des Objekttyps OT_M, das durch die Abbildung f nicht injektiv abgebildet werden kann (Abbildung 5-30, III). Für eine klVE müssen die Prinzipien (I) bis (III) für einen Objekttyp vorliegen.

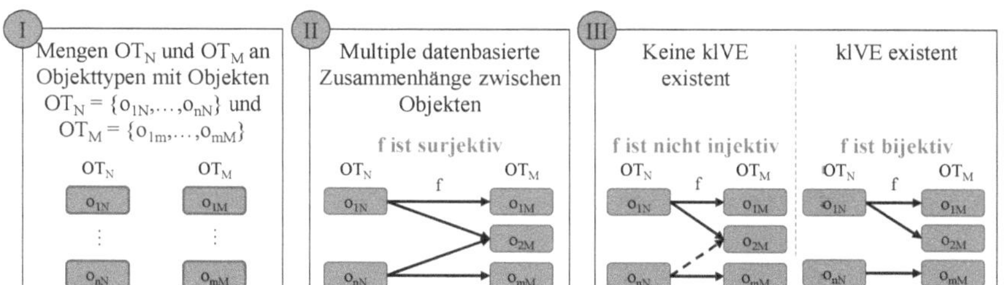

Abbildung 5-30: Prinzipien der kleinsten Verrechnungseinheit

5.2.2.2 Identifizierung der kleinsten Verrechnungseinheit

Zur Identifizierung der klVE wird ein Näherungswert $klVE_i$ für jeden Objekttyp OT_i bestimmt, der auf dem mathematischen Konzept der Injektivität basiert. Der Nähe-

---

[450] vgl. Fritzsche, K. (2020) Grundkurs Analysis 1, S. 49-51.

rungswert ist die Summe der Häufigkeiten der verschiedenen Objekte j eines Objekttyps ($\sum_{j \epsilon J} o_{ji}$) dividiert durch die Mächtigkeit ($|OT_i|$), d.h. die Anzahl verschiedener Objekte des Objekttyps. Für eine eindeutige klVE muss der Näherungswert nach dem Prinzip der Injektivität den Wert Eins annehmen, da jedes Objekt der klVE lediglich einmal auftreten kann. Wird diese Bedingung verletzt, kann eine von Scheinkausalität freie Prozessbeschreibung nicht garantiert werden. In diesem Falle wird der an Eins nächstliegende Objekttyp als klVE gewählt. Mächtigkeit und Häufigkeiten werden über die Relationstabelle bestimmt.

Abbildung 5-31 verdeutlicht die Bestimmung der klVE für den Fall, dass eine kleinste Instanz existent ist. Nach dem Prinzip der Surjektivität (vgl. Abbildung 5-30, II) stehen alle Objekte von OT_N mit mindestens einem Objekt von OT_M in Verbindung und vice versa. Nach dem Prinzip der Bijektivität (vgl. Abbildung 5-30, III) sind alle Objekte von OT_N injektiv auf OT_M abbildbar und die Häufigkeit eines jeden Objektes von OT_M in der Relationstabelle beträgt Eins. Demgegenüber ist die umgekehrte Abbildung nicht bijektiv, da die Objekte o_{1M} und o_{2M} auf das Objekt o_{1N} abbildbar sind und somit mindestens o_{1N} eine Häufigkeit von Zwei aufweist. Die Summe der Häufigkeiten der Objekte des Objekttyps OT_N ist größer als die Mächtigkeit $|OT_N|$ und der Näherungswert $klVE_N$ folglich größer Eins. Für OT_M ist die Summe der Häufigkeiten der Objekte gleich der Mächtigkeit $|OT_M|$ und der Quotient $klVE_M$ gleich Eins. Damit ist $klVE_M$ das Minimum und somit OT_M die klVE. Da der Näherungswert gleich Eins ist, kann die Prozessbeschreibung der Auftragsabwicklung für den Objekttyp frei von Scheinkausalität sein.

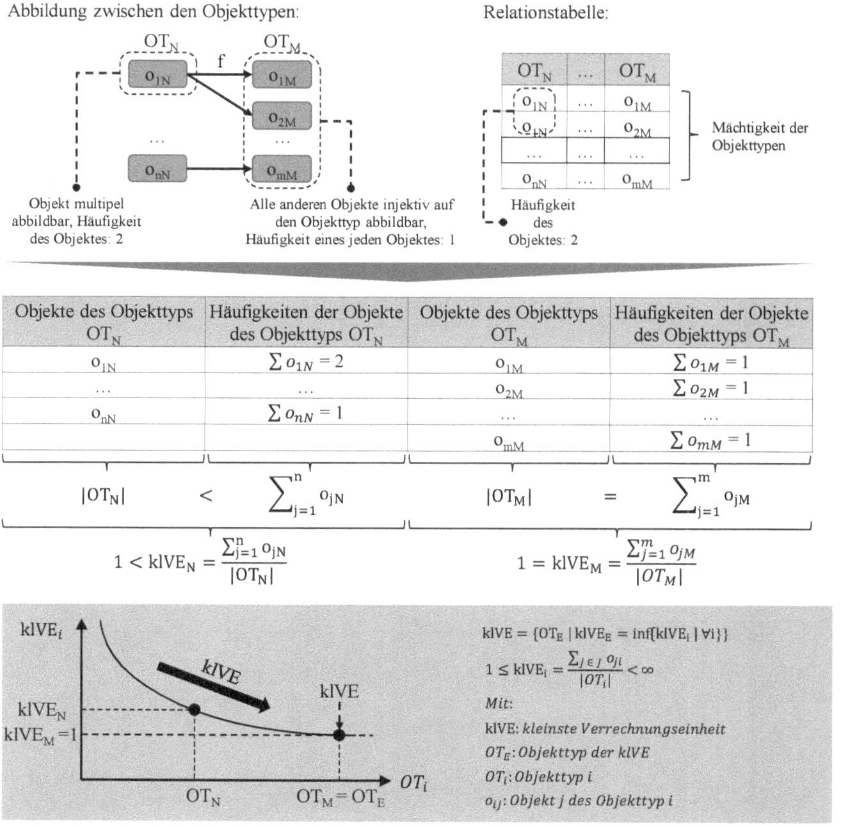

Abbildung 5-31: Eindeutige Identifizierung der klVE

Liegt das Prinzip der Injektivität nicht vor, wird der Objekttyp als klVE gewählt, für den der Näherungswert Eins am nächsten liegt. In Abbildung 5-32 ist der Objekttyp OT_N nicht injektiv, da sich mindestens das Objekt o_{1N} auf o_{1M}, o_{2M} und o_{mM} abbilden lässt und folglich eine Häufigkeit von Drei in der Relationstabelle besitzt. Die Objekte o_{2M} und o_{mM} des Objekttyps OT_M sind multipel auf o_{1N} und o_{nN} abbildbar und damit auch nicht injektiv. Folglich ist die Summe der Häufigkeiten der Objekte für beide Objekttypen größer als ihre Mächtigkeit und der Näherungswert $klVE_N$ bzw. $klVE_M$ größer Eins. Unter der Annahme gleicher Häufigkeiten der Objekte (neben den aufgeführten für o_{1N}, o_{nN}, o_{1M}, o_{2M} und o_{mM}) ist OT_M aufgrund höherer Mächtigkeit das

Minimum beider Näherungswerte und $klVE_M$ dem Wert Eins am nächsten. Der zugehörige Objekttyp OT_M wird als klVE ausgewählt. Dieser kann für das Ergebnis der Prozessbeschreibung zur Folge haben, dass eine Prozessbeschreibung frei von Scheinkausalität nicht garantiert werden kann.

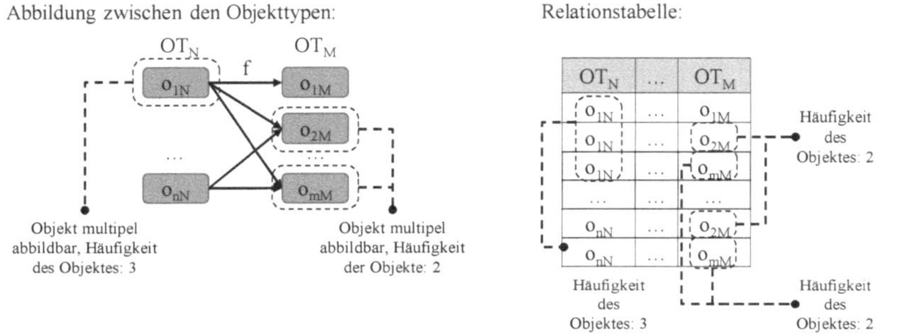

Objekte des Objekttyps OT_N	Häufigkeiten der Objekte des Objekttyps OT_N	Objekte des Objekttyps OT_M	Häufigkeiten der Objekte des Objekttyps OT_M
o_{1N}	$\sum o_{1N} = 3$	o_{1M}	$\sum o_{1M} = 1$
...	...	o_{2M}	$\sum o_{2M} = 2$
o_{nN}	$\sum o_{nN} = 2$	...	...
		o_{mM}	$\sum o_{mM} = 2$

$$|OT_N| < \sum_{j=1}^{n} o_{jN} \qquad |OT_M| < \sum_{j=1}^{m} o_{jM}$$

$$1 < klVE_N = \frac{\sum_{j=1}^{n} o_{jN}}{|OT_N|} \qquad 1 < klVE_M = \frac{\sum_{j=1}^{m} o_{jM}}{|OT_M|}$$

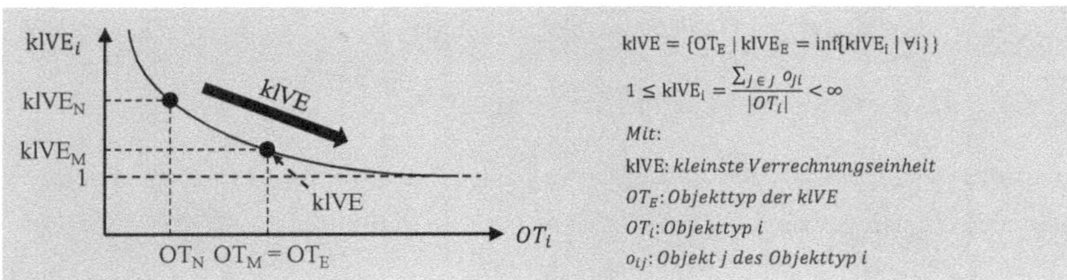

Abbildung 5-32: Nicht eindeutige Identifizierung der klVE

Das Ablaufdiagramm zur Bestimmung der klVE ist in Abbildung 5-33 dargestellt und ist unabhängig davon, ob zwischen den OT der Auftragsabwicklung Injektivität gegeben ist. Basierend auf der Relationstabelle werden die einzigartigen Objekte je OT bestimmt und als Attribut in einer separaten Tabelle gespeichert, um die Mächtigkeit des OT zu bestimmen. Zudem wird die Auftrittshäufigkeit für alle Objekte des OT bestimmt und in einem weiteren Attribut gespeichert, um die Summe der Häufigkeiten der Objekte des OT zu bestimmen (vgl. Abbildung 5-31 und Abbildung 5-32). Anschließend wird die objekttypspezifische kleinste Verrechnungseinheit ermittelt, indem die Summe der Häufigkeiten durch die Mächtigkeit des OT dividiert wird. Der OT mit geringster $klVE_i$ wird sodann als klVE identifiziert.

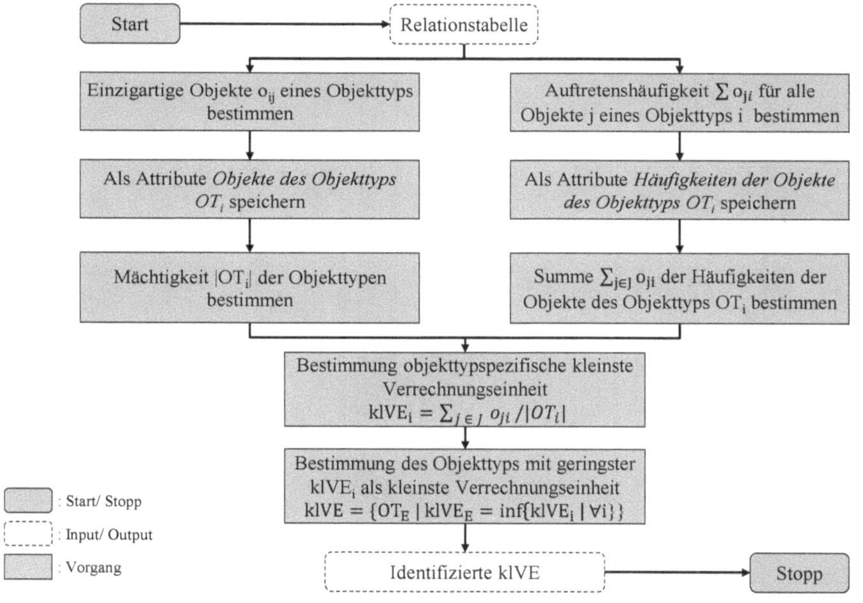

Abbildung 5-33: Ablaufdiagramm zur Bestimmung der klVE

Für das Beispiel eines Kleinserienfertigers ist die Identifizierung der klVE in Abbildung 5-34 skizziert. In der Zwischentabelle sind für die drei OT Kunden-, Fertigungs- und Montageauftrag die Objekte sowie deren Häufigkeiten gelistet. In der Tabelle der Näherungswerte ist ersichtlich, dass für das Beispiel eine eindeutige klVE vorhanden ist. Der Objekttyp OT_2 (Fertigungsauftrag) hat eine Mächtigkeit von 37 und die Summe der Häufigkeiten der Objekte hat ebenfalls einen Wert von 37. Folglich ist $klVE_2$ exakt Eins. Zur Veranschaulichung sind die Abbildungen zwischen den Objekten aufgeführt. Jedes Objekt des OT_2 besitzt maximal eine eingehende und eine ausgehende Verbindungslinie und es ist ersichtlich, dass OT_2 die meisten Objekte besitzt.

Zwischentabelle

Objekte des Objekttyps *Kundenauftrag*	Häufigkeit der Objekte	Objekte des Objekttyps *Fertigungsauftrag*	Häufigkeit der Objekte	Objekte des Objekttyps *Montageauftrag*	Häufigkeit der Objekte
1658	1	FA381	1	X67J	1
1659	1	FA382	1	X68J	1
1660	1	FA383	1	X69J	1
1661	1	FA384	1	X70J	1
1662	1	FA385	1	X71J	1
1663	1	FA386	1	X72J	1
1664	1	FA387	1	X73J	1
1665	2	FA388	1	X74J	1
1666	2	FA389	1	X75J	1
1667	2	FA390	1	X76J	1
1668	2	FA391	1	X77J	1
1669	3	FA392	1	X78J	1
1670	3	FA393	1	X79J	1
1671	3	FA394	1	X80J	1
1672	3	FA395	1	X81J	1
1673	3	FA396	1	X82J	1
1674	7	FA397	1	ZB67	2
		FA398	1	X83J	1
		FA399	1	ZB68	2
		FA400	1	X84J	1
		FA401	1	ZB69	2
		FA402	1	X85J	1
		FA403	1	X86J	1
		FA404	1	X87J	1
		FA405	1	X88J	1
		FA406	1	X89J	1
		FA407	1	X90J	1
		FA408	1	ZB70	3
		FA409	1	ZB71	2
		FA410	1	X91J	1
		FA411	1	X92J	1
		FA412	1		
		FA413	1		
		FA414	1		
		FA415	1		
		FA416	1		
		FA417	1		

	OT_1	OT_2	OT_3
Mächtigkeit $\|OT_i\|$	17	37	31
Summe $\sum_{j\in J} o_{ji}$ der Häufigkeiten	37	37	37
Objekttypspezifische $klVE_i$	2,18	1	1,9
Geringste $klVE_i$, $\inf\{klVE_i \mid \forall i\}$		1	

Näherungswerte der kleinsten Verrechnungseinheit klVE

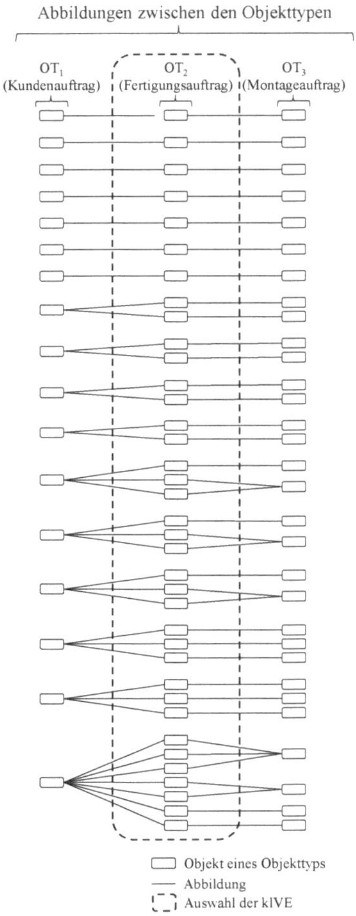

Abbildung 5-34: Zwischentabelle und Näherungswerte eines Kleinserienfertigers

5.2.3 Datenbasierte Beschreibung der Prozessperformance

Nachdem in Kapitel 5.2.2 die Bestimmung der PPI und die Prozessbeschreibung in zwei Strukturpfade mit unterschiedlichen OT unterteilt wurden, erfolgt in diesem Kapitel die datenbasierte Beschreibung der Prozessperformance. Hierzu erfolgt einerseits die Prozessbeschreibung der Auftragsabwicklung mit der klVE als Prozessinstanz (vgl.

Kapitel 5.2.3.1) und andererseits die Beschreibung der PPI für den OT, für den die Performance der Auftragsabwicklung beschrieben werden soll (vgl. Kapitel 5.2.3.2).

5.2.3.1 Prozessbeschreibung der Auftragsabwicklung

Input für die Prozessbeschreibung der Auftragsabwicklung ist der vorbereitete AoEL (vgl. Kapitel 5.2.1) sowie die identifizierte klVE als Prozessinstanz zur Prozessbeschreibung. Auf dieser Grundlage wird der AoEL zur Erkennung mittels PM durch Flattening nach der klVE aufbereitet. Sodann kann der Auftragsabwicklungsprozess durch Anwendung eines PM-Verfahrens beschrieben werden.

Flattening für die Prozessbeschreibung

Zur Aufbereitung des vorbereiteten AoEL wird Flattening entsprechend Kapitel 2.3.4.2 angewendet mit dem Ziel, die Ereignisse des AoEL in Richtung der klVE zu glätten. Damit bezieht sich jedes Ereignis lediglich auf ein Objekt der klVE. Hierzu werden alle Ereignisse des AoEL durchlaufen und im Fall eines Ereignisses, welches multiple Objekte für die klVE besitzt, das Ereignis u-1 mal multipliziert, wobei u die Anzahl an Objekten darstellt. In der Praxis sind multiple Aufträge für Ereignisse bspw. durch Trennzeichen separiert. Demnach werden die Objekte am Trennzeichen getrennt und für jedes Objekt ein Ereignis unterhalb des ursprünglichen Ereignisses eingefügt. Bei der Vervielfältigung werden alle Attributwerte des ursprünglichen Ereignisses beibehalten, lediglich für die klVE wird der einzelne Auftrag gewählt. Da durch das Flattening nach dem Trennzeichen ggf. Leerzeichen mitgeführt werden, werden anschließend alle überflüssigen Leerzeichen für die klVE entfernt. Mit dem objektzentrierten Ereignislog für die Prozessbeschreibung ($AoEL_{PM}$) als Resultat wird im Anschluss die Prozessbeschreibung durch Anwendung von PM erstellt. Abbildung 5-35 zeigt das Ablaufdiagramm des Flattenings für die Prozessbeschreibung sowie den auf *Python*[451] basierenden Programmiercode zur algorithmischen Umsetzung.

[451] Python ist eine frei zugängliche (open-source) und weit verbreitete Programmiersprache, mit Fokus auf Einfachheit und Übersichtlichkeit. Für weitere Erläuterungen s. bspw. vgl. Kong, Q./Siauw, T./et al. (2021) Python programming.

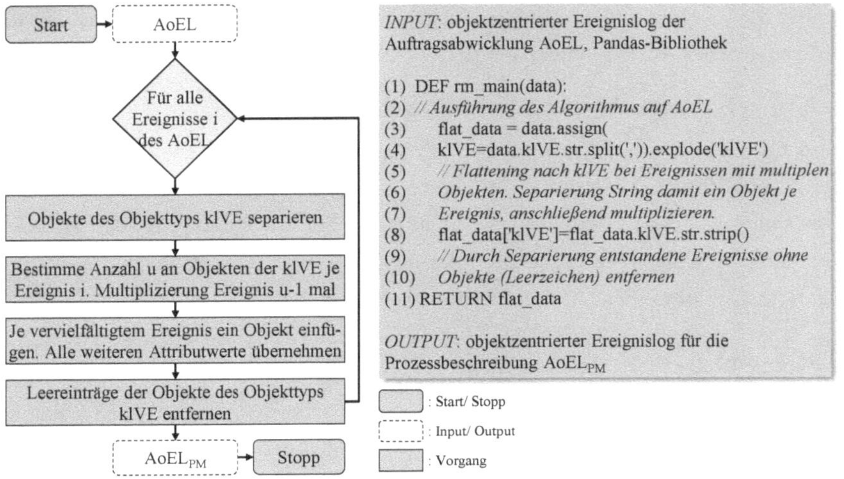

Abbildung 5-35: Ablaufdiagramm des Flattenings für die Prozessbeschreibung

Die Ergebnisse des Flattening für die Prozessbeschreibung sind in Abbildung 5-36 für den AoEL aus Abbildung 5-25 beispielhaft dargestellt. Das Ereignis *Freigabe FAUF* findet für die beiden Objekte *FA123* und *FA232* statt. Mittels Flattening wird das Ereignis vervielfältigt, wobei alle Attributwerte beibehalten werden und nur die Aufträge in der klVE vereinzelt werden. Durch die Vervielfältigung findet eine Verfälschung der Prozessrealität statt, da bspw. die Aktivität *Freigabe FAUF* in ihrer Häufigkeit nicht ein-, sondern zweimal auftritt. Aus diesem Grund muss die Vervielfältigung in der Quantifizierung der PPI berücksichtigt werden (s. dazu Kapitel 5.2.3.2).

Prozessbeschreibung mittels Process Mining

Der $AoEL_{PM}$ ist durch Flattening für die PM-Anwendung vorbereitet worden, sodass für die klVE, welche die Prozessinstanz der Prozessbeschreibung darstellt, je Ereignis lediglich genau ein Auftrag, d.h. Objekt, existiert.

a) AoEL vor dem Flattening:

Aktivität	Startzeitstempel	OT_1	OT_2	OT_3	…	Endzeitstempel	Geplante Fertigstellung	Auftragseingang	Bereich	…
…	…	…	…	…	…	…	…	…	…	…
Freigabe FAUF	21.08.2020 13:11:21	1604	FA123, FA232	X23J	…	21.08.2020 13:11:21	24.08.2020 14:00:00	29.08.2020 10:03:00	Fertigung	…
Längsdrehen	21.08.2020 15:32:49	1604	FA123	X23J	…	21.08.2020 16-03-24	24.08.2020 14:00:00	29.08.2020 10:03:00	Fertigung	…
Plandrehen	21.08.2020 14:59:55	1604	FA223	X23J	…	21.08.2020 15:01:24	24.08.2020 14:00:00	29.08.2020 10:03:00	Fertigung	…
…	…	…	…	…	…	…	…	…	…	…

b) $AoEL_{PM}$ nach dem Flattening:

Aktivität	Startzeitstempel	OT_1	OT_2	OT_3	…	Endzeitstempel	Geplante Fertigstellung	Auftragseingang	Bereich	…
…	…	…	…	…	…	…	…	…	…	…
Freigabe FAUF	21.08.2020 13:11:21	1604	FA123	X23J	…	21.08.2020 13:11:21	24.08.2020 14:00:00	29.08.2020 10:03:00	Fertigung	…
Freigabe FAUF	21.08.2020 13:11:21	1604	FA232	X23J	…	21.08.2020 13:11:21	24.08.2020 14:00:00	29.08.2020 10:03:00	Fertigung	…
Längsdrehen	21.08.2020 15:32:49	1604	FA123	X23J	…	21.08.2020 16-03-24	24.08.2020 14:00:00	29.08.2020 10:03:00	Fertigung	…
Plandrehen	21.08.2020 14:59:55	1604	FA223	X23J	…	21.08.2020 15:01:24	24.08.2020 14:00:00	29.08.2020 10:03:00	Fertigung	…
…	…	…	…	…	…	…	…	…	…	…

Objekttyp klVE

Durch Flattening veränderte Attributwerte/Ereignisse

Gewählte Fall-ID zur Prozessbeschreibung

Abbildung 5-36: Durchführung des Flattenings zur Generierung des $AoEL_{PM}$

Grundsätzlich wird der Auftragsabwicklungsprozess für alle Kundenaufträge beschrieben. Sofern der Auftragsabwicklungsprozess lediglich für ein oder mehrere spezifische Kundenaufträge beschrieben wird, werden nicht zu betrachtende Auftragsnummern herausgefiltert. Das Filtern von Aufträgen für die Prozessbeschreibung erfolgt aufgrund des Flattenings und unterschiedlicher OT für Prozessbeschreibung und PPI (vgl. Kapitel 5.2.2) an dieser Stelle gesondert (vgl. Kapitel 5.2.3.2). Wird die Teilmenge an Aufträgen, für welche die Prozessperformance beschrieben werden soll, bereits nach Erstellung des AoEL (vgl. Kapitel 5.2.1.3) gefiltert, entsteht die Herausforderung, welche mithilfe von Abbildung 5-37 verdeutlicht wird. Beispielhaft stellt OT_2 den Fertigungsauftrag dar und der AoEL wird nach der Fertigungsauftragsnummer *FA123* gefiltert. OT_2 wird nach identifizierter klVE geglättet und Ereignisse entstehen im $AoEL_{PM}$, die nicht der gewählten Fertigungsauftragsnummer entsprechen. Die Prozessspur des Fertigungsauftrags *FA232* würde fälschlicherweise in die Erstellung der Prozessbeschreibung miteinbezogen werden. Folglich muss die Auswahl spezifischer Auftragsnummern nach Erstellung des $AoEL_{PM}$ erfolgen.

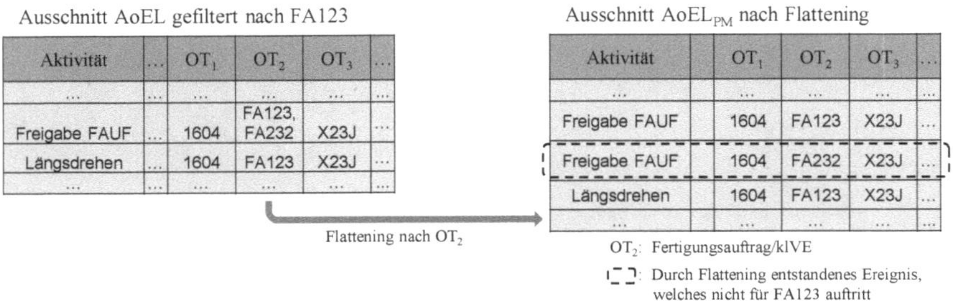

Abbildung 5-37: Auswirkung frühzeitiger Filterungen zur Prozessbeschreibung

Die Beschreibung des Auftragsabwicklungsprozesses kann basierend auf dem AoEL mittels kommerzieller (closed-source) oder nicht kommerzieller (open-source) Anwendungen erfolgen. Zur Anwendung von nicht kommerziellen Anwendungen zur Prozessbeschreibung wird in Abbildung 5-38 eine Entscheidungsunterstützung zur Auswahl der gängigsten Verfahren zur Prozessentdeckung geboten. Die Kriterien zur Bewertung der unterschiedlichen Verfahren lassen sich nach der *Modellierungssprache* sowie den *Merkmalen* und der *Güte* des Prozessmodells unterscheiden. Innerhalb des Merkmale und der Güte des Prozessmodells findet die Bewertung der Kriterien anhand fünf diskreter Abstufungen von sehr schlecht (1) bis sehr gut (5) statt. Die Bewertung basiert auf qualitativen Beurteilungen existierender Forschungsarbeiten und kann in Abhängigkeit der Datenqualität sowie spezifischer Ausprägungen und Anpassungen der Verfahren variieren.

Die *Skalierbarkeit* gibt an, wie gut das Verfahren mit variierender Größe und Anzahl an Ereignissen des $AoEL_{PM}$ umgehen kann. Die *allgemeine Genauigkeit* beschreibt die strukturelle Gleichheit der Prozessbeschreibungen verglichen mit dem Prozessverhalten im Ereignislog. Das Kriterium *Verzweigungen* gibt an, ob das Verfahren die Durchführung von parallelen (UND-Verknüpfungen) und alternativen (ODER-Verknüpfungen) Aktivitäten in der Prozessbeschreibung darstellen kann. Das *intuitive Verständnis* ist abhängig von der Modellierungssprache und der Abstraktion von seltenem Prozessverhalten in der Prozessbeschreibung. In der Praxis sorgen DFG für das intuitivste Verständnis verglichen mit anderen Modellierungssprachen (vgl. Kapitel 2.3.3.3). Das Kriterium *Abteilung* gibt an, inwiefern Ereignisse der Auftragsabwicklung unterschiedlichen Abteilungen im Sinne einer Schwimmbahn-Darstellung (vgl. Kapitel 2.2.2) zugeordnet werden, indem Prozessbeschreibungen in ein BPMN-

Prozessmodell konvertiert werden.[452] Die *Rechenzeit* beschreibt die Geschwindigkeit des Verfahrens zur Erstellung der Prozessbeschreibung bzw. zur Erstellung neuer Prozessbeschreibungen bspw. nach Auswahl spezifischer Prozessspuren.

Zur Bewertung der Güte der Prozessbeschreibung erfolgt die Bewertung der Verfahren anhand der vier Qualitätsdimensionen *Precision*, *Generalization*, *Simplicity* und *Fitness* (vgl. Kapitel 2.3.3.5). Zusätzlich wird mittels der *generellen Bewertung* evaluiert, wie gut das Verfahren ganzheitlich über alle Qualitätsdimensionen ist. Mittels des Bewertungskriteriums *Noise* wird angegeben, wie sensibel das Verfahren mit seltenem und ungewohntem Prozessverhalten umgeht, sodass Prozessspuren durch Parametrisierung herausgefiltert werden.

Der Inductive Miner stellt für nicht kommerzielle Anwendungen in der Praxis ein vielversprechendes Verfahren dar, da Parallelitäten erkannt werden und ein gutes Gleichgewicht zwischen Skalierbarkeit, Präzision und Generalisierbarkeit herrscht. Zudem besitzt das Verfahren die Eigenschaft, dass die Prozessbeschreibung sound (vgl. Kapitel 2.3.3.3) ist und somit alle Prozessaktivitäten dargestellt werden. Das Verfahren ist öffentlich in der Software *ProM 6.8* verfügbar. Daher wird auch im Kontext des Betrachtungsbereiches der produzierenden Industrie der Inductive Miner als praktikables Verfahren empfohlen.[453]

5.2.3.2 Beschreibung der Prozessperformanceindikatoren

Input für die Beschreibung der PPI ist der vorbereitete AoEL (vgl. Kapitel 5.2.1) sowie der für die Beschreibung der Prozessperformance festgelegte Objekttyp (OT_{PPI}). Da für die Prozessbeschreibung stets die klVE gewählt wird, ermöglicht ein separater Objekttyp für die PPI, die Prozessperformance für unterschiedliche Auftragsarten zu beschreiben. Die Beschreibung der PPI stellt den zweiten Strukturpfad dar (vgl. Kapitel 5.2.2). Entsprechend findet analog der Prozessbeschreibung zunächst das Flattening nach OT_{PPI} statt, worauf aufbauend die Kalkulation der PPI erfolgt.

---

[452] vgl. Kalenkova, A./van der Aalst, W./et al. (2017) Process mining using; Saito, S. (2019) Identifying and Understanding.

[453] vgl. Bettacchi, A./Polzonetti, A./et al. (2016) Understanding Production Chain, S. 193.

Legende: 1 sehr schlecht, 2 schlecht, 3 durchschnittlich, 4 gut, 5 sehr gut

Bewertungskriterien		Alpha Miner	Heuristic Miner	Fuzzy Miner	Inductive Miner	Genetic Miner	Region Miner
	Modellierungssprache	Petri Netz	Causal Netz, Petri Netz, DFG	Fuzzy Model, DFG	Process Tree, DFG	Petri Netz, Process Tree	Petri Netz
Merkmale des Prozessmodells	Skalierbarkeit	2	2	3	5	2	3
	Allgemeine Genauigkeit	2	5	3	4	5	2
	Verzweigungen (ODER/UND)	2	4	5	2	4	4
	Intuitives Verständnis	2	4	3	5	2	2
	Abteilungen	4	3	3	5	3	3
	Rechenzeit	5	4	5	5	1	2
Güte des Prozessmodells	Precision	5	5	4	4	3	2
	Generalization	4	5	5	3	3	3
	Simplicity	2	3	4	3	2	3
	Fitness	3	5	2	5	3	4
	Generelle Bewertung	3	4	4	4	3	3
	Noise	1	4	4	4	4	1

Abbildung 5-38: Entscheidungsunterstützung zur Verfahrensauswahl[454]

Flattening für die Quantifizierung der PPI

Ziel des Schrittes ist es, den AoEL nach dem Objekttypen OT_{PPI} zu glätten und somit den oEL zur Kalkulation der PPI der Auftragsabwicklung ($AoEL_{PPI}$) zu erstellen. Die PPI werden für den gesamten Auftragsabwicklungsprozess, die Spuren und Aktivitäten bestimmt (vgl. Kapitel 5.1.1). Die Bestimmung der PPI einzelner Spuren ist von der Betrachtung der Auftragsart abhängig, weshalb OT_{PPI} abhängig von der zu beantwortenden Fragestellung ausgewählt wird. Soll bspw. die durchschnittliche Prozesszeit eines Kundenauftrags beschrieben werden, so kann der Kundenauftrag als OT betrachtet werden, wohingegen bei Fragestellungen mit Bezug zur Fertigung der Fertigungsauftrag gewählt wird. Da die Auswahl von OT_{PPI} von der zu analysierenden Fragestellung abhängt, wird keine Entscheidungsempfehlung zur Auswahl des OT präsentiert.

454 vgl. Chan, K./Au, W.-H. (2001) Mining Fuzzy Association, S. 109; Lang, M./Bürkle, T./et al. (2008) Process mining for, S. 232; Akman, B./Demirörs, O. (2009) Applicability of Process, S. 195 ff.; Buijs, J./van Dongen, B./et al. (2012) On the Role, S. 305 ff.; Weerdt, J. de/Backer, M. de/et al. (2012) A multi-dimensional quality, S. 654 ff.; Wang, J./Wong, R./et al. (2013) Efficient Selection of, S. 484 ff.; Gupta, E. (2014) Process Mining A, S. 8594 ff.; vanden Broucke, S./Delvaux, C./et al. (2014) Uncovering the Relationship, S. 46 ff.; Sarno, R./Haryadita, F./et al. (2015) Model discovery of, S. 30; van der Aalst, W. (2016) Process mining, S. 33 ff.; Liu, C./Pei, Y./et al. (2020) LogRank+: A Novel, S. 417 ff.

Ausgangsgröße zur Beschreibung der PPI ist der AoEL, der in Richtung des OT_{PPI} geglättet wird. Der Ablauf gleicht dem beschriebenen Flattening für die klVE (vgl. Kapitel 5.2.3.1) und ist im linken Strang des Ablaufdiagramms in Abbildung 5-39 dargestellt. Als erweiterter Ablauf wird für jedes Ereignis die Anzahl an Objekten für den Objekttyp OT_{PPI} erfasst, um zu eruieren, welche und wie viele Ereignisse beim Vorliegen mehrerer Objekte vervielfacht werden. Ein n-dimensionaler Vektor wird erstellt, dem für das erste Objekt eines Ereignisses der Wert Null zugewiesen wird und für weitere Objekte des Ereignisses der Wert Eins. Die Anzahl an Koordinaten n des Vektors gleicht der Anzahl an Ereignissen des $AoEL_{PPI}$. Nach der Vervielfachungslogik des Flattenings bedeutet der Wert Null, dass ein Ereignis nicht durch Glättung entstanden ist. Ein Wert von Eins signalisiert, dass ein Ereignis durch Flattening dupliziert wurde. Aus dem Vektor wird eine Liste L erstellt, die dem $AoEL_{PPI}$ als neues Attribut mit der Bezeichnung *Flattening Y/N* hinzugefügt wird. Mittels dieses Attributs werden die PPI zur Kalkulation von duplizierten Ereignissen bereinigt.

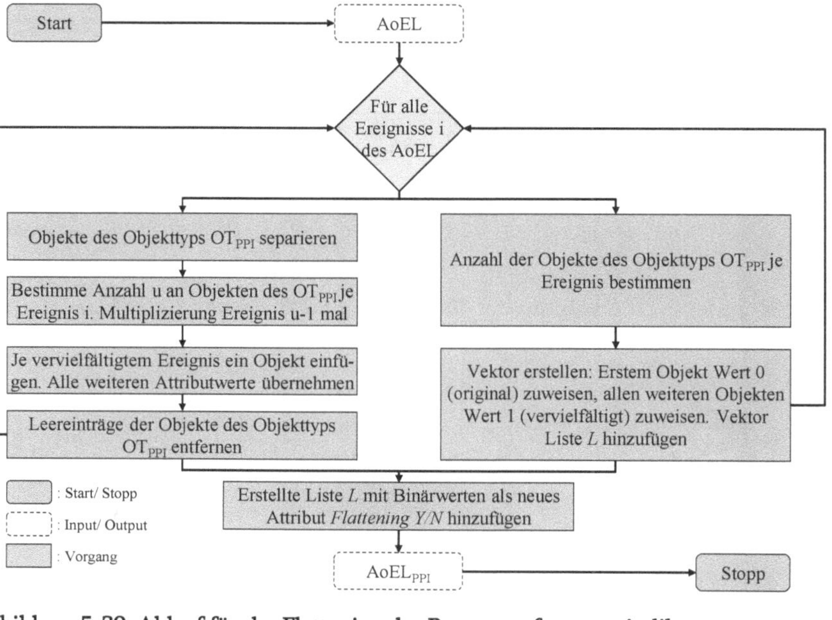

Abbildung 5-39: Ablauf für das Flattening der Prozessperformanceindikatoren

Abhängig vom Anwendungsfall kann die Prozessperformance der Auftragsabwicklung auch aus der Perspektive der Auftragsart beschrieben werden, die klVE ist. In diesem Fall ist klVE gleich OT_{PPI} und der $AoEL_{PM}$ identisch dem $AoEL_{PPI}$, wobei das Attribut *Flattening Y/N* ergänzt wird.

In Abbildung 5-40 ist der $AoEL_{PPI}$ als Ergebnis des Flattenings für den AoEL aus Abbildung 5-25 beispielhaft dargestellt. OT zur Kalkulation der PPI ist der Kundenauftrag und damit OT_1. Im AoEL ist ersichtlich, dass mit der Aktivität *Technisch Abgeschlossen* die Kundenaufträge *1694*, *1695* und *1696* beendet wurden. Mittels Flattening wird das Ereignis vervielfältigt, wobei alle Attributwerte beibehalten werden und die Objekte vereinzelt werden. Zusätzlich ist im Attribut *Flattening Y/N* ersichtlich, welches das reale Ereignis ist (0) und welche Ereignisse vervielfältigt wurden (1).

a) AoEL vor dem Flattening:

Aktivität	Startzeitstempel	OT_1	OT_2	OT_3	...	Endzeitstempel	Geplante Fertigstellung	Auftragseingang	Bereich	...
...	...	...	...	...	...	...	...	...	...	...
Technisch Abgeschlossen	28.08.2020 15:12:00	1694, 1695, 1696	FA514, FA633, FA843	X98J	...	28.08.2020 15:12:00	29.08.2020 16:00:00	12.08.2020 10:03:00	Vertrieb	...
...	...	...	...	...	...	...	...	...	...	...

b) $AoEL_{PPI}$ nach dem Flattening:

Aktivität	Startzeitstempel	OT_1	OT_2	OT_3	...	Endzeitstempel	Geplante Fertigstellung	Bereich	...	Flattening Y/N
...	...	...	...	...	...	...	...	...	...	
Technisch Abgeschlossen	28.08.2020 15:12:00	1694	FA514, FA633, FA843	X98J	...	28.08.2020 15:12:00	29.08.2020 16:00:00	Vertrieb	...	0
Technisch Abgeschlossen	28.08.2020 15:12:00	1695	FA514, FA633, FA843	X98J	...	28.08.2020 15:12:00	29.08.2020 16:00:00	Vertrieb	...	1
Technisch Abgeschlossen	28.08.2020 15:12:00	1696	FA514, FA633, FA843	X98J	...	28.08.2020 15:12:00	29.08.2020 16:00:00	Vertrieb	...	1
...	...	...	...	...	...	...	...	...	...	

Objekttyp OT_{PPI} — Neues Attribut

Durch Flattening veränderte Attributwerte/Ereignisse — Gewählte Fall-ID zur Prozessbeschreibung

Abbildung 5-40: Durchführung des Flattenings zur Generierung des $AoEL_{PPI}$

Kalkulation der PPI

Ausgehend vom $AoEL_{PPI}$ werden die PPI kalkuliert. Grundsätzlich erfolgt die Kalkulation für alle Kundenaufträge. Die Betrachtung spezifischer Aufträge muss für eine konsistente Beschreibung der Prozessperformance mit den gefilterten Aufträgen der Prozessbeschreibung (vgl. Kapitel 5.2.3.1) übereinstimmen.

Die Quantifizierung von PPI_D, PPI_R , PPI_T, PPI_V und PPI_Z für die Auftragsabwicklung erfolgt gemäß den in Kapitel 5.1.1 definierten Kalkulationsvorschriften. Aufgrund des Flattenings und der resultierenden Erzeugung scheinbarer Ereignisse werden zur Sicherstellung der Prozessrealität Korrekturterme für PPI_D, PPI_T und PPI_V eingeführt. Die angepassten Kalkulationsvorschriften zeigt Abbildung 5-41.

Bei der Berechnung von PPI_D für Aktivitäten werden multiplizierte Ereignisse durch den Term $1-d_{i,j}$ korrigiert, da vervielfältigte Ereignisse die Durchführungshäufigkeit einer Aktivität verzerren. Der Term $d_{i,j}$ bezieht sich auf das Attribut *Flattening Y/N* und gibt an, ob ein Ereignis durch Flattening entstanden ist (1) oder nicht (0). Alternativ wird die Prozesszeit aus dem AoEL bestimmt, unabhängig vom Objekttyp OT_{PPI} für den $AoEL_{PPI}$.

Indikator	Kalkulatorische Bestimmung mit Korrekturterm
PPI_D (Aktivität)	$PPI_{D,a} = \frac{\sum_i^T \sum_j^{E_i}(x_{i,j,a} \times (1 - d_{i,j}) \times (ZS_{i,j} - ZB_{i,j}))}{\sum_i^T \sum_j^{E_i}(x_{i,j,a} \times (1 - d_{i,j}))}$ mit $PPI_{D,a} \in [0, \infty)\ \forall a$
PPI_T (Aktivität)	$PPI_{T,a} = \frac{\sum_{i=1}^T \sum_{j=1}^{E_i}(x_{i,j,a} \times y_{i,j} \times (1 - d_{i,j}))}{\sum_{i=1}^T \sum_{j=1}^{E_i}(x_{i,j,a} \times (1 - d_{i,j}))}$ mit $PPI_{T,a} \in [0,1]\ \forall a$
PPI_V (Aktivität)	$PPI_{V,a} = \frac{\sum_i^T \sum_j^{E_i}(x_{i,j,a} \times \lvert ZS_{i,j} - ZG_{i,j} \rvert \times (1 - d_{i,j}))}{\sum_i^T \sum_j^{E_i}((1 - d_{i,j}) \times x_{i,j,a})}$ mit $PPI_{V,a} \in [0, \infty)\ \forall a$
Häufigkeit (Spur)	$Häufigkeit_i = 1 + \sum_{i_2=1}^{T} p_{i,i_2}$ mit $Häufigkeit_i \in \mathbb{N}\ \forall i, i_2 \mid i \neq i_2$
Häufigkeit (Aktivität)	$Häufigkeit_a = \sum_{i=1}^{T} \sum_{j=1}^{E_i}((1 - d_{i,j}) \times x_{i,j,a})$ mit $Häufigkeit_a \in \mathbb{N}\ \forall a$

- T: Anzahl an Spuren
- i: Spur im Ereignislog
- $x_{i,j,a}$: Aktivität ist im Ereignis der Spur enthalten (1) oder nicht (0)
- $d_{i,j}$: Ereignis durch Flattening entstanden (1) oder nicht (0)
- a: Aktivität
- $y_{i,j}$: Das auftragsspezifische Ereignis j einer Spur i wurde zum geplanten Ende fertiggestellt (1) oder nicht (0)
- $ZS_{i,j}$: Endzeit des Ereignisses j in der Spur i
- $ZB_{i,j}$: Startzeit des Ereignisses j in der Spur i
- E_i: Anzahl der Ereignisse der Spur i
- j: Ereignis
- $ZG_{i,j}$: Geplantes Ende des Ereignisses j der Spur i
- p_{i,i_2}: Ob Spur i gleiche Aktivitäten für alle Ereignisse enthält wie eine andere Spur i_2 (1; $x_{i,j,a} = x_{i_2,j,a}\ \forall j, a \mid i \neq i_2$) oder nicht (0)

Abbildung 5-41: Korrekturterme für die PPI und Quantifizierung der Häufigkeit

Für die Termintreue hält die Variable $y_{i,j}$ fest, ob eine Aktivität pünktlich zum geplanten Ende fertiggestellt wurde. Dies wird durch die Bedingung $ZS_{i,j} \leq ZG_{i,j}$ geprüft. Der Term $1-d_{i,j}$ findet ebenfalls Berücksichtigung, um lediglich real durchgeführte Tätigkeiten zu betrachten.

Auch bei der Prozessverzögerung für Aktivitäten werden Ereignisse, die durch Flattening entstanden sind, durch Korrekturterme ausgeschlossen.

Neben den PPI wird zusätzlich die *Häufigkeit* quantifiziert. Die Häufigkeit ist eine in der Praxis verbreitete Größe zur Analyse typischer und atypischer Prozessverhalten. Vor dem Hintergrund der Auftragsabwicklung führt die Häufigkeit in PM-Anwendungen mit dem geglätteten AoEL zu Verfälschungen. Nachfolgend gibt die

Häufigkeit einer Spur an, wie oft eine Aktivitätsreihenfolge für den betrachteten Auftragstyp in der Auftragsabwicklung auftritt. Bspw. gibt eine Häufigkeit von Eins an, dass kein anderer Auftrag dieselbe Aktivitätsreihenfolge durchlaufen hat. Für eine Aktivität beschreibt die Häufigkeit, wie oft eine Aktivität über die betrachteten Aufträge durchgeführt wurde. Künstlich erzeugte Ereignisse werden durch Integration des Korrekturterms $1\text{-}d_{i,j}$ in der Kalkulation der Häufigkeiten nicht berücksichtigt.

5.3 Verwertungsneutrale Visualisierung der Prozessperformance

Die aus der beschriebenen Methode resultierende datenbasierte Beschreibung der Prozessperformance der Auftragsabwicklung wird nun in eine verwertungsneutrale Visualisierung zur Anwendung in einem Web-Tool überführt.[455] Die Entwicklung des verwertungsneutralen Prozessabbildes folgt drei Phasen des *Software-Life-Cycles* als Referenzprozess, der in Abbildung 5-42 dargestellt ist. In der ersten Phase werden zunächst Anforderungen gesammelt. Dabei werden Gestaltungsorientierungen für das zu entwickelnde Prozessabbild aufgeführt und mit der Datenverfügbarkeit des AoEL abgeglichen (vgl. Kapitel 5.3.1). Die Gestaltungsorientierungen resultieren aus Leitlinien traditioneller Modellierungssprachen, aus der Praxis sowie aus der Anwendung potenzieller Nutzer. Anschließend erfolgt die Festlegung der Strukturen der Lösung, bevor die Komponenten detailliert und zusammengefügt werden.[456] Entsprechend werden die Systemelemente Prozessbeschreibung, PPI, Einstellungen sowie übergreifende Elemente spezifiziert (vgl. Kapitel 5.3.2). Zuletzt erfolgt die detaillierte Beschreibung der entwickelten Systemelemente für die aggregierte Visualisierung der Prozessperformance in einem Prozessabbild (vgl. Kapitel 5.3.3).

[455] vgl. Schuh, G./Gützlaff, A./et al. (2020) Data-based description, S. 383 f.

[456] vgl. Renz, B. (2018) Softwaretechnik, S. 2; Ludewig, J./Lichter, H. (2013) Software Engineering, S. 231-234.

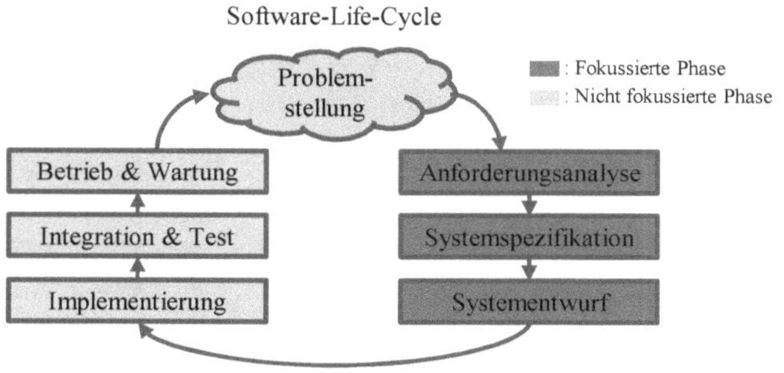

Abbildung 5-42: Referenzprozess des Software-Life-Cycles[457]

5.3.1 Ableitung von Gestaltungsorientierungen für das Prozessabbild

Die Ableitung von Gestaltungsorientierungen für das verwertungsneutrale Prozessabbild ist Kern der Anforderungsanalyse mit dem Ziel, den Gestaltungsrahmen für die Visualisierung zu bilden. Die Orientierungen resultieren aus drei Leitlinien. Als erste Leitlinie werden Darstellungselemente traditioneller Modellierungssprachen als Basisanforderungen betrachtet, da diese in der praktischen Anwendung bereits etabliert sind und folglich eine Ableitung entsprechender Darstellungselemente den inhaltlichen Anforderungen einer hohen Praxistauglichkeit gerecht wird. Als zweite Leitlinie werden allgemeine Gestaltungsempfehlungen aus bestehenden Ansätzen betrachtet. Durch die Berücksichtigung allgemeiner Gestaltungsempfehlungen werden Anforderungen an eine intuitive verwertungsneutrale Visualisierung berücksichtigt und eine Einsetzbarkeit für möglichst viele Nutzer gewährleistet. Als dritte Leitlinie werden anwendungsbezogene Gestaltungsorientierungen aus User-Stories potenzieller Nutzer des Prozessabbildes betrachtet. Um Konflikte durch sich gegenseitig ausschließende Gestaltungsorientierungen zu vermeiden, wird eine Erfüllungsreihenfolge definiert. Demnach werden zunächst die Basisanforderungen, dann die Orientierungen aus der Praxis und abschließend die Orientierungen aus den User-Stories berücksichtigt.

[457] vgl. Renz, B. (2018) Softwaretechnik, S. 2; Ludewig, J./Lichter, H. (2013) Software Engineering, S. 231-234.

Die Gestaltungsorientierungen werden mit der Datenverfügbarkeit des AoEL verglichen. Die verwertungsneutrale Visualisierung der Prozessperformance der Auftragsabwicklung stellt eine Schnittmenge der Gestaltungsorientierungen der Leitlinien und der Datenverfügbarkeit des AoEL dar (vgl. Abbildung 5-43).

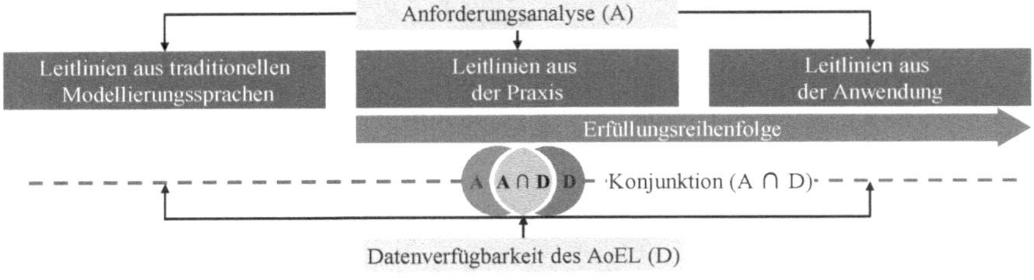

Abbildung 5-43: Abgleich der Gestaltungsorientierungen mit Datenverfügbarkeit

5.3.1.1 Konjunktion mit traditionellen Methoden

Die Leitlinie traditioneller Modellierungssprachen enthält relevante Darstellungselemente in den Kategorien *Prozesselemente*, *Zeit*, *Qualität* und *Prozessbeschreibung*, die auf den traditionellen Modellierungssprachen basieren. Zur Ableitung von Gestaltungsorientierungen sind die Elemente in Abbildung 5-44 dahingehend evaluiert, durch welche traditionellen Modellierungssprachen sie abgebildet werden und ob eine Darstellung mittels des AoEL möglich ist. Dabei wird bewertet, ob die Elemente nicht, implizit oder explizit vorhanden sind bzw. abgebildet werden.

Die Kategorie *Prozesselemente* enthält die Darstellungselemente *Aktivität/Ereignis*, *Wertschöpfungs-* und *Standardisierungsgrad*. Die Prozessaktivitäten bzw. Ereignisse stellen Tätigkeiten der Prozessausführungen dar und werden bspw. durch Knoten oder Stellen (vgl. Kapitel 2.3.3.3) in der Prozessbeschreibung explizit abgebildet. Der Wertschöpfungs- und der Standardisierungsgrad werden in der Modellierungssprache aixperanto explizit beschrieben, erfordern allerdings zusätzliche Datenbedarfe und Prozesswissen für eine datenbasierte Beschreibung.

Die Kategorie *Zeit* beinhaltet die zeitbasierten PPI zur Beschreibung der Prozessperformance der Auftragsabwicklung. Durch Ableitung der erforderlichen Datenbedarfe zur Beschreibung der Prozessperformance und deren Konsolidierung im AoEL werden die Elemente datenbasiert abgebildet. Die Prozesszeit kann mit aixperanto, Wertstromdesign und BPMN explizit aufgenommen werden. Bei ARIS kann die Prozesszeit bei der evidenz- und interviewbasierten Prozessaufnahme zusätzlich integriert werden. Die Beschreibung von Auftragsreaktionszeit, Termintreue und Prozessverzögerung findet in traditionellen Methoden nicht von Grund auf statt, kann in interview-, workshop- oder evidenzbasierten Prozessaufnahmen jedoch zusätzlich berücksichtigt werden und damit fallspezifisch abgebildet werden (vgl. Kapitel 2.2.2).

Darstellungselemente		ARIS	aixperanto	Wertstrom-design	BPMN	Datenbasierte Prozess-performance mittels AoEL
Prozess-elemente	Aktivität/Ereignis	x	x	x	x	x (Prozessbeschreibung)
	Wertschöpfungsgrad	-	x	-	-	-
	Standardisierungsgrad	-	x	-	-	-
Zeit	Prozesszeit	i	x	x	x	x (PPI)
	Auftragsreaktionszeit	i	i	i	i	x (PPI)
	Termintreue	i	i	i	i	x (PPI)
	Prozessverzögerung	i	i	i	i	x (PPI)
Qualität	Prozesszuverlässigkeit	i	i	-	i	x (PPI)
	Rückschleifen	x	x	-	x	x (Prozessbeschreibung)
Prozess-beschreibung	Sequenzfluss	x	x	x	x	x (Prozessbeschreibung)
	Und-/Oder-Verknüpf.	x	x	x	x	i (Prozessbeschreibung)
	Eingang/Ausgang	x	x	i	x	-
	Schwimmbahn	x	x	i	x	i (Prozessbeschreibung)

- : nicht vorhanden i : implizit vorhanden x : explizit vorhanden

Abbildung 5-44: Konjunktion der Datengrundlage mit traditionellen Methoden

Die dritte Kategorie betrachtet mit Prozesszuverlässigkeit und Rückschleifen prozessqualitative Elemente. Die Prozesszuverlässigkeit kann mittels traditionellen Modellierungsmethoden implizit aus den in der Prozessbeschreibung dargestellten Rückschleifen bestimmt werden und ist in der datenbasierten Prozessperformancebeschreibung explizit quantifiziert. Rückschleifen werden in Prozessbeschreibungen expliziert.

Der Sequenzfluss kann in allen Methoden dargestellt werden. Im Kontext der vorliegenden Arbeit stellt die datenbasierte Prozessbeschreibung den Sequenzfluss der Auftragsabwicklung dar. Parallele oder alternative Aktivitäten werden in partizipativen Methoden explizit dargestellt. Bei der datenbasierten Prozessbeschreibung hängt dies vom PM-Verfahren ab (vgl. Abbildung 5-38) und ist damit implizit vorhanden. Ein- und Ausgangsinformationen zur Aktivitätsbearbeitung erfordern bei der datenbasierten Beschreibung mittels PM zusätzliche Daten im AoEL. Die Darstellung der datenbasierten Prozessbeschreibung in Schwimmbahnen hängt von der Konvertierung des entdeckten Prozessmodells ab (vgl. Kapitel 5.2.3.1) und ist damit implizit gegeben.

5.3.1.2 Leitlinien aus der Praxis

Die Beschreibung der Prozessperformance orientiert sich zusätzlich an vierzehn Gestaltungsempfehlungen für Visualisierungen in der Praxis (vgl. Abbildung 5-45).

1.-6.: Pappas und Whitman (2011) Riding the Technology; 7.: Schuh (2013) Lean Innovation; 8.-12.: Stierle et al. (2020) Design Principles for; 13.-14.: Anforderungen aus der Praxis (vgl. Kapitel 3.1)

Abbildung 5-45: Gestaltungsorientierungen aus der Praxis

Der weltweit operierende Analytics-Anbieter SAS Institute *vermeidet Kreisdiagrammen*, da der Platzverbrauch im Verhältnis zum übermittelten Inhalt zu hoch ist, und wählt alternativ Linien-, Balken und Punktdiagramme zur effektiven Visualisierung. Für ein vereinfachtes und nicht ablenkendes Verständnis wird die Performancebeschreibung *ohne Hintergründe* visualisiert. Die *Berücksichtigung der Leserichtung* erlaubt, wichtige Informationen für ein einfaches Verständnis linksseitig zu platzieren. Der *Adressatenbezug* deckt sich mit der Anforderung, die Prozessperformance für strategische und operative Anwender zu beschreiben und ist essenziell, um einen Mehrwert für die Nutzer zu schaffen. Das strategische Prozessabbild bezweckt einen schnellen Überblick über die Prozessperformance, wohingegen eine Visualisierung für operative Anwender tiefergehende Einblicke erlaubt. Interaktive *Datenschnitte*, bspw. die Betrachtung einzelner Prozessspuren, sind für eine effektive Nutzung vorhanden, um die Prozessperformance einzelner Aufträge hervorzuheben. Die Erfassung der Prozessperformance wird durch eine *Zusammengehörigkeit* von informativähnlichen Grafiken in örtlicher Nähe erleichtert.[458]

Die *visuelle Trennung von Prozessen* einzelner Unternehmensbereiche sorgt für eine strukturierte Darstellung der prozessübergreifenden Auftragsabwicklung.[459]

Die Prozessbeschreibung ist *benutzerfreundlich*, indem Aktivitäten durch Rechtecke und Pfade zwischen Aktivitäten als Kanten dargestellt werden. Die benutzerfreundliche Darstellung gleicht damit dem DFG (vgl. Kapitel 2.3.3.3). Die *Ästhetik* der Prozessbeschreibung erhöht die Lesbarkeit und das Verständnis. Zur Erfüllung der Ästhetik werden Kantenübergänge minimiert. Kantenübergange sind Punkte, an denen sich zwei oder mehr Kanten kreuzen. Eine proportionale Anpassung der *Kantenstärken nach Nutzungshäufigkeit* unterstützt die Fokussierung des Anwenders auf das häufigste Prozessverhalten und sorgt für eine visuelle Abgrenzung zu seltenem Prozessverhalten. Die *Lesbarkeit von Texten* (bspw. Namen der Aktivitäten) *und Kennzahlen* an der Prozessbeschreibung, ohne die Prozessbeschreibung vergrößern zu müssen, erleichtert die kognitive Wahrnehmung. Ein hoher Kontrast zwischen Prozessbeschreibung und dem verwendeten Hintergrund sorgt für eine gute *Unterscheidbarkeit* und vereinfacht die Interpretation der Prozessperformance.[460]

Gemäß den Anforderungen aus der Praxis (vgl. Kapitel 3.1) sind zur Beschreibung der Prozessperformance der Auftragsabwicklung *PPI und Prozessmodell* zu visualisieren. Zudem ist ein *verwertungsneutrales Prozessabbild* sicherzustellen. Die gewählte Darstellung darf den Nutzer in der Wertbemessung nicht beeinflussen. Eine verwertungsneutrale Visualisierung bietet eine objektive Entscheidungsgrundlage und erlaubt eine branchenübergreifende Einsetzbarkeit.

5.3.1.3 Leitlinien aus der Anwendung

Die Leitlinien aus der Anwendung wurden methodisch durch User-Stories für die vorliegende Arbeit entwickelt. Eine User-Story stellt einen Anwendungsfall und dessen Ziel aus der Sichtweise des Nutzers dar und besteht aus einem Satz nach dem Muster

---

[458] vgl. Pappas, L./Whitman, L. (2011) Riding the Technology, S. 249-258.

[459] vgl. Schuh, G. (2013) Lean Innovation, S. 152 f.

[460] vgl. Stierle, M./Zilker, S./et al. (2020) Design Principles, S. 8-10.

„Als <Rolle> möchte ich [<Funktion>] um <Nutzen>“[461]. Jede User-Story wird mindestens einem der Epics Prozessbeschreibung, PPI, Übergreifende Visualisierung oder Einstellungen zugeordnet. Ein Epic ist eine User-Story höherer Abstraktionsebene, die in kleinere implementierbare User-Stories spezifiziert wird.[462] Resultat sind 12 User-Stories aus den Perspektiven Geschäftsführung und Mitarbeitenden (vgl. Abbildung 9-1 und Abbildung 9-2 des Anhangs). In Konjunktion mit den verfügbaren Datenbedarfen des AoEL werden zehn User-Stories erfüllt, da viele Anwendungsfälle auf Datenschnitten und geeigneten Visualisierungen basieren. Aufgrund fehlender Kostenfaktoren im AoEL sind Kosten einzelner Prozessaktivitäten nicht abbildbar. Diese lassen sich stattdessen durch Multiplikation der zeitbasierten PPI mit entsprechenden Kostentreibern kalkulieren.[463] Als weitere User-Story ist die Filterung nach Produktgruppen nicht umzusetzen, hierzu muss die Produktgruppe im Ereignislog für jedes Ereignis verfügbar sein.

5.3.2 Spezifikation der Systemelemente des Prozessabbilds

Nachdem die Gestaltungsorientierungen in Kapitel 5.3.1 aufgeführt wurden, erfolgt gemäß dem Software-Life-Cycle die Spezifikation der Systemelemente Prozessbeschreibung (Kapitel 5.3.1.1), Prozessperformanceindikatoren (Kapitel 5.3.1.2) und Einstellungen des Prozessabbildes (Kapitel 5.3.2.3). Ferner werden übergreifende Spezifikationen definiert, die das gesamte Prozessabbild betreffen. Die Systemelemente und übergreifende Spezifikation sind in Abbildung 5-46 links abgebildet.

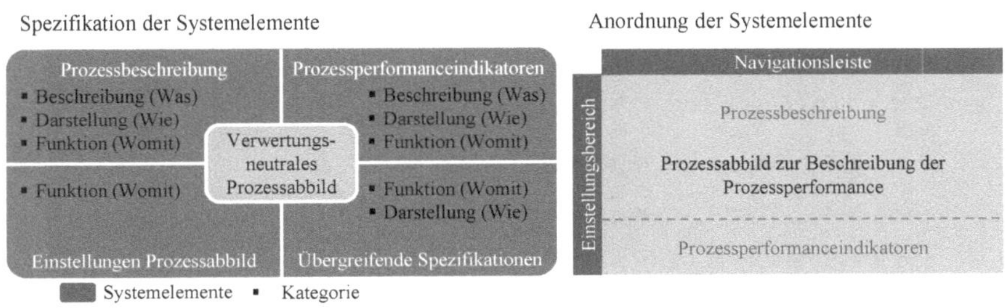

Abbildung 5-46: Spezifikation und Anordnung der Systemelemente

[461] vgl. Pfeffer, J. (2019) Grundlagen der agilen, S. 119.
[462] vgl. Lucassen, G./Dalpiaz, F./et al. (2016) Improving agile requirements, S. 384.
[463] vgl. Schuh, G./Gützlaff, A./et al. (2020) Data-based description, S. 382.

Die Spezifizierung der Systemelemente erfolgt durch Verortung der Gestaltungsempfehlungen in die Kategorien *Beschreibung*, *Darstellung* und *Funktion*. In der Kategorie *Beschreibung* werden Orientierungen zusammengefasst, welche die dargestellten Inhalte betreffen (Was soll beschrieben werden?). Die Kategorie *Darstellung* fasst Gestaltungsorientierungen zusammen, welche sich an die Art der Wiedergabe von Informationen richten (Wie soll es dargestellt werden?). Funktionen, Einstellungsmöglichkeiten sowie weitere Elemente, welche sich der Handhabung von Informationen widmen, werden in der Kategorie *Funktion* zusammenfasst (Womit soll der Inhalt übermittelt werden?). Einige Gestaltungsorientierungen werden mehreren Systemelementen zugeordnet.

Die Systemelemente für das Prozessabbild zur Beschreibung der Prozessperformance sind in Abbildung 5-46 rechts dargestellt. Über eine zusätzliche Navigationsleiste kann zwischen der Projektauswahl, der Datenaufnahme und dem Prozessabbild navigiert werden.

5.3.2.1 Spezifikation der Prozessbeschreibung

Zur Spezifikation der Prozessbeschreibung werden grundlegend die inhaltlichen Anforderungen aus Kapitel 4.1.1 berücksichtigt. Die technisch-operative Auftragsabwicklung mit multiplen Auftragsketten wird illustriert. Aufgrund unterschiedlicher operativer und strategischer Nutzer zeigt die Prozessbeschreibung den Gesamtprozess, den Teilprozess oder einzelne Arbeitsschritte des Auftragsabwicklungsprozesses. Die Prozessbeschreibung beschreibt den Sequenzfluss inklusive Rückschleifen der Auftragsabwicklung, indem die Aktivitäten der Ereignisse und deren Vorgänger-Nachfolger-Beziehungen beschrieben werden. Neben der Prozessabfolge werden weitere Informationen innerhalb des Systemelementes beschrieben. Zu den Informationen gehören die Nutzungshäufigkeiten von Vorgänger-Nachfolger-Beziehungen und Aktivitäten sowie die aktivitätsspezifische Prozesszeit. Ferner ist die Beschreibung einzelner Auftragsspuren möglich.

Die Spezifikation der Darstellung der Prozessbeschreibung fokussiert die Visualisierung der Prozessbeschreibung. In der Prozessbeschreibung werden Teilprozesse verschiedener Unternehmensbereiche der Auftragsabwicklung in Schwimmbahnen dargestellt. Die Prozessbeschreibung wird nach den Empfehlungen Grafiken ohne Hintergründe, Leserichtung, Visuelle Trennung der Unternehmensbereiche, Ästhetik, Lesbarkeit und Unterscheidbarkeit (vgl. Kapitel 5.3.1.2) gestaltet. Die Kantenstärken der Vorgänger-Nachfolger-Beziehungen werden entsprechend der Nutzungshäufigkeit angepasst. Hochfrequentiert genutzte Beziehungen werden dicker und seltene Beziehungen dünner visualisiert. Die Prozessbeschreibung visualisiert für eine benutzerfreundliche Wahrnehmung die Aktivitäten der Ereignisse durch Rechtecke und Vorgänger-Nachfolger-Beziehungen durch Pfeile.

In der Kategorie *Funktion* werden aus den User-Stories die Spezifikationen Filterung und Flexibilisierung der Detaillierungsebene abgeleitet. Eine Filterfunktion erlaubt die Eingrenzung der Prozessbeschreibung hinsichtlich Zeit, Funktionsbereich oder Aufträge. Ein flexibler Wechsel der Detaillierungsebenen ermöglicht einerseits den Auftragsabwicklungsprozess detaillierter, d.h. mit mehr Prozessvarianz, zu beschreiben und andererseits nur einzelne Unternehmensbereiche zu betrachten.

5.3.2.2 Spezifikation der Prozessperformanceindikatoren

Im Systemelement der Prozessperformanceindikatoren werden PPI_{D}, PPI_{R}, PPI_{T}, PPI_{V} und PPI_{Z} durch einzelne Grafiken beschrieben. Die PPI werden entsprechend den inhaltlichen Anforderungen und analog der Prozessbeschreibung verwertungsneutral für die gesamte Auftragsabwicklung, einzelne Spuren oder Aktivitäten dargestellt. Aus den User-Stories resultierend werden die Indikatoren über die Zeit beschrieben, um Veränderungen der Prozessperformance zu Vergangenheitswerten zu analysieren. Durch Datenschnitte wird nur die Prozessperformance einer Schnittmenge an Aufträgen beschrieben.

Anlehnend an die Gestaltungsorientierungen zur Darstellung werden die PPI als Grafiken ohne Hintergründe und als Linien- bzw. Balkendiagramme beieinander visualisiert. Zudem wird darauf geachtet, dass die PPI, ohne das Prozessabbild zu vergrößern, lesbar sind und entsprechend der Leserichtung tituliert werden. Entsprechend der User-Story werden die PPI zusammengefasst auf einer Übersicht dargestellt.

Um die PPI im Zeitverlauf zu quantifizieren, wird eine Filterung nach flexiblen zeitlichen Perioden umgesetzt. Zusätzlich werden die PPI auch nach Aufträgen oder Funktionsbereichen gefiltert. Die Filterung nach Funktionsbereichen adressiert den Anwendungsfall als User-Story, dass Bereichsleiter die Prozessperformance für ihren Bereich autark analysieren wollen. Zusätzlich kann hierdurch eine Priorisierung über zu verbessernde Prozessschritte erfolgen.

5.3.2.3 Einstellungsspezifische und übergreifende Spezifikationen

Aufgrund der Gestaltungsorientierungen der Praxis und Anwendung existiert neben der Beschreibung von Prozess und PPI ein Systemelement für Einstellungen, die das gesamte Prozessabbild betreffen. In den Einstellungen werden Datenschnitte nach Zeitperioden, Aufträgen, Aktivitäten und Unternehmensbereichen vorgenommen. Zudem kann die Auftragsart (bspw. Kundenauftrag, Fertigungsauftrag oder Versandauftrag) ausgewählt werden, aus deren Perspektive die Prozessperformance der Auftragsabwicklung beschrieben wird. Einstellungsmöglichkeiten in der Prozessbeschreibung und den PPI erlauben, die Detaillierungsebene der Prozessperformancebeschreibung zu ändern. So werden für eine allgemeine Abbildung der Prozessperformance der Auftragsabwicklung die Prozessbeschreibung und die PPI aggregiert beschrieben, wohingegen weitere Detaillierungsebenen eine spezifischere Analyse von PPI und Prozessbeschreibung ermöglichen. Bei den Einstellungen des Prozessabbildes werden ferner ebenfalls die Gestaltungsorientierungen für Leserichtung, Zusammengehörigkeit, Lesbarkeit und Verwertungsneutralität beachtet.

Als übergreifende Funktion beruhen die abzubildenden Informationen auf Daten, deren Eingangsdatei der reduzierte AoEL (vgl. Abbildung 5-25) ist. Die Generierung und Komplexitätsreduzierung des AoEL erfolgt anwendungsspezifisch, beispielsweise in MS Excel oder den unternehmensspezifischen Datenbanksystemen, und kann auch im Prozessabbild implementiert werden. Die erforderlichen Attribute zur Beschreibung der Prozessperformance der Auftragsabwicklung werden in einem Reiter *Datenaufnahme* zugewiesen. Zudem wird eine Exportmöglichkeit der generierten Ergebnisse vorgesehen. Dabei wird sichergestellt, dass der Nutzer das Dateiformat für seinen Anwendungsfall spezifisch auswählen kann. Eine übergreifende Projektauswahl gibt Übersicht über die Projekte sowie deren Änderungshistorie.

5.3.3 Aggregierte Beschreibung der Prozessperformance

Aufbauend auf den in vorherigen Kapiteln identifizierten und spezifizierten Systemelementen werden diese in der Phase des Systementwurfs ausgestaltet. Die Visualisierungen der Prozessbeschreibung (vgl. Kapitel 5.3.3.1), der Prozessperformanceindikatoren (vgl. Kapitel 5.3.3.2) sowie die Einstellungen und Konfigurationen des Prozessabbildes (vgl. Kapitel 5.3.3.3) werden detailliert vorgestellt. Abschließend erfolgt die zusammenfassende Vorstellung des Prozessabbildes zur Beschreibung der Prozessperformance der Auftragsabwicklung in Kapitel 5.3.3.4.

5.3.3.1 Visualisierung der Prozessbeschreibung

Zur Darstellung der Prozessbeschreibung wird eine benutzerfreundliche Symbolik in Anlehnung am DFG verwendet. Aktivitäten werden durch hellgraue Kästen mit abgerundeten Ecken beschrieben. Innerhalb der Kästen wird der Name der Aktivität mit ausreichend großer Schrift angegeben, um die Lesbarkeit sicherzustellen. Unterhalb des Namens der Aktivität wird ein aktivitätsspezifischer PPI angegeben, der in den Einstellungen (vgl. Kapitel 5.3.3.3) ausgewählt werden kann (vgl. Abbildung 5-47, links). Vorgänger-Nachfolger-Beziehungen werden durch Pfeile dargestellt (vgl. Abbildung 5-47, rechts). Mittig der Beziehung wird angegeben, wie häufig Aufträge diese Verbindung durchlaufen haben. Zur Visualisierung der frequentiert genutzten Auftragsdurchläufe variiert die Pfeilstärke in Abhängigkeit von der relativen Häufigkeit, gemessen an der Gesamtanzahl an Aufträgen. Durch eckige Kanten der Vorgänger-Nachfolger-Beziehungen und eine Minimierung der Kantenübergänge wird ein einfaches Verständnis der Prozessbeschreibung gewährleistet.

Durch Anwahl der Aktivität oder Beziehung wird ein Auswahlfenster geöffnet, welches in Abbildung 5-47 links für Aktivitäten und rechts für Beziehungen dargestellt ist. Zusätzlich zur ausgewählten Kennzahl wird die Häufigkeit angezeigt und es besteht die Möglichkeit, einen Datenschnitt vorzunehmen, indem die Filter-Schaltfläche ausgewählt wird. Mittels des Datenschnittes werden nur Aufträge im Prozessabbild beschrieben, für welche die Aktivität oder Vorgänger-Nachfolger-Beziehung existiert.

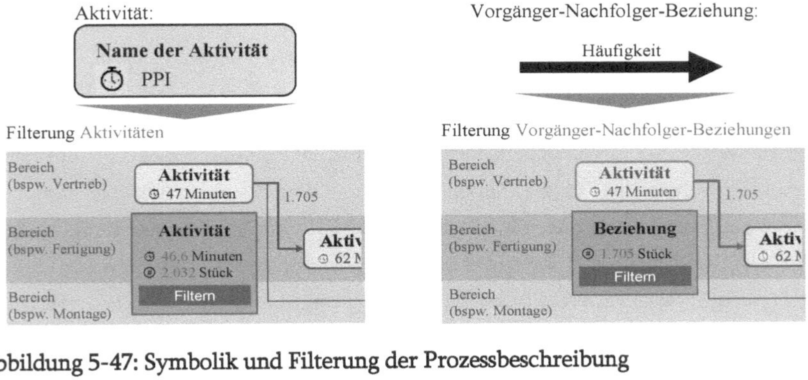

Abbildung 5-47: Symbolik und Filterung der Prozessbeschreibung

Zur visuellen Abgrenzung der Unternehmensbereiche werden in Abhängigkeit der Daten im Attribut *Bereich* des AoEL Schwimmbahnen verwendet und die Prozesse und Aktivitäten den Bereichen zugeordnet. In der Prozessbeschreibung wird zwischen Haupt- und Teilprozess unterschieden. Der Hauptprozess zeigt den übergeordneten Auftragsabwicklungsprozess durch Zusammenfassung aller bereichsspezifischen Aktivitäten in einer Prozessaktivität. Damit wird dem Nutzer schnell ein Überblick über den Auftragsabwicklungsprozess verschafft. In der Teilprozess-Ansicht kann die Varianz der Auftragsspuren über einen Schieberegler für jeden Unternehmensbereich eingestellt werden. Durch Anwahl des Lupen-Symbols wird der Unternehmensbereich alleinig dargestellt. Folglich werden in der Prozessbeschreibung einerseits Haupt- und Teilprozess und andererseits, durch Ändern der Prozessvarianz, auch gelegentlich oder häufig existierende Auftragsabwicklungsprozesse abgebildet. Abbildung 5-48 zeigt dies am Beispiel des Vertriebs. Durch Auswahl des Teilprozesses und der Lupen-Funktion wird der Teilprozess des Vertriebs mit Prozessvarianz abgebildet. Weitere Details werden durch eine Erhöhung der Prozessvarianz über den Schieberegler abgebildet.

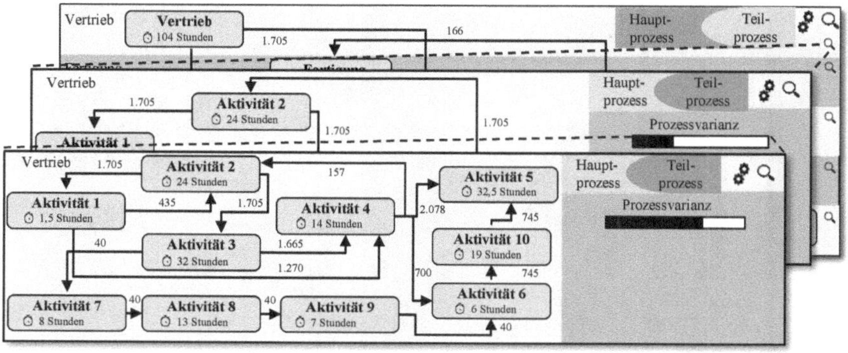

Abbildung 5-48: Detaillierungsebenen eines Bereiches der Auftragsabwicklung

5.3.3.2 Visualisierung der Prozessperformanceindikatoren

Die Beschreibung der PPI erfolgt im Prozessabbild unterhalb der Prozessbeschreibung. Die PPI werden, sofern keine spezifischen Auftragsspuren ausgewählt sind, für die gesamte Auftragsabwicklung über die Zeit dargestellt. Die Zeitperioden werden individuell festgelegt, sodass die PPI gemittelt über die gesamte Zeit angegeben werden, wenn keine Zeitperioden (bspw. Jahr) ausgewählt werden. Die durchschnittliche

Auftragsreaktionszeit wird über die Zeit in einem Säulendiagramm visualisiert. Gleiches gilt für die Prozesszeit. Zur Beschreibung der Termintreue werden die absoluten Häufigkeiten verspäteter und insgesamt abgewickelter Aufträge visualisiert und der prozentuale Anteil an termintreu abgeschlossenen Aufträgen in einem Liniendiagramm mit Datenpunkten angezeigt. Eine vergleichbare Visualisierung beschreibt die Prozesszuverlässigkeit. Die durchschnittliche Prozessverzögerung der Auftragsabwicklung wird als Liniendiagramm über die Zeit dargestellt.

Als weitere Informationen werden die angezeigten Kundenaufträge, die Varianten, die durchschnittliche Prozesszeit sowie die Gesamtanzahl beschriebener Kundenaufträge angezeigt. Die Anzahl beschriebener Kundenaufträge wird, in Relation zu der Gesamtanzahl an Kundenaufträgen im AoEL, in Form eines Ringdiagramms angegeben und ist abhängig von dem vom Nutzer eingestellten Filter. Die Anzahl an Varianten gibt die Variationen der Auftragsabwicklung in der Prozessbeschreibung an. Für eine erhöhte Lesbarkeit und Verständlichkeit werden im Prozessabbild drei PPI nebeneinander dargestellt, wobei die Anordnung der PPI individuell konfiguriert und über Tabs gewechselt werden kann. Zusätzlich ist es möglich, über das Lupen-Symbol alle PPI im Prozessabbild anzuzeigen. Abbildung 5-49 illustriert die PPI als Auszug des Prozessabbildes sowie deren Visualisierungen.

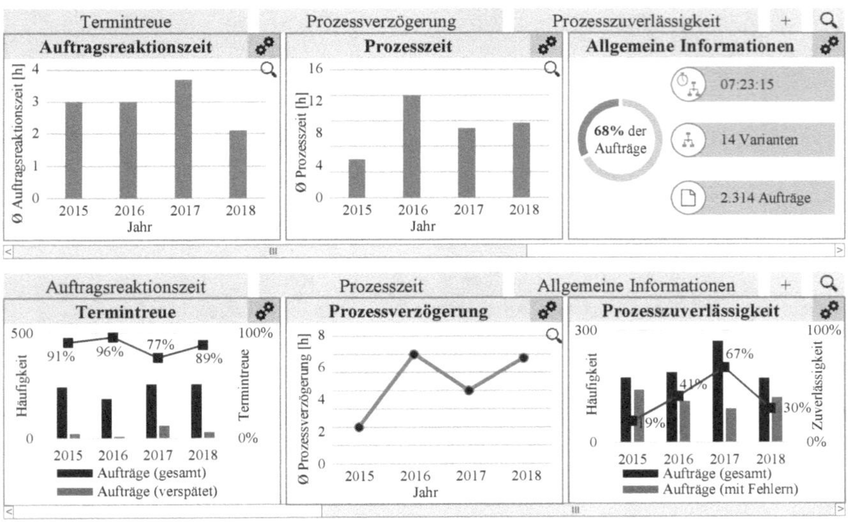

Abbildung 5-49: Visualisierung der PPI als Auszug des Prozessabbildes

5.3.3.3 Einstellungen und Konfigurationen des Prozessabbildes

Durch Anwahl des Einstellung-Icons in der Prozessbeschreibung werden die Einstellungen für die Prozessbeschreibung aufgerufen. Auf der linken Seite des Einstellungsfensters wird die von der Nutzungshäufigkeit abhängige Betonung konfiguriert. Die Betonung häufiger Varianten des Auftragsabwicklungsprozesses kann durch unterschiedliche Pfeilstärken der Vorgänger-Nachfolger-Beziehungen oder durch unterschiedliche Größen der Aktivitäten-Kästen erfolgen. In der Mitte des Einstellungsfensters kann der angezeigte PPI für die Aktivitäten geändert werden. Zusätzlich kann die abgebildete Prozessbeschreibung exportiert werden (vgl. Abbildung 5-50).

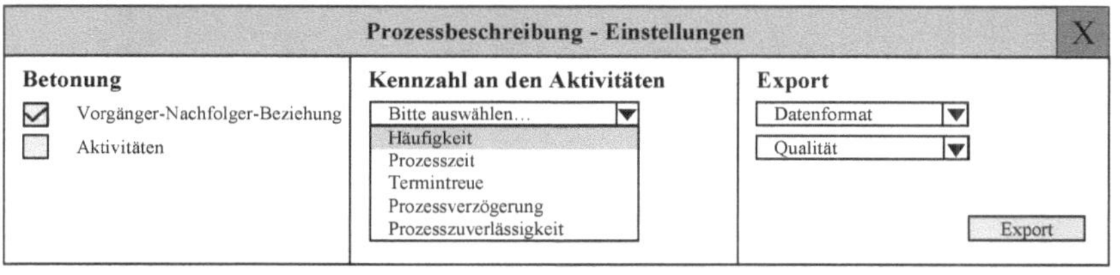

Abbildung 5-50: Einstellungen der Prozessbeschreibung

Die Einstellungen für die PPI werden ebenfalls durch Anwahl des Einstellung-Icons in der jeweiligen Visualisierung aufgerufen. Ein Dialogfenster zeigt das definitorische Verständnis sowie die Berechnungsgrundlagen gemäß Kapitel 5.1.1. Im Einstellungsfenster kann der Diagrammtyp durch den Nutzer angepasst werden sowie der zeitliche Betrachtungsbereich ausgewählt werden. Zudem kann der PPI auch nur für bestimmte Aktivitäten oder Auftragsnummern quantifiziert werden, die mittels eines Drop-Down-Menüs ausgewählt werden. Auf der rechten Seite der Einstellungen wird die Ordinatenachse durch Angabe von Minimum, Maximum und Intervallbreite konfiguriert (vgl. Abbildung 5-51).

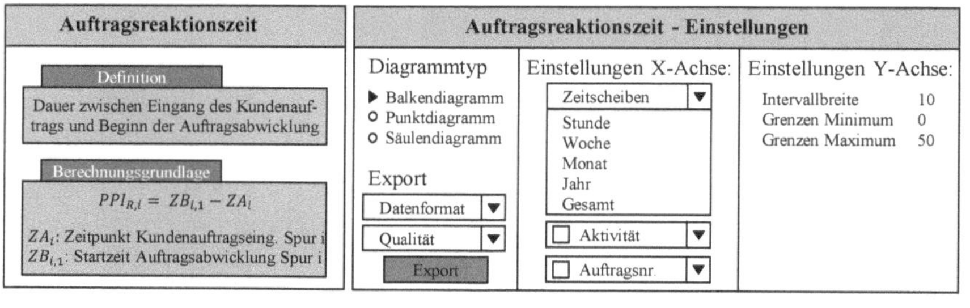

Abbildung 5-51: Einstellung der PPI am Beispiel der Auftragsreaktionszeit

Abbildung 5-52 zeigt den übergeordneten Einstellungsbereich, welcher stets linksseitig des Prozessabbildes angezeigt und ausgeblendet werden kann. In dem Einstellungsbereich kann nach Zeitraum, Aufträgen und Aktivtäten gefiltert werden und auf die gesamte Beschreibung der Prozessperformance angewendet werden. Der Zeitraum lässt sich abhängig vom AoEL über zwei Schieberegler einstellen. Zudem werden explizite Kundenaufträge ausgewählt, um den Auftragsabwicklungsprozess nur für die ausgewählten Kundenaufträge zu beschreiben. Bei zusätzlich verfügbaren Daten der Produktfamilien und -gruppen je Ereignis im AoEL kann durch Angabe expliziter Produkthierarchien die Prozessperformance von Aufträgen explizit ausgewählter Produktgruppen oder -familien beschrieben werden. Darüber hinaus wird durch Auswahl des Auftragstyps angegeben, aus welcher Perspektive einer Auftragsart die Prozessperformance des Auftragsabwicklungsprozesses beschrieben wird (vgl. Abbildung 5-52).

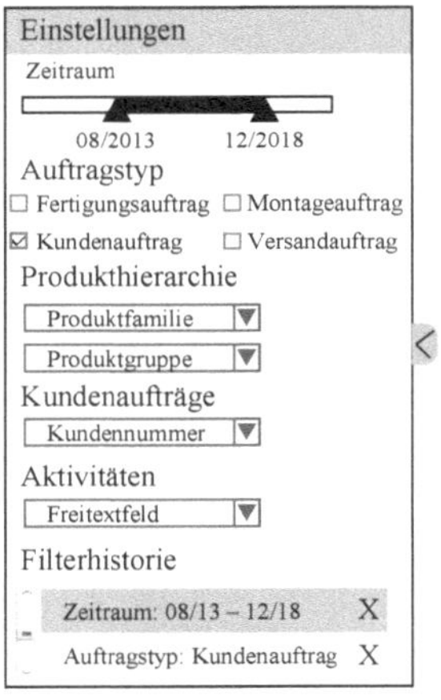

Abbildung 5-52: Übergreifende Einstellungen des Prozessabbildes

Neben dem Prozessabbild befinden sich die übergreifenden Systemelemente *Projektauswahl* und *Datenaufnahme*. In der Projektauswahl werden neue Projekte erstellt oder bestehende Projekte für das Prozessabbild ausgewählt. Kürzlich erstellte Projekte werden im Verlauf angezeigt, häufig genutzte Projekte werden als Favoriten hinzugefügt. Der Reiter *Unternehmen* ermöglicht, Rollen und Rechte für Projekte zu verwalten, auf die unternehmensweit mehrere Mitarbeitende Zugriff haben.

Die Datenaufnahme ist in Abbildung 5-53 dargestellt und zeigt den AoEL, der mit dem ausgewählten Projekt verknüpft ist. Durch Auswahl eines Attributes wird dieses markiert und kann konfiguriert werden, sodass die erforderlichen Attribute (Aktivität, OT, Startzeitstempel usw.) des Minimum Viable Dataset zugewiesen werden. Durch Anwahl einer Zeile kann die angewählte Zeile gelöscht werden.

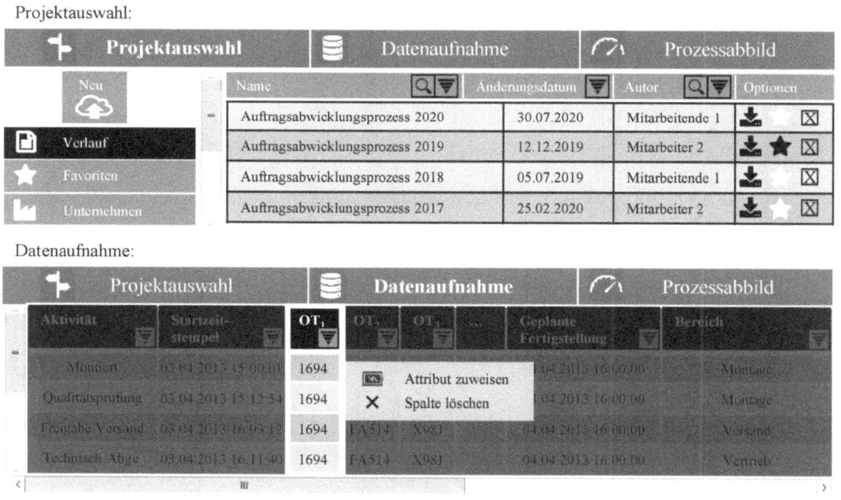

Abbildung 5-53: Projektauswahl und Datenaufnahme

5.3.3.4 Prozessabbild zur Beschreibung der Prozessperformance

Nach dem entwickelten Grobentwurf und der Detaillierung des Prozessabbildes werden die entwickelte Prozessbeschreibung, die PPI-Darstellung und die Einstellungen in Abbildung 5-54 zum Prozessabbild der Prozessperformance der Auftragsabwicklung zusammengeführt. Das Prozessabbild hat die Anordnungsstruktur der Systemelemente aus Abbildung 5-46. Die innerhalb der Systemelemente beschriebenen Funktionen erhalten im Prozessabbild ihre Gültigkeit.

Der Reiter Projektauswahl und Datenaufnahme wurde in Kapitel 5.3.3.3 erklärt. Projektauswahl und Datenaufnahme sind untereinander und mit dem Prozessabbild verknüpft, sodass Änderungen in der Projektauswahl oder Datenaufnahme das Prozessabbild aktualisieren. Die Anwahl der Lupen-Funktion in der Prozessbeschreibung und in den PPI ermöglicht, das jeweilige Systemelement im Vollbildmodus zu analysieren (vgl. Abbildung 5-55). Nach Konfiguration des Prozessabbildes kann der Einstellungsbereich über eine Schaltfläche ausgeblendet werden, um das Prozessabbild vergrößert zu visualisieren (vgl. Abbildung 5-56).

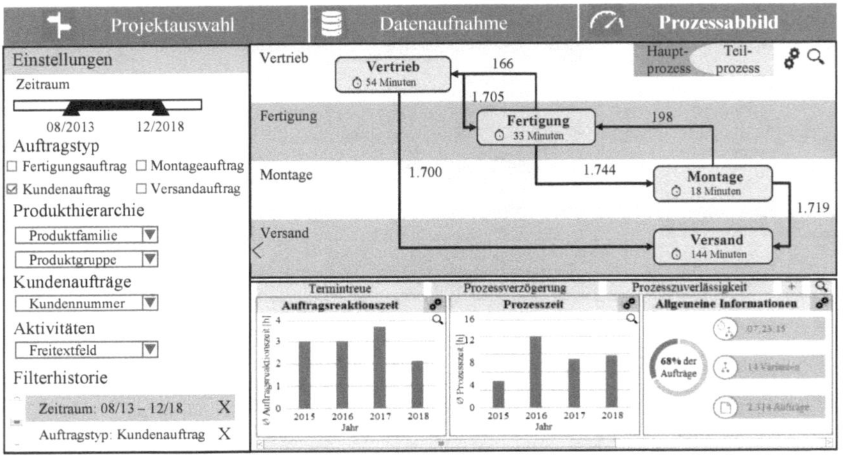

Abbildung 5-54: Prozessabbild der Prozessperformance der Auftragsabwicklung

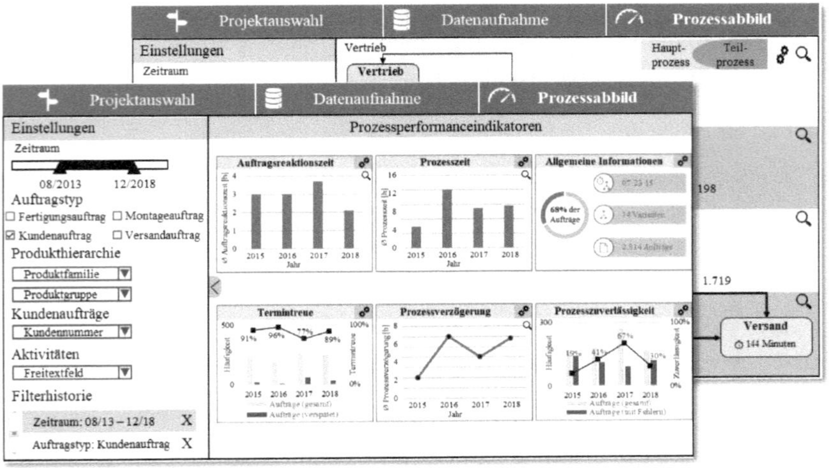

Abbildung 5-55: Vollbildmodus für Prozessbeschreibung und PPI

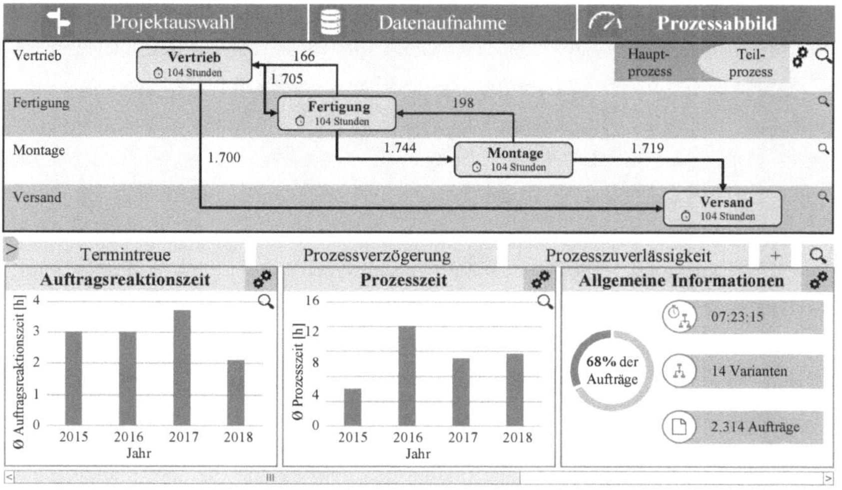

Abbildung 5-56: Prozessabbild der Auftragsabwicklung ohne Einstellungen

5.4 Zwischenfazit: Detailkonzept zur Beschreibung der Prozessperformance

In Kapitel 5 wurde das entwickelte Grobkonzept zur datenbasierten Beschreibung der Prozessperformance der Auftragsabwicklung ausdetailliert. Dazu wurden zunächst in Kapitel 5.1 die Informations- und Datenbedarfe für die identifizierten PPI sowie für die Prozessbeschreibung strukturiert abgeleitet. Die Informationsbedarfe für die Prozessbeschreibung sind dabei jene grundlegenden Informationen, die zur Charakterisierung des Auftragsabwicklungsprozesses, für die Betrachtung unterschiedlicher Auftragsarten und zur Anwendung von Process Mining essenziell sind. Die identifizierten Datenbedarfe für die Prozessperformancebeschreibung wurden in Kapitel 5.1.3 in ein Datenmodell überführt. Im Anschluss an das Eingangsmodul wurde das Vorgehensmodul detailliert, um basierend auf extrahierten Daten die Prozessperformance zu beschreiben. Zu Beginn werden die Ereignislogs der Teilprozesse zu einem oEL konsolidiert, der als Minimum Viable Dataset alle erforderlichen Datenattribute enthält. Da in unterschiedlichen Teilprozessen ggf. verschiedene Zeitpunkte der Aktivitäten in unterschiedlichen Formaten zurückgemeldet werden, wird der oEL von Inhomogenität bereinigt. Anschließend findet über eine Relationstabelle eine Anreicherung des oEL zum AoEl statt, sodass der Auftragsabwicklungsprozess über alle Teilprozesse hinweg für eine Auftragsart beschrieben werden kann. Im Anschluss an die Datenvorbereitung wird in Kapitel 5.2.2 die Prozessperformancebeschreibung in zwei Strukturierungspfade aufgeteilt. Dadurch kann die Prozessperformance der Auftragsabwicklung für jede Auftragsart mittels Process Mining ohne eine Verfälschung der Prozessrealität beschrieben werden. Dabei wird das Prinzip der kleinsten Verrechnungseinheit eingeführt. Die kleinste Verrechnungseinheit ist die Prozessinstanz, auf die sich alle anderen Prozessinstanzen bijektiv abbilden lassen. Darauf aufbauend wurde in Kapitel 5.2.3 die Vorgehensweise zur datenbasierten Beschreibung der Prozessperformance separiert. Demnach wird die Prozessbeschreibung stets mittels Flattening für die kleinste Verrechnungseinheit erstellt, wobei jene Aufträge der kleinsten Verrechnungseinheit betrachtet werden, die zu der für die Prozessperformancebeschreibung ausgewählten Auftragsart kongruent sind. Um die aus dem Vorgehensmodul resultierenden Ergebnisse in einem verwertungsneutralen Prozessabbild zu visualisieren, wurde in Kapitel 5.3 eine Visualisierung gestaltet. In Anlehnung an einen Referenzprozess zur Softwareentwicklung wurden Gestaltungsorientierungen für das Prozessabbild aus der Praxis, Anwendung und traditionellen Modellierungssprachen abgeleitet und Systemelemente für die Visualisierung spezifiziert. Die gestalteten Systemelemente für Prozessbeschreibung, PPI, Einstellungen sowie Projektauswahl und Datenaufnahmen wurden als Resultat des Ergebnismoduls detailliert vorgestellt und visualisiert. Die Methodik adressiert damit die inhaltlichen Anforderungen aus Theorie und Praxis gemäß Kapitel 4.1 sowie die Lösungshypothesen aus Kapitel 4.2 und stellt einen Ansatz dar, um die Prozessperformance der Auftragsabwicklung mittels Process Mining objektiv und aufwandsgerecht zu beschreiben.

Die entwickelte Methodik soll in Kapitel 6 operationalisiert werden und anhand zweier Fallbeispiele angewendet werden.

6 Anwendung und kritische Reflexion

Nachdem die Methodik zur datenbasierten Beschreibung der Prozessperformance der Auftragsabwicklung konzeptioniert und detailliert wurde, wird diese zunächst in Kapitel 6.1 prototypisch zur Anwendung in der Praxis implementiert und anschließend anhand von Datensätzen der Auftragsabwicklung der Maschinenbau GmbH (vgl. Kapitel 6.2) und Fahrzeug GmbH (vgl. Kapitel 6.3) angewendet und validiert. Abschließend erfolgt in Kapitel 6.4 eine kritische Reflexion der aus der praktischen Anwendung gewonnenen Erkenntnisse.

6.1 Prototypische Anwendung der Methodik in der Praxis

Zur Operationalisierung der Methodik wird diese prototypisch mittels Software umgesetzt. Fokus der prototypischen Umsetzung liegt auf dem Vorgehensmodul als funktionaler Teil für zukünftige datenbasierte Anwendungen zur Beschreibung der Prozessperformance der Auftragsabwicklung. Der Schwerpunkt innerhalb des Vorgehensmoduls liegt auf der Konsolidierung, der Erstellung des AoEL sowie der Strukturierung und Beschreibung des Prozesses und PPI, da das Softwaretool hier den größten Nutzen stiftet. Zur Adressierung der Anforderungen der Praxistauglichkeit wurden die Komponenten des Vorgehensmoduls in der Erweiterung (engl.: Extension) *RapidProM* der Software *RapidMiner Studio* umgesetzt. RapidProM umfasst die Kernfunktionalitäten von *ProM*, einem Open-Source Tool zur Durchführung von PM-Analysen, welches dem Stand der Wissenschaft im PM-Kontext entspricht.[464] Zusätzlich unterstützt RapidProM die Erstellung und Ausführung von analytischen Workflows, d.h. die Verkettung von mehreren Operatoren. Der regelmäßige Export von Zwischenergebnissen des Workflows sichert zusätzliche Praxistauglichkeit, um einfach durchzuführende Operationalisierungen in *Microsoft Excel* umzusetzen oder einzusehen. Microsoft Excel hat den Vorteil unternehmensweiter Etablierung und ist

[464] vgl. van der Aalst, W. (2016) Process mining, S. 331.

eine bekannte softwaretechnische Umsetzung für datenanalytische Auswertungen. Darüber hinaus erlaubt Excel durch Hineinkopieren von Datenexporten die einfache Integration von Daten verschiedener Informationssysteme und ist durch eine hohe Transparenz der Berechnungslogik charakterisiert.

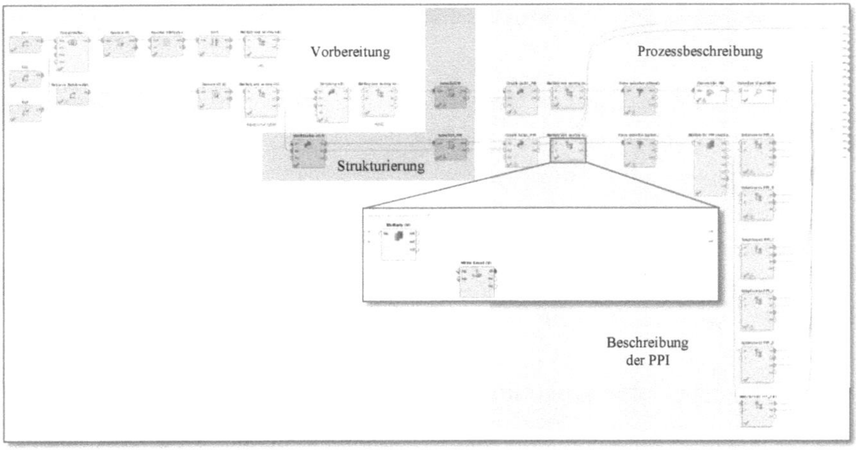

Abbildung 6-1: Umsetzung im RapidMiner Studio

Ein Gesamtüberblick der prototypischen Umsetzung ist in Abbildung 6-1 gegeben. Als Beispiel für einen Subprozess zeigt die Abbildung zusätzlich den Subprozess zur Vervielfachung und Speicherung des $AoEL_{PPI}$. Nachfolgend werden die farblich hervorgehobenen Phasen des Vorgehensmoduls, d.h. Vorbereitung, Strukturierung, Prozessbeschreibung und Quantifizierung der PPI, beschrieben. Die Ergebnisse des Vorgehensmoduls werden anschließend im RapidMiner Studio ausgegeben bzw. in ein Demonstrationsmodell des verwertungsneutralen Prozessabbildes konvertiert.

6.1.1 Vorbereitung und Strukturierung der Prozessperformance

Im ersten Teil des Workflows werden entsprechend der Methodik Datenvorbereitungen zur prozessübergreifenden Beschreibung der Prozessperformance vorgenommen. Hierzu werden zu Beginn die bereichsspezifischen Ereignislogs des Auftragsabwicklungsprozesses sowie die Relationstabelle im xlsx- oder csv-Format in den Datenspeicher der Softwareumgebung geladen und Zeitstempel als *date time* Datentyp sowie alle weiteren Attribute als *polynomial* formatiert. Über Retrieve-Operatoren wird zu Beginn des Workflows auf die Datensätze zugegriffen. Die Konsolidierung (engl.: Consolidation) der Ereignislogs erfolgt über einen *Append (Superset)-Operator*, indem eine Vereinigung der Attribute vorgenommen wird. Ergebnis der Konsolidierung ist der oEL, in dem alle Ereignisse der bereichsspezifischen Ereignislogs enthalten sind. Mit dem Rename-Operator *Declare OT* wird die Semantik der Datenattribute festgelegt und die Attribute generisch benannt, um den Workflow unabhängig von der unternehmensspezifischen Namensgebung anzuwenden. Anschließend wird der oEL durch Anordnung der Attribute gemäß Abbildung 5-17 erstellt und in einen Subprozess des Workflows zur Einsicht oder weiteren Verarbeitung exportiert.

Analog der Ereignislogs wird die Relationstabelle über einen Retrieve-Operator geladen sowie die anwendungsspezifischen Objekttypen über einen Rename-Operator generisch benannt und für die weitere Bearbeitung zum Export vervielfältigt.

Im nächsten Schritt des Workflows werden fehlende Objekte der Objekttypen über den Execute Python-Operator *Enriching oEL* im oEL ergänzt. Der Python-Operator ermöglicht die Verwendung von selbstgeschriebenen Python-Skripten und wird daher an verschiedenen Stellen des Vorgehensmoduls zur Individualisierung der Funktionen der Operatoren eingesetzt. An dieser Stelle wurde das Vorgehen angelehnt am Ablaufdiagramm in Abbildung 5-23 für bis zu drei OT implementiert, wobei die Programmierung flexibel für weitere OT erweitert werden kann. Der Operator erfordert als Input den oEL sowie die Relationstabelle, welche die Relationen der Objekttypen zur Anreicherung des oEL enthält. Ergebnis des Operators *Enriching oEL* ist der AoEL, welcher die Abbildung vollständiger Spuren der Auftragsabwicklung bei Betrachtung eines OT als durchgängige Prozessinstanz erlaubt. Der AoEL kann anschließend zur Bearbeitung in Microsoft Excel exportiert werden.

Zur Strukturierung der Beschreibung der Prozessperformance mittels kleinster Verrechnungseinheit wird die Bestimmung des Näherungswertes klVE im Python-Operator *Identification klVE* operationalisiert, der als Eingangsdatei die generisch benannte Relationstabelle erhält. Der Operator generiert zwei Ergebnistabellen. In einer ersten Tabelle werden die Auftrittshäufigkeiten der Objekte je Objekttyp aufgelistet. Die Tabelle kann bei Bedarf exportiert werden, soll jedoch primär der Nachvollziehbarkeit der zweiten Tabelle, welche die Werte für Mächtigkeit ($|OT_i|$) und klVE (vgl. Kapitel 5.2.2.2) angibt, dienen. Ist der klVE-Wert größer Eins, kann in der Tabelle der

Auftrittshäufigkeit eingesehen werden, welche Objekte ursächlich für mögliche Scheinkausalitäten sind. Darauf aufbauend kann der Nutzer bspw. entscheiden, die Ereignislogs zu bereinigen. Basierend auf der Entscheidungsunterstützung des Operators werden anschließend in den beiden Rename-Operatoren *Select klVE* und *Select OT_PPI*, welche beide den AoEL als Eingangsdatei erhalten, die Prozessinstanzen zur Prozessbeschreibung und zur Kalkulation der PPI ausgewählt. Folglich kann die Prozessperformance der Auftragsabwicklung bspw. aus der Perspektive der Kundenaufträge beschrieben werden, obwohl die Auftragsart nicht klVE ist. In diesem Falle wird der OT des Kundenauftrags als OT_{PPI} ausgewählt und ein separater OT (bspw. Fertigungsauftrag) als klVE bestimmt. Dadurch wird Divergenz durch Flattening vermieden, die Prozessbeschreibung frei von Scheinkausalität mittels klVE erstellt und zugehörige PPI aus der Perspektive des Kundenauftrags separat kalkuliert.

6.1.2 Prozessbeschreibung und Prozessperformanceindikatoren

Die Strukturierungspfade separieren die Beschreibung der Prozessperformance der Auftragsabwicklung nach Prozessbeschreibung und Quantifizierung der PPI, abhängig von der ausgewählten Prozessinstanz. Eingangsgröße zur Prozessbeschreibung ist der AoEL mit einem zuvor festgelegten OT als klVE. Ziel des anschließenden Execute Python-Operator *Create AoEL_PM* ist es, den Ereignislog zur Anwendung praxistauglicher PM-Verfahren in Richtung der klVE zu glätten, wozu der Ablauf gemäß Abbildung 5-35 im Programmiercode umgesetzt wurde. Ergebnis des Operators ist der $AoEL_{PM}$. Nach Erstellung des $AoEL_{PM}$ kann dieser optional über einen eingefügten Subprozess zur Einsicht und etwaigen Bearbeitung in Microsoft Excel exportiert werden. Der verwendete Multiply-Operator leitet einerseits den $AoEL_{PM}$ unverändert an den übergeordneten Workflow weiter und generiert andererseits ein Duplikat zur Exportierung mittels eines Write Excel-Operators. Anschließend kann der Anwender über den Filter-Operator *Trace selection* einzelne Objekte für die Prozessbeschreibung auswählen, wobei voreingestellt keine Filterung vorgenommen wird. Zur Filterung wird der Parameter *condition class* auf *custom_filter* gesetzt und Objekte über die Funktion *Add Filters* gefiltert. Um den Anforderungen an die Praxistauglichkeit gerecht zu werden, wird der $AoEL_{PM}$ über einen Konvertierungsoperator in das XES-Dateiformat konvertiert und mittels des *Inductive Visual Miner-Operators* das Inductive-Miner-Verfahren (vgl. Kapitel 2.3.3.3) zur Prozessbeschreibung angewendet. Die resultierende Prozessbeschreibung kann über die Parameter *activities* und *path* modifiziert werden, um niederfrequente Aktivitäten und Spuren herauszufiltern. Dabei bedeutet ein Parameterwert von Eins, dass keine Filterung vorgenommen wird.

Zur Bestimmung der PPI erfolgt der Workflow zunächst vergleichbar dem Strukturpfad der Prozessbeschreibung. Eingangsdatei ist der AoEL mit einem zuvor festgelegten OT_{PPI}. Nachfolgend wird der $AoEL_{PPI}$ durch den programmierten Python-Operator *Create AoEL_PPI* erstellt, wodurch die Berechnung der PPI der Auftragsabwicklung (vgl. Kapitel 5.1) für den gesamten Auftragsabwicklungsprozess auf den Ebenen Prozess, Spur und Aktivität ermöglicht wird. Der generierte $AoEL_{PPI}$ wird optional über den Subprozess *Multiply and saving AoEL_PPI* exportiert und über den Filter-Operator *Trace selection* hinsichtlich spezifischer Objekte gefiltert. Ein frühzeitiges Filtern im Workflow kann aufgrund unterschiedlich gewählter OT im $AoEL_{PM}$ und $AoEL_{PPI}$ verfälschte Auswirkungen auf die Prozessperformancebeschreibung haben (vgl. Kapitel 5.2.3.1), weshalb eine Filterung separat für die PPI erfolgt. Beide Filter werden gleichgesetzt. Zur Kalkulation der PPI wurde jeweils ein Subprozess erzeugt, welcher die Operatoren zur Quantifizierung und Exportierung der PPI enthält. Beispielhaft wird der Workflow zur Bestimmung von PPI_D erläutert, welcher in Abbildung 6-2 dargestellt ist und für PPI_R, PPI_T, PPI_V und PPI_Z vergleichbar erfolgt.

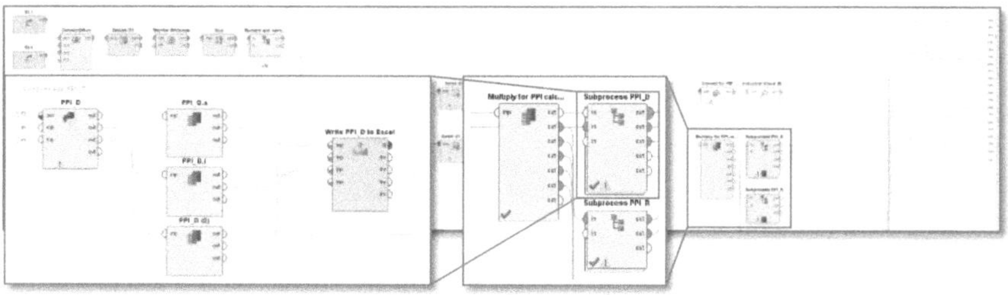

Abbildung 6-2: Subprozess zur Quantifizierung der Prozesszeit

Die Berechnung des Indikators erfolgt über den Python-Operator *PPI_D* gemäß den Berechnungsvorschriften aus Abbildung 5-2 und Abbildung 5-41. Während die Bestimmung der Prozesszeit auf Ebene der Auftragsabwicklung (PPI_D) und Spur ($PPI_{D,i}$) auf Grundlage des $AoEL_{PPI}$ erfolgt, wird zur Bestimmung der Prozesszeit auf Aktivität-Ebene das Attribut *Flattening Y/N* zur Korrektur vervielfältigter Ereignisse verwendet. Ergebnis des Operators sind die drei Datentabellen *PPI_D* (Prozess-Ebene), *$PPI_{D,i}$*

(Spur-Ebene) und $PPI_{D,a}$ (Aktivität-Ebene). Da die Prozesszeit in Abhängigkeit des Anwendungsfalls und der Unternehmensbranche von mehreren Tagen bis zu wenigen Minuten dauern kann, werden die Indikatoren in den Einheiten Minuten, Stunden und Tagen ausgegeben. Die Ergebnisse werden einerseits als Output des Workflows ausgegeben und andererseits zur Einsicht und weiteren Bearbeitung in Microsoft Excel exportiert. In Abhängigkeit der implementierten Visualisierung des verwertungsneutralen Prozessabbildes (bspw. als Web-Tool) kann der generierte $AoEL_{PPI}$ direkt exportiert werden und Kalkulationen sowie Quantifizierungen in Microsoft Excel erfolgen. Für die nachfolgenden prototypischen Anwendungen in der industriellen Praxis wurde die Prozessperformance der Auftragsabwicklung im RapidMiner Studio und in Microsoft Excel datenbasiert beschrieben und anschließend im Demonstrationsmodell basierend auf Microsoft PowerPoint visualisiert.

6.2 Anwendung der Methodik am Fallbeispiel der Maschinenbau GmbH

Basierend auf dem im Rapid Miner Studio implementierten Workflow erfolgt die Anwendung der Methodik am Fallbeispiel der Maschinenbau GmbH. Der Schwerpunkt des Fallbeispiels liegt in der Validierung der Datenbedarfe im Eingangsmodul sowie auf der datenbasierten Beschreibung der Prozessperformance durch das Vorgehensmodul. Die Ergebnisse werden abschließend verwertungsneutral im entwickelten Prozessabbild des Ergebnismoduls dargestellt. Aus Gründen der Geheimhaltung sind Unternehmensname, alle verwendeten Daten und Ergebnisinterpretationen rekonstruiert und verfälscht worden, um keinerlei Rückschlüsse auf das reale Unternehmen und die tatsächliche Prozessperformance zu ermöglichen. Insgesamt wurde jedoch darauf geachtet, dass der Aussagegehalt des Fallbeispiels nicht beeinträchtigt wird, da entscheidende Relationen und Eigenschaften der Daten zur Validität des Fallbeispiels bestehen bleiben.

6.2.1 Eingangsmodul

Die Maschinenbau GmbH ist ein mittelständisches Unternehmen und fertigt mit rund 250 Mitarbeitern an zwei Standorten Bauteile zur Aufrechterhaltung der Energieversorgung. Das Marktumfeld der Maschinenbau GmbH ist sowohl ein Business-to-Business-Markt (kurz: B2B-Markt), d.h. die Produktion erfolgt für andere Großunternehmen, als auch ein Business-to-Customer-Markt (kurz: B2C-Markt), wonach Produkte direkt an den Endkunden verkauft werden. Das Produktportfolio umfasst 113 Produktgruppen, die in einer Variantenfertigung auf Kundenbestellung produziert werden. Die Kundenaufträge haben zwischen 1 und 7 Artikelpositionen unterschiedlicher Produktgruppen und eine Losgröße zwischen 1 und 500 Stück je Position.

Das Fallbeispiel befasst sich mit der Auftragsabwicklung von Kundenaufträgen für Produktgruppen, die an einem Standort in vier unterschiedlichen Montagebereichen produziert werden. Nach Eingang des Kundenauftrags erfolgt die Erfassung des Kundenauftrags im ERP-System sowie eine Angebotsprüfung und Rechnungserstellung. Anschließend wird der Kundenauftrag durch Erstellung von Fertigungsaufträgen für die montagebereichsbezogenen Auftragspositionen zur Montage freigegeben. Die Montage erfolgt im Fließprinzip und bedient sich aus Vorbaugruppen, welche zuvor durch die Fertigung kundenanonym vorgefertigt wurden. Nach der Fertigstellung der Fertigungsaufträge erfolgt die Erstellung der Lieferscheine, eine Änderungsüberprüfung am Warenausgang und die Ware wird versendet. An der Auftragsabwicklung sind die Unternehmensbereiche Vertriebsinnendienst, Montage und Versand beteiligt.

Die Ereignisse des Vertriebsinnendienstes und des Versands werden im ERP-System *APplus* zurückgeschrieben. Die Ereignisse im ERP-System haben definierte Status, welche durch Mitarbeitende im Vertriebsinnendienst und Versand in der Auftragsbearbeitung gesetzt werden. Aus den Datentabellen des ERP-System sind die Datenattribute Aktivität, Startzeitstempel, Kundenauftragsnummer, geplante Fertigstellung als anvisierter Liefertermin sowie der Zeitpunkt des auftragsbezogenen ersten Kundenkontaktes als Zeitpunkt des Auftragseingangs im Log enthalten. Da der geplante Fertigstellungstermin des Kundenauftrags das geplantes Ende beschreibt, werden im Fallbeispiel keine Planabweichungen der Aktivitäten betrachtet. Ferner werden Kundenkontakte, deren Bestellung nicht in Aufträge resultierten, nicht betrachtet. Für die Zuordnung der Ereignisse zu den an der Auftragsabwicklung beteiligten Unternehmensbereichen wird das Datenattribut *Area* manuell in den Ereignislogs ergänzt. Die Montageereignisse werden durch eine entwickelte Digitalisierungslösung an definierten Stellen im Montageprozess aufgenommen, indem Eingangssignale aus den Montagesystemen mittels Rasberry PI über eine MySQL-Datenbank in einen Ereignislog geschrieben werden. Als Datenattribute werden der Name des Montagesystems (d.h. Aktivität), die über einen Barcode eingelesene Fertigungs- und Kundenauftragsnummer sowie Start- und Endzeitstempel zurückgeschrieben. Geplante Fertigstellungen sowie Zeitpunkte der Kundenauftragseingänge werden aus dem ERP-System übernommen. Die Relationstabelle wird durch Export der Datentabellen für Kundenaufträge, Kundenauftragspositionen und Lieferscheine aus dem ERP-System in Microsoft Excel erstellt.

Der im Fallbeispiel betrachtete Ereignislog des Vertriebs enthält 22 Kundenaufträge und 68 Ereignisse sowie die Datenattribute Aktivität zur Angabe des Status des Auftrags, Auftragsnummer, Startzeitstempel, Zeitpunkt des Kundenauftragseingangs und das geplante Ende des Kundenauftrags. Der OT des Kundenauftrags ist die Auftragsnummer. Der Ereignislog des Versands enthält selbige Datenattribute wie der Log des Vertriebs, besitzt jedoch zusätzlich die Versandnummer als zugehöriger OT. Der versandbezogene Log enthält 47 Versandnummern und 93 Ereignisse. Der Ereignislog aus der Montage besteht aus 63 Fertigungsaufträgen und 187 Ereignissen. Der montagespezifische Log enthält die zurückgemeldete Aktivität, die Fertigungsauftragsnummer, die Kundenauftragsnummer, die Startzeitstempel sowie Endzeitstempel. Zusätzlich wurden aus dem ERP-System je Kundenauftragsnummer der geplante Fertigstellungstermin sowie der Zeitpunkt des Kundenauftragseingangs ergänzt. Der OT der Montageprozesse ist der Fertigungsauftrag. Durch das kundenseitige Bestellverhalten stehen die OT gemäß Kapitel 2.3.4.1 in 1:1-, 1:n- oder n:m-Beziehungen. Für die Maschinenbau GmbH wird die Prozessperformance aus Sicht der Kundenaufträge beschrieben. Die Kundenaufträge sind eine kleine Stichprobe der Auftragsabwicklung, was aber die Validität der Methodik nicht beeinträchtigt.

6.2.2 Vorgehensmodul

Die Beschreibung der Prozessperformance der Auftragsabwicklung findet anhand des in Kapitel 4.3.2 konzipierten und in Kapitel 5.2 ausdetaillierten Vorgehensmoduls statt. Die bereinigten Ereignislogs von Vertrieb, Montage und Versand werden zu einem oEL konsolidiert. Die Kundenauftragsnummer wurde als OT_1, der Fertigungsauftrag als OT_2 sowie die Versandnummer als OT_3 deklariert. Die Datenattribute und erste Ereignisse der Logs sowie der resultierende oEL sind in Abbildung 6-3 ersichtlich. Aufgrund der unterschiedlichen Informationssysteme sind die Zeitstempel von Montage und Vertrieb bzw. Versand verschieden formatiert. Beide Zeitstempelformate werden im RapidMiner als Datentyp *date_time* erkannt und automatisch in das Format *YYYY-MM-DD hh:mm:ss* konvertiert. Das Zeitstempelformat weicht von dem in Abbildung 5-19 definiertem Format ab. Dies ist für die Prozessbeschreibung unkritisch, sofern es sich um ein einheitliches und als *date_time* typisiertes Datenformat handelt. Den Ereignislogs ist zu entnehmen, dass die ERP-basierten Ereignisse des Vertriebs und Versandes nur mit Startzeitstempel zurückgemeldet werden. Das geplante Fertigstellungsdatum beschreibt den vereinbarten Liefertermin und ist daher je Auftrag in den Ereignislogs identisch. Der Zeitpunkt des Kundenauftragseingangs stellt den Zeitpunkt des ersten auftragsbezogenen Kundenkontaktes dar und wurde aus dem entsprechenden Eingabefeld im ERP-System zurückgeschrieben.

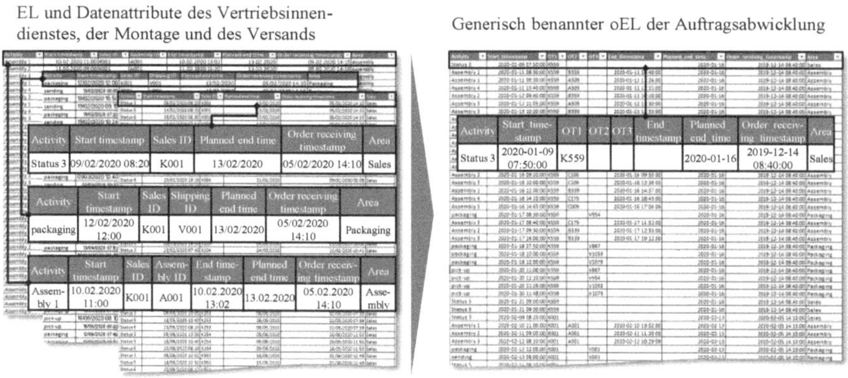

Abbildung 6-3: Ereignislog (EL) und oEL der Maschinenbau GmbH

Zur Homogenisierung des Informationsgehaltes der Zeitstempel wurde die aktivitätsbezogene Interpolation zur Bestimmung der Endzeitstempel in Microsoft Excel mittels Indexformel durchgeführt, um auch aktivitätsbezogene Prozesszeiten im Vertrieb und Versand zu beschreiben. Dabei hat sich als hilfreich erwiesen, den bereits chronologisch nach Startzeitstempel sortierten oEL zu nutzen, um den Startzeitstempel der nachfolgenden Aktivität je Objekt zu bestimmen. Für Ereignisse ohne Nachfolgeaktivität wurde 16:00 Uhr am selbigen Tag des Ereignisses als Schichtenden und Endzeitstempel festgelegt. Der angereicherte AoEL ist in Abbildung 6-4 abgebildet. Bei Ereignissen, die für multiple Objekte in der Auftragsabwicklung durchgeführt wurden, sind die Objekte der Kundenaufträge, Fertigungsauftrags- und Versandnummer durch Kommata separiert. Wie bereits in Kapitel 5.2.1.3 beschrieben, werden hierzu ausgehend von der Anzahl an Objekttypen im oEL pro Ereignis die Objektekombinationen mit der Relationstabelle abgeglichen. Entsprechend wird bspw. dem Tupel, welches aus den Objekten K559 und B359 besteht, eindeutig das Objekt V867 zugeordnet. Beim Ereignis *Status 3* werden hingegen dem Objekt K559 multiple Objekte der Montage und des Versandes zugeordnet, da keine eindeutige Zuordnung in der Relationstabelle existiert. Das Ereignis *Status 3* zeigt damit exemplarisch, dass die Objekte der multiplen Prozessinstanzen im betrachteten Fallbeispiel in einer n:m-Relation stehen. Interpretiert werden kann dies so, dass Ereignis *Status 3* im Vertrieb für den Kundenauftrag K559 stattgefunden hat, für dessen produktionsbezogene Abwicklung mehrere artikelspezifische Fertigungsaufträge erstellt wurden, welche wiederum in mehreren Versandnummern versendet wurden. Hingegen wurde das Ereignis *Assembly 1* nur für Artikel des Fertigungsauftrags B359 durchgeführt, welche nach Fertigstellung mit der Versandnummer V867 versendet wurden.

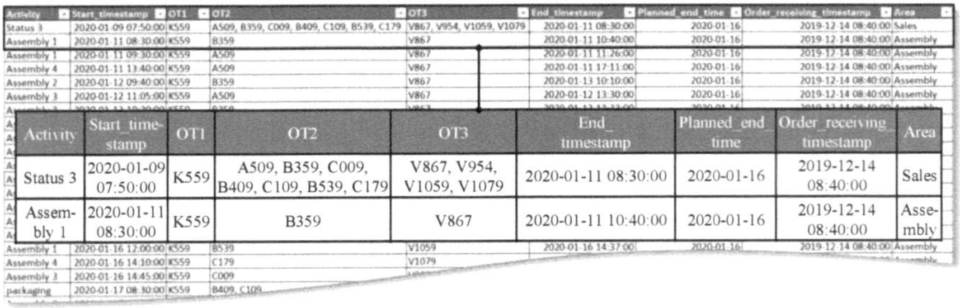

Abbildung 6-4: AoEL der Maschinenbau GmbH

Da bereits in der Zusammenstellung der bereichsspezifischen Ereignislogs darauf geachtet wurde, dass eine vollständige Schnittmenge der im Log vorhandenen Kundenaufträge existiert und keine hohe Aktivitätsdichte vorliegt, mussten keine Maßnahmen zur Komplexitätsreduzierung durchgeführt werden. Wie in Kapitel 5.2.2 erläutert stellt die Bestimmung von Näherungswerten zur Determinierung der klVE den nächsten Schritt der Methodik dar, um die Beschreibung der Prozessperformance anschließend in zwei Pfade zur Bestimmung des Prozessmodells und der PPI zu strukturieren. Für das vorliegende Fallbeispiel ergibt sich mittels des Operators *Identification klVE* eine Mächtigkeit von 22 für die Kundenaufträge (OT_1), 62 für die Fertigungsauftragsnummern (OT_2) und 46 für die Versandnummern (OT_3). Die Objekthäufigkeiten summieren sich zu 62 auf. Die Analyse der Näherungswerte zeigt, dass bei vier Kundenauftragsnummern eine Objekthäufigkeit von Sieben vorliegt, womit für diese Kundenauftragsnummern sieben separate Fertigungsaufträge oder Versandaufträge erstellt wurden. Bei einer durchschnittlichen Anzahl von 1 bis 4 Positionen bedeutete dies für die Maschinenbau GmbH, dass große Aufträge in mehrere Unteraufträge aufgeteilt wurden. Ferner zeigte die Analyse des Objekttyps der Versandnummer, dass in vier Fällen eine Versandnummer für drei Fertigungs- oder Kundenaufträge verwendet wurde und in acht Fällen für zwei Kundenauftrags- oder Fertigungsauftragsnummern. Mittels der Näherungswerte wurde folglich die Fertigungsauftragsnummer, mit einem objektspezifischen $klVE_2$-Wert von Eins, als eindeutige klVE identifiziert (vgl. Abbildung 6-5).

	OT_1	OT_2	OT_3
Mächtigkeit $\lvert OT_i \rvert$	22	62	46
Summe $\sum_{j \in J} o_{ji}$ der Häufigkeiten	62	62	62
Objekttypspezifische $klVE_i$	2,818	1	1,348
Geringste $klVE_i$, $\inf\{klVE_i \mid \forall i\}$	1		

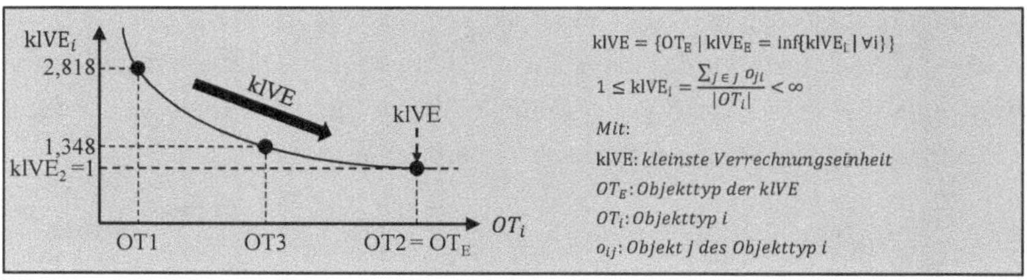

Abbildung 6-5: Werte der klVE der Maschinenbau GmbH

Anschließend erfolgt im Vorgehensmodul zur datenbasierten Beschreibung der Prozessperformance das Flattening zur Quantifizierung der PPI und zur Prozessbeschreibung. Für den Anwendungsfall der Maschinenbau GmbH wurde zur Bestimmung der PPI die Kundenauftragsnummer als OT_{PPI} ausgewählt und für die Prozessbeschreibung die Fertigungsauftragsnummer als klVE. Die resultierenden AoEL für Prozessbeschreibung (AoEL$_{PM}$) und PPI-Bestimmung (AoEL$_{PPI}$), inklusive dem Attribut *Flattening Y/N* zur Bestimmung der Korrekturterme der PPI, sind in Abbildung 6-6 dargestellt. Da für Prozessbeschreibung und PPI unterschiedliche Prozessinstanzen ausgewählt wurden, unterscheidet sich folglich die Anzahl an Ereignissen. Die Glättung der Datengrundlagen zur Prozessbeschreibung ermöglicht für die Maschinenbau GmbH, mittels PM die Prozessspuren für jeden Artikel einer Kundenauftragsnummer (bspw. A509 und B359 der Kundenauftragsnummer K559) separat zu analysieren.

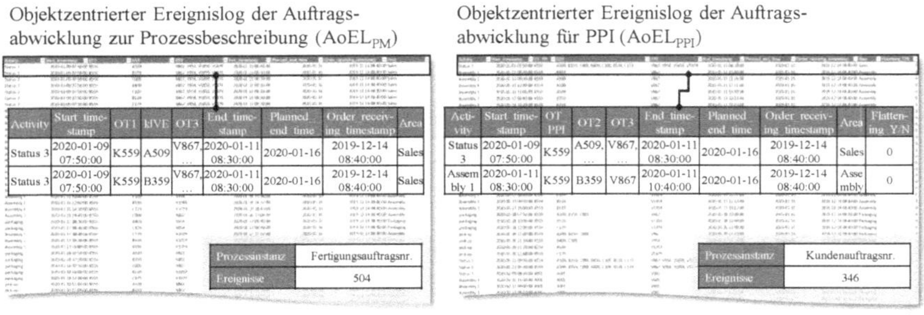

Abbildung 6-6: oEL zur Beschreibung der Performance (Maschinenbau GmbH)

Für die Beschreibung der Prozessperformance bei der Maschinenbau GmbH wurden zunächst alle Kundenaufträge betrachtet, weshalb keine Filterung spezifischer Prozessspuren erfolgte. Aufgrund des intuitiven Verständnisses, praxistauglicher Rechenzeit und hoher Fitness wurde basierend auf der Entscheidungsunterstützung zur Auswahl eines PM-Verfahrens (vgl. Abbildung 5-38) der Inductive Visual Miner als PM-Verfahren zur Entdeckung der Prozessbeschreibung ausgewählt.

6.2.3 Ergebnismodul

Zur Darstellung der Prozessperformance der Auftragsabwicklung wird die aus RapidMiner Studio resultierende Beschreibung der Prozessperformance in das Prozessabbild konvertiert. Der Hauptprozess der Maschinenbau GmbH ist in Abbildung 6-7 oben dargestellt. Als PPI der Aktivitäten wird die Prozesszeit angegeben. Die Prozesse im Vertriebsinnendienst haben eine durchschnittliche Prozesszeit von 55,5 Stunden, die Montageprozesse eine Montagezeit von durchschnittlich 6,55 Stunden und der Versand von 22,94 Stunden. Im Vertrieb erfolgt die Durchführung der auftragsannehmenden Aktivitäten für 22 Kundenaufträge, für die in Summe 62 Fertigungsaufträge zur Produktion freigegeben werden. Das Prozessabbild zeigt ferner durch Vorgänger-Nachfolger-Verbindungen zu den Aktivitäten des Vertriebsinnendienstes, dass nach dem Versand weitere Aktivitäten im Vertriebsinnendienst stattfinden.

Die detaillierte Darstellung der Teilprozesse (vgl. Abbildung 6-7 unten) zeigt die Aktivitätsabfolgen der im Hauptprozess konsolidierten Prozesse. Nachdem der Kundenauftrag durch den Vertriebsinnendienst auf *Status 3* gesetzt wurde, erfolgt für alle Kundenaufträge die Montage durch *Assembly 1*. Der Inductive Visual Miner differenziert nicht, ob nach *Assembly 1* die Aktivitäten *Assembly 4* und *Assembly 2* alternativ oder parallel erfolgen. Mittels Prozesswissen der Maschinenbau GmbH und nach Einsicht des AoEL sind die Montagetätigkeiten in Abhängigkeit des Artikels alternativ durchzuführen. Für 16 Artikel wird *Assembly 4* und für 46 Fertigungsaufträge die Aktivität *Assembly 2* durchgeführt. Anschließend erfolgt die Durchführung von *Assembly 3* und *Packaging* sowie das Versenden der Ware (sending) oder die Abholung vom Werk (pick-up). In 14 Fällen werden Kundenaufträge in Teilversendungen verschickt. Die von den Kundenaufträgen abweichende Anzahl an Versandaufträgen kann aufgrund hoher Stückzahl und kapazitativer Engpässe in der Montage einerseits auf das Auftrag-Splitting zurückgeführt werden und andererseits auf die Beauftragung durch Großkunden, für welche die bestellten Artikel an unterschiedliche Lieferadressen bzw. Standorte versendet werden. Nachdem die Aufträge durch den Versand bearbeitet wurden findet die abschließende Rechnungserstellung (Status 5) und Zahlungseingangsprüfung (Status 6) im ERP-System statt. In dem betrachteten Fallbeispiel erfolgte die Rechnungserstellung für einen Kundenauftrag zweifach.

Die Beschreibung der Auftragsabwicklung der Maschinenbau GmbH zeigte, dass die Prozesszeiten im Vertriebsinnendienst und Versand das 3,46- bis 8,5-fache der Montagezeit erfordern. Im Vertriebsinnendienst sind lange Prozesszeiten bspw. durch verzögerte Angebotsklärungen und Kundenspezifikationen bedingt. Die Prozesszeiten basieren auf den Zeitstempeln der Ereignisse, sodass sich, für einen Ein-Schichtbetrieb, bei einem Beginn um 16:00 Uhr und einer Fertigstellung um 08:00 Uhr des Folgetages bereits eine theoretische Prozesszeit von 16 Stunden ergibt.

Neben der Prozessbeschreibung gehören gemäß Kapitel 5.2.3 auch die PPI zur Beschreibung der Prozessperformance der Auftragsabwicklung, welche im Fallbeispiel der Maschinenbau GmbH in Abbildung 6-8 abgebildet sind. Zur Beschreibung der Auftragsreaktionszeit und Prozessverzögerung wurde als Zeitintervall für die Abszisse

Monate gewählt, da eine Auftragsreaktionszeit von 142,8 Stunden und eine Prozessverzögerung von 3,51 Tagen auf Gesamtprozess-Ebene als überdurchschnittlich hoch empfunden wurde und eine monatliche Verteilung detaillierte Einblicke gewährt. Die PPI Prozesszeit, Termintreue und Auftragsreaktionszeit wurden hingegen für den gesamten Auftragsabwicklungsprozess beschrieben. Die allgemeinen Informationen im Prozessabbild charakterisieren das Fallbeispiel, welches 22 Kundenaufträge beschreibt, die in 6 Prozessvarianten abgewickelt werden.

Hauptprozess der Maschinenbau GmbH im Prozessabbild:

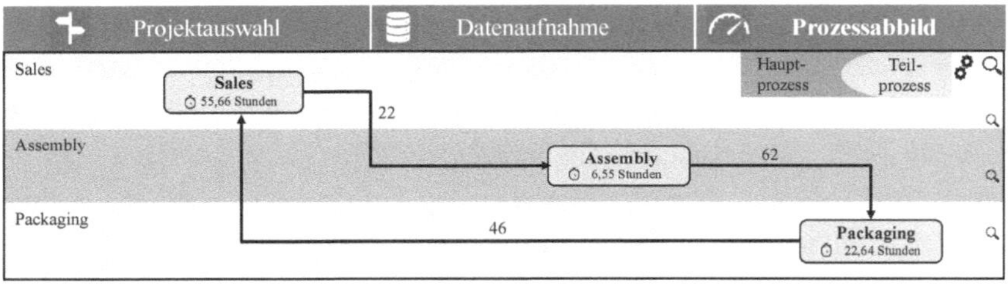

Teilprozess der Maschinenbau GmbH im Prozessabbild:

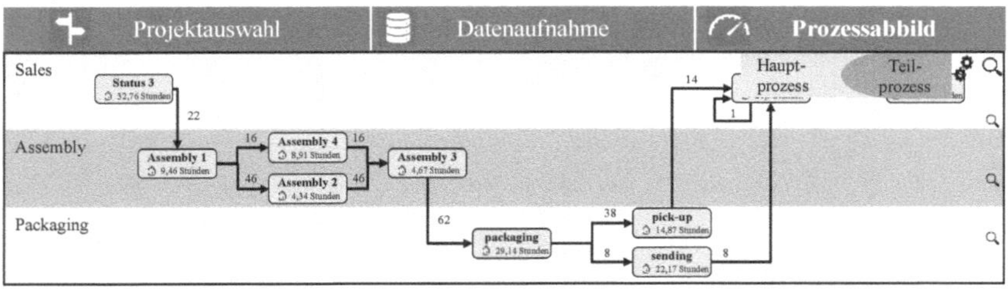

Abbildung 6-7: Hauptprozess und Teilprozesse der Maschinenbau GmbH

Der Indikator PPI$_R$ zeigt insbesondere im Dezember 2019 eine schlechte Performance von 623,2 Stunden zwischen Auftragseingang und Auftragsbearbeitung. Ursächlich hierfür sind bspw. Weihnachtsferien und der Jahreswechsel. Die durchschnittlich zu hohe Auftragsreaktionszeit der Maschinenbau GmbH bedeutet fernab des Ausreißers im Dezember 2019, dass die Zeit zwischen Angebotserstellung und Auftragserstellung durch eine intensive Kundenbetreuung reduziert werden kann. Für die Monate Januar und April sind im betrachteten Fallbeispiel keine Kundenaufträge eingegangen. Eine Detailanalyse der Prozesszeiten der Spuren zeigt, dass im Juli, August und September die durchschnittliche Prozesszeit bei 23,8 Tagen liegt. Ursächlich sind auch begrenzte Kapazitäten der Montagesysteme und geringe Verfügbarkeiten der Mitarbeitenden.

Im Februar liegt die durchschnittliche auftragsbezogene Prozesszeit hingegen bei 9,5 Tagen. Indem die Prozesszeit auf Spure-Ebene beschrieben wird, lassen sich Ausreißer der Prozesszeit von 13 Tagen im Februar und 92 Tagen im September identifizieren. Die Beschreibung der Prozessverzögerung zeigt Ausreißer von durchschnittlich 8,5 Tagen im März, bedingt durch zwei Kundenaufträge mit rund 14 Tagen und 17 Tagen verzögerter Fertigstellung, sowie einen Kundenauftrag im April mit rund 11 Tagen Verzögerung und im Oktober mit 13,29 Tagen Verzögerung. Darüber hinaus zeigt PPIz eine Prozesszuverlässigkeit von insgesamt 99 %, welche durch die in der Prozessbeschreibung abgebildete Rückschleife im Vertriebsinnendienst resultiert.

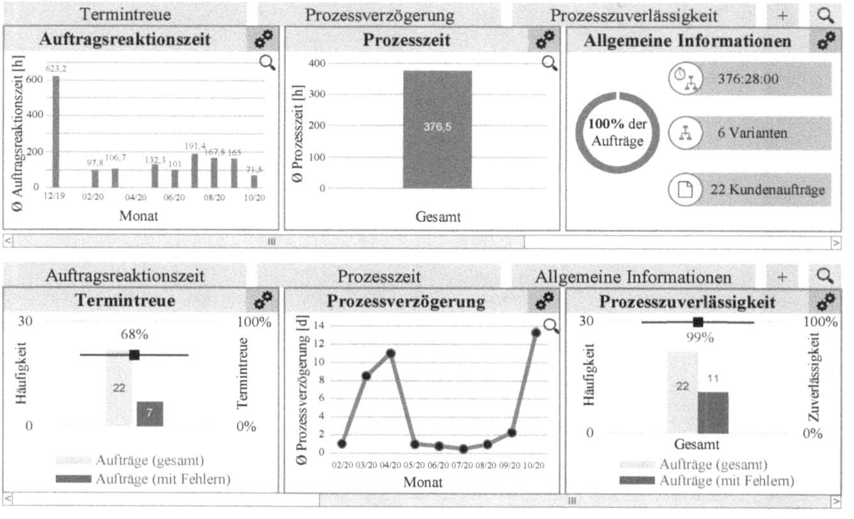

Abbildung 6-8: Quantifizierte PPI der Maschinenbau GmbH

Wie bereits in Kapitel 5.2.3 erläutert, kann die Prozessperformance der Auftragsabwicklung auch für spezifische Prozessspuren beschrieben werden. Für den Anwendungsfall der Maschinenbau GmbH wurden der AoEL$_{PM}$ und der AoEL$_{PPI}$ im RapidMiner Studio für die Prozessspur des Kundenauftrags K559 gefiltert und die Prozessperformance in Abbildung 6-9 visualisiert. Die Auftragsabwicklung des Kundenauftrags hat eine Prozesszeit von 744,5 Stunden sowie eine Auftragsreaktionszeit von 623,17 Stunden, was im Bereich der PPI des Prozessabbildes beschrieben wird. Der betrachtete Kundenauftrag stellt 4,55 % der insgesamt im AoEL vorhandenen Kundenaufträge dar und wird in zwei Varianten abgewickelt. Beide Varianten sind in der Prozessbeschreibung erkenntlich. Die Prozessbeschreibung exemplifiziert, dass für den Kundenauftrag multiple Montage- bzw. Versandaufträge erstellt wurden. Die Datenbasis bestätigt, dass der Kundenauftrag sieben Kundenauftragspositionen enthält und dass für die montageverschiedenen Artikel einzelne Montageaufträge geschrieben wurden. Zwei Positionen wurden einzeln versendet und in zwei weiteren Versendungen zwei bzw. drei Artikel zur Abholung bereitgestellt. Die Prozessbeschreibung zeigt zudem die aktivitätsbezogenen Prozesszeiten. Auffällig ist dabei eine Prozesszeit von 454,83 Stunden für die Aktivität *Status 6*, welche den Großteil der Gesamtprozesszeit ausmacht. Da gemäß Kapitel 5.1.1.1 die Prozesszeiten auf Aktivität-Ebene die durchschnittliche Prozesszeit aller Aufträge beschreiben, welche die Aktivität durchlaufen haben (bspw. wurde die Aktivität *Assembly 1* für 7 Montageaufträge mit unterschiedlichen Prozesszeiten ausgeführt), weicht die Summe der aktivitätsspezifischen Prozesszeiten von der Prozesszeit der Spur ab, welche die maximale Gesamtprozesszeit zur Fertigstellung des Kundenauftrags beschreibt.

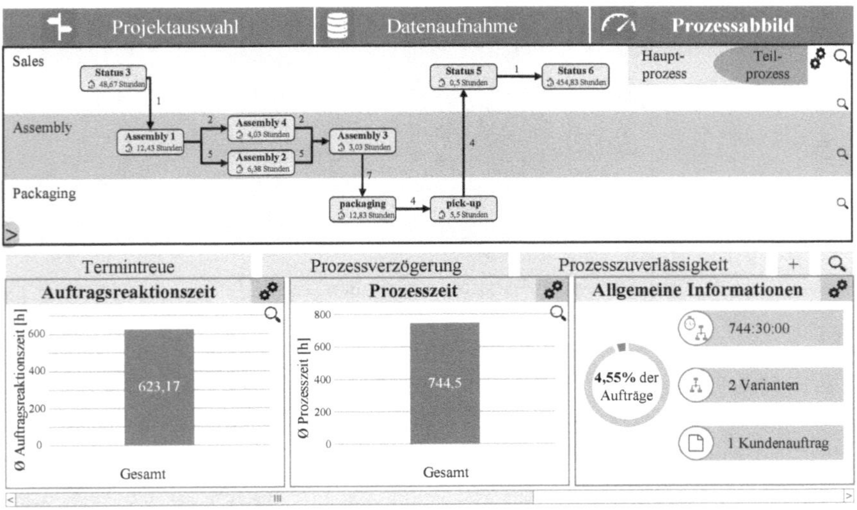

Abbildung 6-9: Prozessperformance des Kundenauftrags K559

6.3 Anwendung der Methodik am Fallbeispiel der Fahrzeug GmbH

Das Fallbeispiel der Fahrzeug GmbH dient der weiteren Validierung der Vorgehensschritte zur datenbasierten Beschreibung der Prozessperformance der Auftragsabwicklung. Neben dem Vorgehensmodul werden auch die im Grobkonzept dargestellten Eingangs- und Ergebnismodule betrachtet (vgl. Abbildung 4-3). Nachdem im Fallbeispiel der Maschinenbau GmbH (vgl. Kapitel 6.2) bereits die PPI quantifiziert wurden, werden PPI_R, PPI_T und PPI_V im Praxisbeispiel der Fahrzeug GmbH nicht betrachtet. Der Fokus im Ergebnismodul liegt auf der Interpretation der Ergebnisse im Prozessabbild und nicht auf der Implementierung der Visualisierung durch die Softwareentwicklung. Aus Gründen der Geheimhaltung sind Unternehmensname, alle verwendeten Daten und Ergebnisinterpretationen verfälscht worden, um keinerlei Rückschlüsse auf das reale Unternehmen und die tatsächliche Prozessperformance zu ermöglichen. Insgesamt wurde jedoch darauf geachtet, dass der Aussagegehalt des Fallbeispiels nicht beeinträchtigt wird, da entscheidende Relationen und Eigenschaften der Daten zur Validität des Fallbeispiels bestehen bleiben.

6.3.1 Eingangsmodul

Die Fahrzeug GmbH ist ein produzierendes Jungunternehmen, welches Elektrokleinwagen in Vorserienversionen an einem Standort in Deutschland auf Kundenbestellung produziert. Die im Fallbeispiel vorhandenen Kundenaufträge beinhalten eine Stückzahl von 1 bis 2 Kleinwagen. In Abhängigkeit der kundenspezifischen Konfiguration (bspw. Infotainment-System oder Parkassistent) des Kleinwagens existieren bei der Fahrzeug GmbH 9 Varianten mit unterschiedlichen Auswirkungen auf die Produktionsprozesszeiten.

Der Auftragsabwicklungsprozess beginnt, indem ein Kunde eine Bewerbung auf ein Vorserienfahrzeug beim Vertrieb abgibt oder eine Vorbestellung empfangen wird. Es folgen Anzahlungen, etwaige Probefahrten sowie Bestellungen. Die kundenspezifische Montage des Kleinwagens beginnt nach dem kundenanonymen Rohbau durch 28 aufeinanderfolgende Montagestationen, die im Fließprinzip angeordnet sind. Die nach der Montage stattfindende Endprüfung, Regenkabine und etwaige Nacharbeiten sind aufgrund unzureichender Datenqualität nicht Bestandteil des betrachteten Auftragsabwicklungsprozesses. Nach der Montage erfolgt die Auslieferung und Übergabe des Kleinwagens durch den Warenausgang. In Summe sind die Unternehmensbereiche Vertrieb, Montage und Warenausgang an der Auftragsabwicklung beteiligt.

Die Ereignisse des Vertriebs stellen fünf Status im CRM-System *Microsoft Dynamics 365* dar, deren Zeitpunkte die Vertriebsmitarbeitenden der Fahrzeug GmbH eingeben. Aus dem CRM-System werden als Ereignislog die Datenattribute *Fahrgestellnummer*, Status bzw. *Aktivität* und *Startzeitpunkt* exportiert. Über die Fahrgestellnummer wird das Datenattribut *Kundenvorgangsnummer* aus dem ERP-System *PSIPenta* in den Ereignislog zurückgeschrieben. Das Datenattribut *Area* wird manuell für alle Ereignisse ergänzt. Aufgrund der schwer prognostizierbaren Vorserienproduktion sind geplanter Fertigstellungstermin sowie der Zeitpunkt des Kundenauftragseingangs keine etablierten Daten zur Beschreibung der Prozessperformance und werden im Fallbeispiel nicht betrachtet. Für die Montage liegen zwei Ereignislogs mit unterschiedlichen Detaillierungsebenen aus dem ME-System (ebenfalls *PSIPenta)* vor. Beide montagebezogenen Logs haben die Datenattribute *Fahrgestellnummer*, *Start-* und *Endzeitstempel*. Der Log auf Stationsebene hat zusätzlich das Datenattribut *Aktivität*, welches die Station der Montageobjekte angibt. Der detailliertere Ereignislog besitzt zusätzlich das Datenattribut *Vorgang*, welches Tätigkeiten an den Montagestationen beschreibt. Der Ereignislog des Warenausgangs wird aus dem ERP-System extrahiert und enthält die Datenattribute *Kundenvorgangsnummer*, *Fahrgestellnummer*, *Aktivität* sowie *Start-* und *Endzeitstempel*. Die Relationstabelle wird durch Export der Kundenaufträge aus dem ERP-System erstellt und besitzt die Kundenvorgangsnummern sowie Fahrgestellnummern.

Die im Fallbeispiel vorhandenen Logs charakterisieren sich wie folgt: Der Ereignislog des Vertriebs enthält 85 Kundenvorgangsnummern und 383 Ereignisse. OT des Vertriebs ist die Kundenvorgangsnummer. Der Ereignislog auf Stationsebene enthält 458 Fahrgestellnummern und 11608 Ereignisse, Prozessinstanz der Montage ist die Fahrgestellnummer. Der Log auf detaillierter Montagetätigkeitsebene enthält 412 Fahrgestellnummern und 55472 Ereignisse. Für den Warenausgang enthält der Log 87 Fahrgestellnummern als OT und 87 Ereignisse. Die OT zwischen Vertrieb und Montage stehen in einer 1:n-Relation, wohingegen in Montage und Warenausgang die Fahrgestellnummern als Prozessinstanz verwendet werden und 1:1-Relationen vorliegen. Für die Fahrzeug GmbH wird im Folgenden die Prozessperformance der Auftragsabwicklung aus Sicht der Fahrgestellnummern (d.h. Fertigungsaufträge) beschrieben.

6.3.2 Vorgehensmodul

Entsprechend den Vorbereitungen zur prozessübergreifenden Datenauswertung aus Kapitel 5.2.1 werden die bereinigten Ereignislogs von Vertrieb, Montage und Warenausgang zu einem oEL konsolidiert und die Datenattribute typisiert. Als OT_1 wird die Kundenvorgangsnummer und als OT_2 wird die Fahrgestellnummer deklariert. Durch die Datentypisierung im RapidMiner werden die inhomogenen Zeitstempelformate *DD.MM.YYYY* des Vertriebs, *YYYY-MM-DD hh:mm:ss* der Montage und *DD.MM.YYYY hh:mm:ss* des Warenausgangs zum Zeitstempelformat *YYYY-MM-DD hh:mm:ss* homogenisiert. Der Aufbau und die Charakteristiken des konsolidierten oEL sind in Abbildung 6-10 dargestellt.

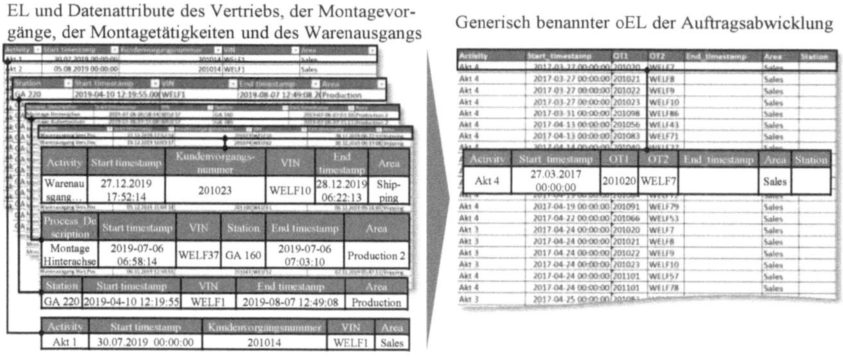

Abbildung 6-10: Ereignislog (EL) und oEL der Fahrzeug GmbH

Zur Homogenisierung des Informationsgehaltes wird die zeitpunktbezogene Interpolation verwendet und die fehlenden Endzeitstempel im Vertrieb gleich den Startzeitstempeln gesetzt. Da es sich bei den vertrieblichen Prozessaktivitäten um Vertragsanbahnungsaktivitäten im Rahmen der frühen Phase des Jungunternehmens handelt, sind die Prozesszeiten des Vertriebs nur bedingt repräsentativ für die Prozessperformance der Fahrzeug GmbH. Daher können die Übergangszeiten zwischen den Status des Vertriebs durch die zeitpunktbezogene Interpolation vernachlässigt werden. Anschließend erfolgte die Anreicherung des oEL über die Relationstabelle und den Operator *Enriching oEL*. Da für Vertrieb und Warenausgang bereits beide OT-Attribute (d.h. Kundenvorgangs- und Fahrgestellnummer) extrahiert wurden, erfolgte lediglich für die Montageereignisse die Ergänzung der Kundenvorgangsnummer. Zur Eliminierung nicht repräsentativer Ereignisse wird eine Schnittmenge der Fahrgestell- und Kundenvorgangsnummern der einzelnen Bereiche gebildet und Ereignisse von Prozessinstanzen, welche nicht im Vertrieb und Warenausgang existieren, aus dem oEL entfernt. Auf diese Weise wurde der oEL um 9209 Ereignisse der Montagevorgänge und 44674 Ereignisse der Montagetätigkeiten reduziert. Die entfernten Ereignisse sind Prozessinstanzen zugehörig, welche nicht vollständig begonnen/abgeschlossen wurden oder keiner Kundenbestellung zugehörig sind (bspw. Testing-Fahrzeuge). Zur Komplexitätsreduzierung wurden die Ereignisse der Montagetätigkeiten, deren Komplexität mit einer Aktivitätsdichte von durchschnittlich 1,5 Aktivitäten pro Minute und 250 Aktivitäten pro Fall-ID hoch ist, nicht betrachtet und stattdessen die Montagevorgänge zur Prozessbeschreibung der Montage betrachtet. Die Montagetätigkeiten werden daher zu den Montagevorgängen subsumiert. Der angereicherte AoEL ist in Abbildung 6-11 abgebildet.

Activity	Start_timestamp	OT1	OT2	End_timestamp	Area
GA 140	2019-05-22 05:08:04	201014	WELF1	2019-09-30 12:43:12	Production
GA 230	2019-05-22 09:18:33	201053	WELF40	2019-08-16 11:41:33	Production
GA 220	2019-05-22 10:05:29	201066	WELF53	2019-08-06 06:57:22	Production
GA 230	2019-05-22 10:25:07	201066	WELF53	2019-08-16 11:57:26	Production
GA 220	2019-05-22 12:10:17	201080	WELF68	2019-07-26 09:10:03	Production
GA 230	2019-05-22 12:32:22	201080	WELF68	2019-08-16 11:59:54	Production
GA 220	2019-05-24 05:16:49	201014	WELF1	[illegible]	[illegible]
GA 230	[illegible]				

Abbildung 6-11: AoEL der Fahrzeug GmbH

Die im Vorgehensmodul erfolgende Bestimmung der Näherungswerte für die Strukturierung der Prozessperformance ergibt für OT_1 eine Mächtigkeit von 85 und für OT_2 eine Mächtigkeit von 87. Die Mächtigkeit der Kundenvorgangsnummer ist geringer als die der Fahrgestellnummer, da zwei Kunden zwei Fahrzeuge bestellt haben. Damit ergibt sich ein leicht höherer $klVE_1$-Wert von 1,024, verglichen mit dem als klVE ausgewählten Näherungswert von Eins für OT_2 (vgl. Abbildung 6-12).

	OT_1	OT_2
Mächtigkeit $\lvert OT_i \rvert$	85	87
Summe $\sum_{j \in J} o_{ji}$ der Häufigkeiten	87	87
Objekttypspezifische $klVE_i$	1,024	1
Geringste $klVE_i$, $\inf\{klVE_i \mid \forall i\}$	1	

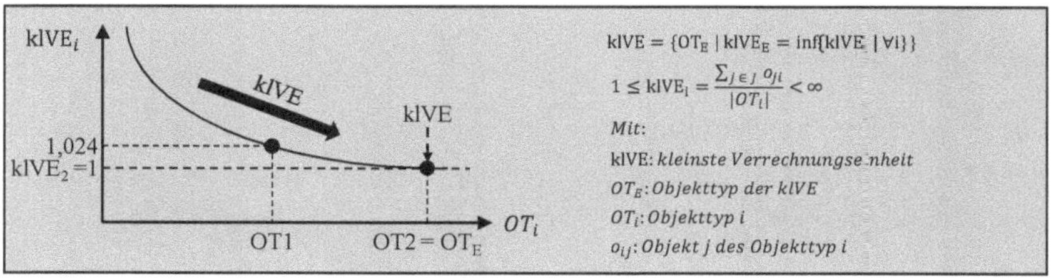

Abbildung 6-12: Werte der klVE der Fahrzeug GmbH

Anschließend erfolgt das Flattening zur Quantifizierung der PPI und zur Prozessbeschreibung. Zielstellung ist, die Prozessperformance der Fertigungsaufträge zu beschreiben. Folglich wird als klVE und OT_{PPI} die Fahrgestellnummer (OT_2) ausgewählt. Die resultierenden AoEL für die Prozessbeschreibung ($AoEL_{PM}$) und zur Bestimmung der PPI ($AoEL_{PPI}$) sind in Abbildung 6-13 dargestellt. Da sowohl für die Ereignisse im Vertrieb als auch in Montage und Warenausgang die Fahrgestellnummern zurückgeschrieben werden, müssen keine Ereignisse vervielfacht werden und die Anzahl an Ereignissen bleibt unverändert nach dem Flattening.

Objektzentrierter Ereignislog der Auftragsabwicklung zur Prozessbeschreibung ($AoEL_{PM}$)

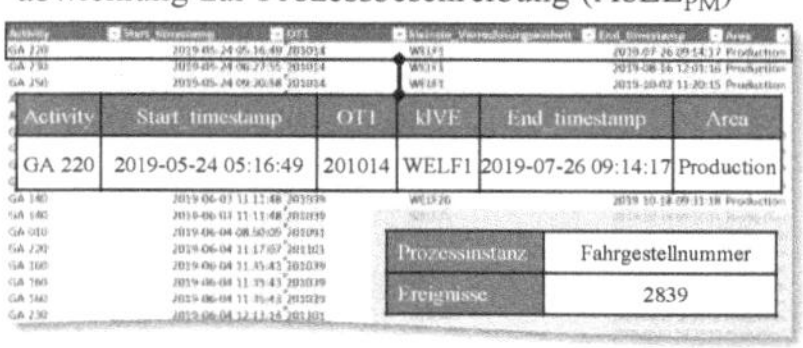

Objektzentrierter Ereignislog der Auftragsabwicklung für PPI ($AoEL_{PPI}$)

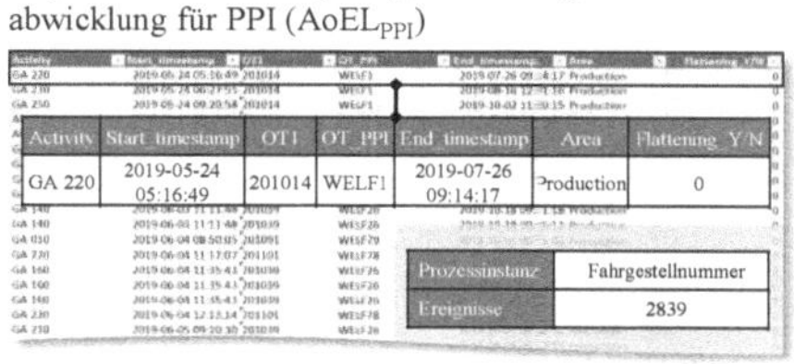

Abbildung 6-13: oEL zur Beschreibung der Performance der Fahrzeug GmbH

Für die Beschreibung der Prozessperformance bei der Fahrzeug GmbH wurden alle Kundenaufträge betrachtet, weshalb keine Filterung spezifischer Prozessspuren erfolgte. Aufgrund des intuitiven Verständnisses und praxistauglicher Rechenzeit wurde der Inductive Visual Miner als PM-Verfahren zur Entdeckung der Prozessbeschreibung ausgewählt. Durch Parametrisierung der Grenzwerte *path* mit 0,8 und *activity* mit 1,0 werden 80 % der Prozessspuren dargestellt, da die verbleibenden Prozessvarianten keinen realen Prozessverlauf charakterisieren, sondern aufgrund inkonsistenter Rückmeldedaten entstehen und lediglich zu einem nicht intuitiven Prozessmodell führen.

6.3.3 Ergebnismodul

Zur Darstellung der Prozessperformance der Auftragsabwicklung wird die aus RapidMiner Studio resultierende Beschreibung der Prozessperformance in das Prozessabbild konvertiert. Die Prozessbeschreibung der Auftragsabwicklung der Fahrzeug GmbH ist in Abbildung 6-14 oben aggregiert für die Unternehmensbereiche visualisiert und unterhalb als detaillierte Prozessbeschreibung der einzelnen Aktivitäten. Die Prozessbeschreibung der Hauptprozesse beschreibt die durchschnittliche Prozesszuverlässigkeit von 100 % im Vertrieb, 94,2 % in der Montage und 100 % im Warenausgang. Der Auftragsabwicklungsprozess ist gerichtet, sodass jeder Fertigungsauftrag einen Unternehmensbereich nur einmalig durchläuft. Auf den Vorgänger-Nachfolger-Verbindungen sind die Häufigkeiten der Aufträge angegeben, welche die Prozessabfolge durchlaufen haben. Da die Ereignisse im Vertrieb, in der Montage und im Warenausgang bereits auf Betrachtungsebene der Fertigungsaufträge zurückgemeldet werden, ändern sich die Häufigkeiten nicht an der Schnittstelle zu den Unternehmensbereichen. Abbildung 9-3 im Anhang zeigt die Teilprozesse im Detail.

Hauptprozess der Fahrzeug GmbH im Prozessabbild:

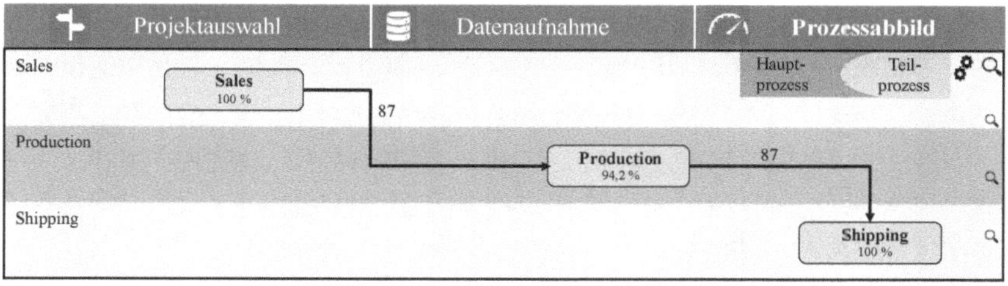

Teilprozesse der Fahrzeug GmbH im Prozessabbild:

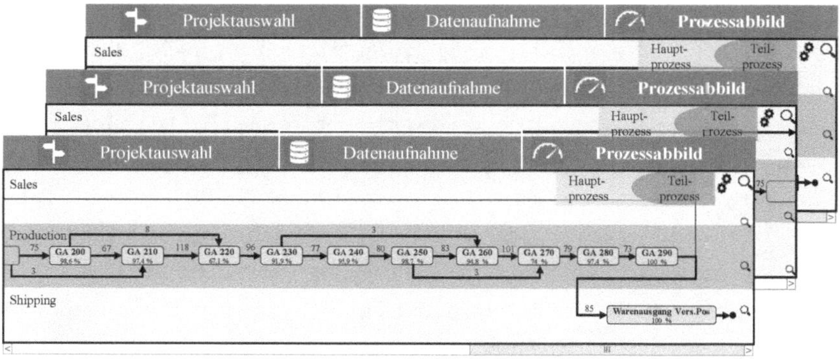

Abbildung 6-14: Hauptprozess und Teilprozesse der Fahrzeug GmbH

Das Prozessabbild der Teilprozesse zeigt, dass die Aktivitäten im Vertrieb mit *Akt 3* und *Akt 4* beginnen, bei denen es sich um Vorbestellungen handelt. Nachdem Aktivität *Akt 3* durchgeführt wurde, folgt mit *Akt 0* eine Bewerbung für die Vorserienfahrzeuge. Die Kantengewichte zeigen, dass *Akt 0* für 47 Fahrgestellnummern übersprungen wurde, da eine Bewerbung nur für einige Vorserienfahrzeuge erfolgte. Anschließend erfolgt die Montage der Fahrzeuge im Fließprinzip über die Montagestationen GA010 bis GA290. Abschließend erfolgt der Versand der fertiggestellten Fahrzeuge durch den Warenausgang. Parallel zu den Montageaktivitäten finden die vertrieblichen Aktivitäten *Akt 1* und *Akt 2* statt. Die Prozessbeschreibung zeigt ferner, dass einige Montageaktivitäten und -sequenzen nicht oder wiederholt durchgeführt werden. Bspw. werden Fahrzeuge nicht an den Montagestationen GA10 bis GA90 montiert. Die anschließenden Montagetätigkeiten werden für bestimmte Fertigungsaufträge übersprungen oder, wie an Montagestation GA140, wiederholt durchgeführt.

Durch Analyse der Prozessbeschreibung mittels des Prozessabbildes kann erkannt werden, dass die Montagetätigkeiten an Station GA140 zur Gewährung eines Null-Fehler-Prinzips nachgebessert werden könnten. Darüber hinaus wurde identifiziert, dass der Inductive Miner zwar seltenes Prozessverhalten (sog. Rauschen, vgl. Kapitel 2.3.3) herausfiltert und damit den Auftragsabwicklungsprozess gut beschreibt, weitere Prozessabweichungen, wie bspw. das Überspringen von Stationen, jedoch auf mangelnde Datenqualität durch fehlende oder fehlerhafte Zeitstempel zurückzuführen sind. Folglich ist für die Fahrzeug GmbH zunächst relevant, eine hohe Datenintegrität zur datenbasierten Beschreibung der Prozessperformance sicherzustellen.

Gemäß Kapitel 5.2.3 werden neben der Prozessbeschreibung auch PPI_D und PPI_Z quantifiziert. Auch die Analyse der Prozessbeschreibung der Fahrzeug GmbH zeigt, dass für ein genaues Verständnis der Prozessperformance auch PPI betrachtet werden müssen. Grund hierfür ist u.a. das Herausfiltern von seltenem Prozessverhalten durch den Inductive Miner. So wird bspw. erst bei Betrachtung der Prozesszuverlässigkeit von Aktivität GA130 ersichtlich, dass die Station für vier Fahrzeuge wiederholt durchgeführt werden muss. Abbildung 6-15 zeigt das Prozessabbild zur Beschreibung der Prozessperformance. Für die Prozesszuverlässigkeit ergibt sich auf Gesamtprozessebene ein Anteil von 95 %. Bei 63 von 87 Fahrzeugen werden Aktivitäten mindestens einmal wiederholt. Die aktivitätsspezifischen PPI_Z zeigen, dass Station 220 zur Montage des Front-End-Moduls und Station 270 zur Befüllung von Brems- und Kühlmittel mit 67 % bzw. 74 % häufig wiederholt werden müssen, wohingegen 26 der 35 Aktivitäten der Auftragsabwicklung eine Zuverlässigkeit von über 95 % vorweisen. Dies bedeutet für die Fahrzeug GmbH, dass zwar bei 63 Fahrzeugen Auftragsabwicklungsaktivitäten wiederholt werden mussten, dies jedoch pro Fahrzeug nur ein bis zwei Aktivitäten betrifft. Im Vertrieb und Warenausgang werden keine Aktivitäten wiederholt durchgeführt. Die Prozesszeit für die gesamte Auftragsabwicklung wird methodisch und kalkulatorisch auf 87,59 Tage bestimmt. Wie bereits angedeutet ist diese aufgrund der Hochlaufphase des Jungunternehmens und der damit verbundenen Produktion für spezifische Vorbestellungen, welche vor Hochlaufphase bereits aufgenommen wurden, nicht repräsentativ für einen stabilen Auftragsabwicklungsprozess mit geplanter Produktionsmenge im Serienbetrieb (sog. Erreichung der Kammlinie[465]).

[465] vgl. Klug, F. (2018) Logistikmanagement in der, S. 35 ff.

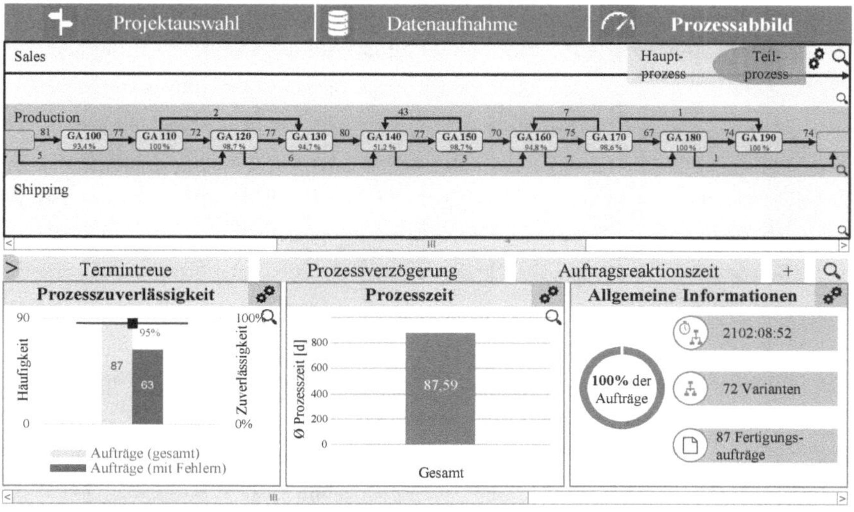

Abbildung 6-15: Prozessperformance der Auftragsabwicklung (Fahrzeug GmbH)

Die allgemeinen Informationen im Prozessabbild zeigen, dass 72 Varianten für die Auftragsabwicklung der Fahrzeug GmbH existieren. Da für die Aktivitätsabfolgen im Vertrieb drei Varianten und im Warenausgang eine Variante existieren, ist die Montage der dominierende Variantentreiber. Allerdings soll die im Fließprinzip organisierte Montage der Fahrzeug GmbH weniger Prozessvarianten erlauben. Wie bereits bei der Prozessbeschreibung erläutert zeigt die Analyse der Prozessvarianten, dass diese hauptsächlich durch fehlende bzw. fehlehrhafte Rückmeldedaten im Produktionshochlauf zustande kommen.

6.4 Kritische Reflexion der praktischen Anwendung

Die prototypische Anwendung der Methodik anhand der Fallbeispiele in Kapitel 6.2 und 6.3 hat gezeigt, dass die Prozessperformance der Auftragsabwicklung durch Nutzung von PM in der Praxis beschrieben werden kann. Da die Methodik auf Daten basiert, bietet sie im Vergleich zu herkömmlichen Methoden eine aufwandsarme und objektive Beschreibung der realen Prozessperformance. Damit ist die Methodik wirtschaftlicher und fundierter als traditionelle Methoden zur Ableitung von Prozessverbesserungsmaßnahmen.

Wie im Folgenden erläutert und kritisch reflektiert wird, werden die inhaltlichen Anforderungen aus Kapitel 4.1.1 durch die Methodik erfüllt. Die Betrachtung der technisch-operativen Auftragsabwicklung wird durch Betrachtung auftragsannehmender, produktionsbezogener und produktionsnachgelagerter Teilprozesse sichergestellt. Des Weiteren werden unterschiedliche Auftragsarten durch multiple OT berücksichtigt. Für die Auftragsabwicklung der Maschinenbau GmbH und Fahrzeug GmbH wird die Prozessperformance für jeweils drei Unternehmensbereiche mit dedizierten Auftragsarten beschrieben. Die Prozessbeschreibung wird datenbasiert mittels des Inductive-Miner-Verfahrens beschrieben und die PPI durch Kalkulationsvorschriften bestimmt. Die Prozessbeschreibungen zeigen, dass der Inductive-Miner weiterer Verbesserungen im Zielkonflikt zwischen Eignung, Einfachheit, Genauigkeit und Generalisierung bedarf. Als Alternative können bspw. andere Verfahren gemäß Kapitel 5.2.3.1 dienen. Die Fokussierung der systematisch hergeleiteten PPI_D, PPI_R, PPI_T, PPI_V und PPI_Z eignen sich zur Quantifizierung der Prozessperformance für unterschiedliche Adressaten auf Prozess-, Spur- und Aktivitätsebene, besitzen allerdings keinen Anspruch auf Vollständigkeit. Diskussionen mit Industrieunternehmen haben die PPI bestätigt, dennoch können individuelle unternehmerische Ziele zu alternativen PPI führen. Sodann erforderliche alternative Datenbedarfe müssen entsprechend der Methodik im Ereignislog vorhanden sein. Diesbezüglich haben die Fallbeispiele gezeigt, dass die Datenbedarfe in der Praxis nicht zwingend digital vorliegen. Bei der Fahrzeug GmbH wird daher nur eine Teilmenge der PPI quantifiziert. Das Fallbeispiel der Maschinenbau GmbH zeigt, dass die Datenbedarfe durch entsprechende Sensoriken aufgenommen werden können, deren Aufwand-Nutzen-Verhältnis individuell bewertet werden muss. Die Methodik berücksichtigt multiple Auftragsarten und vermeidet Konvergenz und Divergenz durch Separierung von PPI-Kalkulation und Prozessbeschreibung mittels klVE. Existiert keine klVE, ist die Prozessbeschreibung zwar nicht frei von Scheinkorrelationen, dennoch werden diese durch den Lösungsansatz minimiert und die Anwendung von leistungsfähigen und industrietauglichen PM-Verfahren ermöglicht. Zudem haben die Fallbeispiele gezeigt, dass in den häufigsten Fällen eine klVE (meist Artikel) existent ist. Diese Vermutung muss durch weitere Validierung bestätigt werden. Als weitere inhaltliche Anforderung werden die benötigten Datenbedarfe für Prozessbeschreibung und PPI nachvollziehbar hergeleitet. Kritisch zu reflektieren sind die Qualität der Rückmeldedaten sowie die Aufwände zur Extraktion der Daten aus den unternehmerischen Informationssystemen, da Ausgangspunkt der Methodik bereinigte und belastbare Ereignislogs sind. Die praktische Anwendung zeigt, dass insbesondere die Rückmeldequalität der Produktion schlecht ist und vor Anwendung der Methodik eine Datenbereinigung stattfinden muss. Alternativ kann lediglich eine Schnittmenge der verfügbaren Daten mit ausreichender Qualität verwendet werden. Zwar sind die benötigten Daten für die Unternehmen nachvollziehbar, allerdings herrscht Unklarheit darüber, durch welche Datenbankabfragen diese extrahiert werden. Dem kann durch die Einbindung von IT-Spezialisten begegnet werden. In den Datenvorbereitungsschritten der Methodik wird der Umgang mit syntaktischer Inhomogenität und unterschiedlichen Informationsgehalten adressiert. Es zeigt sich, dass die Homogenisierung der Zeitstempelformate in Abhängigkeit des verwendeten PM-Tools zu bewerten ist. Beim RapidMiner ist eine Homogenisierung nicht erforderlich, da der Input-Operator die Zeitstempelformate erkennt und automatisch in ein einheitliches DateTime-Format konvertiert. Die Anforderungen der Interpretation und Analyse der Prozessperformance sind durch die verwertungsneutrale Visualisierung sowie durch die Haupt- und Teilprozessdarstellungen gegeben. Die Ergebnisse des RapidMiners wurden in der praktischen Anwendung zur Visualisierung erschwert in das Demonstrationsmodell übertragen. Basierend auf dem Workflow und dem Demonstrationsmodell wird die Implementierung der Methodik inklusive Visualisierung in einem noch nicht existenten neuen Tool empfohlen.

Die abgeleiteten praktischen und formalen Anforderungen aus Kapitel 4.1.2 werden als ebenfalls erfüllt eingeschätzt. Der generische Auftragsabwicklungsprozess und der allgemeine Umgang mit multiplen Objekttypen sowie die Sicherstellung einer Verwertungsneutralität sichern die Allgemeingültigkeit der Methodik und machen ihre Ergebnisse vergleichbar. Durch Eingangs-, Vorgehens- und Ergebnismodul ist die Methodik modular aufgebaut. Die Validierung der Methodik anhand der Fallbeispiele hat ihre konsistente Durchführung bestätigt. Die Skalierbarkeit der Methodik ist bspw. durch eine unterschiedliche Anzahl an zu betrachtenden Auftragsabwicklungsbereichen und Auftragsarten gegeben. Die empirische Richtigkeit konnte durch die erfolgreiche Anwendung der Methodik bei der Maschinenbau GmbH und Fahrzeug GmbH nachgewiesen werden. Die Methodik erlaubt dabei, sich nur auf die relevanten Datenbedarfe und Vorgehensschritte zu beschränken, die für den Anwendungsfall erforderlich sind. Die Wirtschaftlichkeit der Vorgehensweise konnte ebenfalls durch die

Anwendung der Fallbeispiele nachgewiesen werden. Die aus der Methodik resultierenden Prozessbeschreibungen und PPI sind in Abhängigkeit von Branche und Unternehmen vergleichbar. Weitere Validierungen in der Praxis können die inhaltlichen, praktischen und formalen Anforderungen überdies bestätigen und weitere Sachverhalte reflektieren.

7 Zusammenfassung und Ausblick

Die Verbesserung des unternehmerischen Auftragsabwicklungsprozesses ist für produzierende Unternehmen essenziell, um wettbewerbsfähig zu bleiben. Die Auftragsabwicklung ist Kernprozess der produzierenden Unternehmen, um eingehende Kundenanfragen durch interne Aufträge und Teilprozesse vollständig bis zum Versand des fertigen Produktes zu bearbeiten. Grundlage zur Verbesserung der Auftragsabwicklung ist die Beschreibung ihrer Prozessperformance, um darauf aufbauend Analysen durchzuführen und Verbesserungsmaßnahmen abzuleiten. Existierende methodische Ansätze zeigen, dass die Prozessperformance der Auftragsabwicklung durch Visualisierung des Prozesses (sog. Prozessbeschreibung) sowie durch Quantifizierung von Prozessperformanceindikatoren beschrieben werden kann. Wesentliche Herausforderung in der Beschreibung der Prozessperformance in der Praxis ist, dass traditionelle Methoden durch hohe Subjektivität und Aufwände geprägt sind. Daraus resultieren unvollständige Prozessperformancebeschreibungen, die zu unfundierten Entscheidungsgrundlagen zur Ableitung von Prozessverbesserungsmaßnahmen führen. Damit erzielen abgeleitete Maßnahmen keine oder nicht die gewünschten Effizienzsteigerungen in der Auftragsabwicklung.

Das Ziel und das Ergebnis dieser Arbeit war daher die objektive und aufwandsgerechte Beschreibung der Prozessperformance der Auftragsabwicklung, indem basierend auf Rückmeldedaten die Prozesse durch Nutzung von Process Mining beschrieben werden und Prozessperformanceindikatoren quantifiziert werden (vgl. Kapitel 1.2).

Dazu wurden in Kapitel 2 die Grundlagen und Herausforderungen zum Betrachtungsbereich der Auftragsabwicklung, der Prozessperformance und Process Mining beschrieben. Zunächst wurde der Auftragsabwicklungsprozess für die Betriebstypologien der Rahmen- und Variantenfertiger definiert sowie im Auftragsabwicklungsprozess multipel vorkommende Auftragsarten beschrieben. Darauf aufbauend wurde das Verständnis bzgl. der Beschreibung der Prozessperformance der Auftragsabwicklung als Grundlage zur Prozessoptimierung basierend auf Literatur erläutert. Zudem wurden die gemeinsamen Merkmale traditioneller Methoden zur Prozessperformancebeschreibung der Auftragsabwicklung herausgearbeitet. Dazu zählen eine subjektive, aufwendige sowie unfundierte Prozessbeschreibung, die gemeinsame Beschreibung von Prozess und Prozessperformanceindikatoren, die Erfordernis einer einheitlichen Visualisierung sowie die Möglichkeit zur Integration von Kontextwissen. Nachfolgend wurden die terminologischen Grundlagen zu Process Mining definiert und Verfahren zur Anwendung erläutert. Zudem wurden die Herausforderungen von Konvergenz und Divergenz durch das Flattening von Ereignislogs als Eigenschaften einer prozessübergreifenden Anwendung von Process Mining beschrieben. Basierend auf Literatur und den Erfahrungen des Autors wurde eine unzureichende und fehlende prozessübergreifende Anwendung von Prozessperformancebeschreibungen als Herausforderungen in der Praxis herausgearbeitet. Ferner bedarf es einer aufwandsgerechten und fundierten Methode zur Beschreibung der Prozessperformance, indem nachvollziehbar abgeleitete Rückmeldedaten genutzt werden. Abschließend konnte der Praxisbedarf einer verwertungsneutralen Visualisierung der Prozessperformance eruiert werden sowie der aus den Herausforderungen resultierende Handlungsbedarf resümiert werden.

In Kapitel 3 wurden aus den identifizierten Herausforderungen Anforderungen an eine Methodik zur datenbasierten Beschreibung der Prozessperformance der Auftragsabwicklung formuliert. Sechzehn theorie- und anwendungsorientierte Ansätze wurden dahingehend analysiert und bewertet, ob die Anforderungen aus der Praxis adressiert werden. Die Bewertung der ausgewählten Ansätze zeigt, dass die Anforderungen nur teilweise erfüllt werden. Damit konnte der Forschungsbedarf sowie weiterer Handlungsbedarf für eine datenbasierte Beschreibung der Prozessperformance der Auftragsabwicklung nachgewiesen werden.

Um den Praxis- und Forschungsbedarf zu decken, wurde in Kapitel 4 das Grobkonzept der Methodik hergeleitet, welches sich als adaptierter Ansatz in der Praxis in die Phase der Ist-Analyse einordnen lässt. Die Methodik besteht aus einem Eingangs-, Vorgehens- und Ergebnismodul, die im Kapitel 5 detailliert beschrieben wurden. Aus identifizierten Informationsbedarfen zur Prozessbeschreibung und zur Quantifizierung der Prozessperformanceindikatoren wurden im Eingangsmodul die benötigten Datenbedarfe aus den auftragsannehmenden, produktionsbezogenen und produktionsnachgelagerten Prozessen induziert und gemeinsam in einem Datenmodell strukturiert. Zudem wurden die Prozessperformanceindikatoren Prozesszeit, Termintreue, Prozessverzögerung, Prozesszuverlässigkeit und Auftragsreaktionszeit zur Leistungsmessung der Auftragsabwicklung beschrieben. Diese wurden für den Gesamtprozess sowie für einzelne Prozessspuren und Aktivitäten definiert. Basierend auf den erforderlichen Datenbedarfen wurde im Vorgehensmodul die Vorgehensweise zur datenbasierten Beschreibung der Auftragsabwicklungsprozessperformance erläutert. Zunächst wurden datenvorbereitende Schritte aufgeführt, um die bereichsspezifischen Ereignislogs in einem Minimum Viable Dataset zu konsolidieren und von Inhomogenität zu bereinigen. Zur Vermeidung von Scheinkorrelationen und durchgehenden Prozessbeschreibung der Auftragsabwicklung für jede Auftragsart wurden beide Bestandteile der Prozessperformancebeschreibung, d.h. Prozessbeschreibung sowie PPI-Quantifizierung, separat datenbasiert bestimmt. Zur praxistauglichen Anwendung wurde zur Visualisierung der aus dem Vorgehensmodul resultierenden Ergebnisse ein verwertungsneutrales Prozessabbild im Ergebnismodul gestaltet. Dazu wurden Gestaltungsorientierungen aus traditionellen Methoden sowie aus Leitlinien aus der Praxis und Anwendung aufgestellt. Auf dieser Grundlage wurden die Systemelemente des Prozessabbilds spezifiziert und die Visualisierung für die aggregierte Beschreibung der Prozessperformance im Prozessabbild beschrieben.

Die Methodik wurde in Kapitel 6 an zwei Fallbeispielen angewendet. Dazu wurde die Methodik im RapidMiner Studio operationalisiert. Durch Anwendung der Methodik konnte im Fallbeispiel der Maschinenbau GmbH die Prozessperformance für die Abwicklung von Kundenbestellungen in den Bereichen Vertriebsinnendienst, Montage und Versand beschrieben werden sowie im Fallbeispiel der Fahrzeug GmbH die Abwicklung kundenspezifischer Elektrokleinwagen-Bestellungen in Vertrieb, Montage und Warenausgang. Der Mehrwert konnte durch die objektive aufwandsgerechte Visualisierung des tatsächlichen Prozessverhaltens sowie durch die Ereignislog-basierte Auswertung von Prozesszeit, Termintreue, Auftragsreaktionszeit, Prozesszuverlässigkeit und Prozessverzögerung nachgewiesen werden. Die Beschreibung war Grundlage zur Analyse der Auftragsabwicklung und zur unternehmensindividuellen Ableitung von Verbesserungsmaßnahmen zur Steigerung des Unternehmenserfolges. Bei der Maschinenbau GmbH wurden Regelprozesse definiert und Aktivitäten eliminiert, wodurch die bis zu 8,5-fach höhere Prozesszeit im Vertriebsinnendienst (im Vergleich zur Montagezeit) reduziert werden konnte. Bei der Fahrzeug GmbH entstand aus der datenbasierten Prozessperformancebeschreibung u.a. die Erkenntnis, die Prozessstabilität und Materialverfügbarkeit an der Montagestation des Front-end-Moduls zu verbessern, um Prozesswiederholungen abzustellen.

Weiterer Forschungsbedarf ergibt sich aus der Implementierung des Vorgehens- und Ergebnismoduls in einer Software-Anwendung, der Anwendung der Methodik auf weitere Auftragsabwicklungsprozesse sowie dem Umgang mit Datenqualitätsfehlern. Die Implementierung der im Demonstrationsmodell entwickelten Benutzeroberfläche gemeinsam mit der Vorgehensweise des Vorgehensmoduls in einer einzelnen Software-Umgebung ist sinnvoll, um die aus dem Vorgehensmodul resultierenden Ergebnisse schnittstellenfrei und aufwandsarm zu visualisieren. Dabei ist ratsam, die mittels der PM-Verfahren zwecks Rauschen herausgefilterten Ereignisse auch in der PPI-Quantifizierung zu berücksichtigen. Sinnvoll ist auch die Anwendung der Methodik in weiteren Branchen und Auftragsabwicklungsprozessen, um die Verwertungsneutralität fortlaufend zu validieren. Dabei sind möglichst mehr als drei Auftragsarten und größere Datenmengen zu betrachten, um die Allgemeingültigkeit und Praxistauglichkeit der Methodik weiter zu forcieren. Ferner kann in der Methodik die Bereinigung von typischen Imperfektionen und Datenqualitätsfehlern prozessspezifischer Ereignislogs Berücksichtigung finden.

8 Literaturverzeichnis

Abramowicz, W. (2017)
Business Information Systems, Springer International Publishing, Cham, 2017.

Afsarmanesh, H.; Camarinha-Matos, L.; Lucas Soares, A. (2016)
Collaboration in a Hyperconnected World, Springer International Publishing, Cham, 2016.

Agarwal, R. (2022)
Recent Advances in Manufacturing Engineering and Processes - Proceedings of ICMEP 2021, Springer Singapore, 2022.

Akman, B.; Demirörs, O. (2009)
Applicability of Process Discovery Algorithms for Software Organizations. In: 35th Euromicro Conference on Software Engineering and Advanced Applications, 2009, S. 195 - 202.

Amberg, M.; Bodendorf, F.; Möslein, K. M. (2011)
Wertschöpfungsorientierte Wirtschaftsinformatik, Springer-Verlag Berlin Heidelberg, Berlin, Heidelberg, 2011.

Andrews, R.; Suriadi, S.; Ouyang, C.; Poppe, E. (2018)
Towards Event Log Querying for Data Quality. In: Panetto, H./Debruyne, C./et al. (Hrsg.): On the Move to Meaningful Internet Systems. OTM 2018 Conferences, Springer International Publishing, Cham, 2018, S. 116 - 134.

Aqlan, F.; Lam, S.; Ramakrishnan, S. (2014)
An integrated simulation–optimization study for consolidating production lines in a configure-to-order production environment. In: International Journal of Production Economics, 148. Jg., 2014, S. 51 - 61.

Arndt, H. (2008)
Supply Chain Management - Optimierung logistischer Prozesse, 4., aktualisierte und überarbeitete Auflage; Gabler Verlag /GWV Fachverlage GmbH Wiesbaden, Wiesbaden, 2008.

Arora, D.; Krause, H.-U. (2010)
Controlling-Kennzahlen - Key Performance Indicators - Zweisprachiges Handbuch Deutsch/Englisch - Bi-lingual Compendium German/English, 2. Aufl.; Oldenbourg, München, 2010.

Bader, A.; Kaufmann, J.; Tracht, K. (2020)
Order Classification in Inventory Planning of Job Shop Production. In: Procedia Manufacturing, 49. Jg., 2020, S. 180 - 184.

Bae, J.; Suriadi, S.; Wen, L. (2015)
Asia Pacific Business Process Management - Third Asia Pacific Conference, AP-BPM 2015, Busan, South Korea, June 24-26, 2015, Proceedings, Springer International Publishing, Cham, s.l., 2015.

Bahrenburg, S.; Görtzen, M. (2016)
Reifegrad und Relevanz des Stammdatenmanagements - Stammdaten als unabdingbare Basis für die Digitalisierung, Prozesseffizienz und Compliance,, 2016.

Baier, T. (2015)
Matching Events and Activities - Preprocessing Event Logs for Process Analysis, Dissertation, University of Potsdam, 2015.

Balint, C.; Taylor, Z.; James, E. (2020)
athenahealth: Process Mining for Service Integrity in Healthcare. In: Reinkemeyer, L. (Hrsg.): Process Mining in Action, Springer International Publishing, Cham, 2020, S. 97 - 108.

Balzert, S.; Fettke, P.; Loos, P. (2010)
Plädoyer für eine operationalisierbare Methode der Prozesserhebung in der Beratung - Klassifikation bestehender Ansätze und Implikationen für die Beratungspraxis,, 2010.

Becker, J.; Probandt, W.; Vering, O. (2012)
Grundsätze ordnungsmäßiger Modellierung - Konzeption und Praxisbeispiel für ein effizientes Prozessmanagement, Springer Gabler, Berlin, 2012.

Becker, T. (2018)
Prozesse in Produktion und Supply Chain optimieren, 3., neu bearbeitete und erweiterte Auflage; Springer Vieweg, Berlin, 2018.

Behrens, B.-A.; Brosius, A.; Hintze, W.; Ihlenfeldt, S.; Wulfsberg, J. (2021)
Production at the leading edge of technology, Springer Berlin Heidelberg, Berlin, Heidelberg, 2021.

Bergerfurth, J.; Hansmann, H.; Neumann, S. (2003)
Ermittlung Workflow-geeigneter PPS-Prozesse. In: Luczak, H./Becker, J. (Hrsg.): Workflowmanagement in der Produktionsplanung und -steuerung - Qualität und Effizienz der Auftragsabwicklung steigern, Springer, Berlin, Heidelberg, 2003, S. 90 - 124.

Berlak, J. (2003)
Methodik zur strukturierten Auswahl von Auftragsabwicklungssystemen, Utz, München, 2003.

Berti, A.; van de Aalst, W. (2018)
StarStar Models: Using Events at Database Level for Process Analysis, SIMPDA, S. 60-64, 2018.

Berti, A.; van der Aalst, W. (2020)
Extracting Multiple Viewpoint Models from Relational Databases. In: Ceravolo, P./van Keulen, M./et al. (Hrsg.): Data-Driven Process Discovery and Analysis, Springer International Publishing, Cham, 2020, S. 24 - 51.

Bettacchi, A.; Polzonetti, A.; Re, B. (2016)
Understanding Production Chain Business Process Using Process Mining: A Case Study in the Manufacturing Scenario. In: Krogstie, J./Mouratidis, H./et al. (Hrsg.): Advanced Information Systems Engineering Workshops, Springer International Publishing, Cham, 2016, S. 193 - 203.

Bichler, K.; Krohn, R.; Philippi, P.; Schneidereit, F. (2017)
Kompakt-Lexikon Logistik - 2.250 Begriffe nachschlagen, verstehen, anwenden, 3., aktualisierte Auflage; Springer Gabler, Wiesbaden, 2017.

Bitkom (2014)
Big-Data-Technologien - Wissen für Entscheider - Leitfaden,, 2014.

Bitkom (2018)
Industrie 4.0 - Wo steht Deutschland?,, 2018.

Blasini, J.; Leist, S.; Merkl, W. (2018)
Developing and Implementing a Process-Performance Management System: Experiences from S-Y Systems Technologies Europe GmbH–A Global Automotive Supplier. In: Vom Brocke, J./Mendling, J. (Hrsg.): Business Process Management Cases, Springer International Publishing, Cham, 2018, S. 37 - 55.

Bolt, A.; van der Aalst, W. (2015)
Multidimensional Process Mining Using Process Cubes. In: Gaaloul, K./Schmidt, R./et al. (Hrsg.): Enterprise, Business-Process and Information Systems Modeling, Springer International Publishing, Cham, 2015, S. 102 - 116.

Braglia, M.; Carmignani, G.; Zammori, F. (2006)
A new value stream mapping approach for complex production systems. In: International Journal of Production Research, Nr. 18-19, 44. Jg., 2006, S. 3929 - 3952.

Brenner, J. (2018)
Lean Administration - Verschwendung in Büros erkennen, analysieren und beseitigen, Hanser, München, 2018.

Brockhoff, K. (2002)
Geschichte der Betriebswirtschaftslehre - Kommentierte Meilensteine und Originaltexte, 2., durchgesehene Auflage; Gabler Verlag, Wiesbaden, 2002.

Brodsky, A. (2017)
2017 IEEE 29th International Conference on Tools with Artificial Intelligence (ICTAI), 2017 IEEE 29th International Conference on Tools with Artificial Intelligence (ICTAI), 2017. IEEE (2017)

Brucker-Kley, E.; Kykalová, D.; Keller, T. (2018)
Prozessintelligenz - Business-Process-Management-Studie - Status quo und Erfolgsmuster, Springer Open, Berlin, 2018.

Büdenbender, W. (1991)
Ganzheitliche Produktionsplanung und -steuerung - Konzepte für Produktionsunternehmen mit kombinierter kundenanonymer und kundenbezogener Auftragsabwicklung, Springer, Berlin, Heidelberg, 1991.

Buhrmann, C. (2020)
Bosch: Process Mining - A Corporate Consulting Perspective. In: Reinkemeyer, L. (Hrsg.): Process Mining in Action, Springer International Publishing, Cham, 2020, S. 129 - 133.

Buijs, J.; van Dongen, B.; van der Aalst, W. (2012)
On the Role of Fitness, Precision, Generalization and Simplicity in Process Discovery. In: Hutchison, D./Kanade, T./et al. (Hrsg.): On the Move to Meaningful Internet Systems: OTM 2012, Springer Berlin Heidelberg, Berlin, Heidelberg, 2012, S. 305 - 322.

Calvanese, D.; Kalayci, T.; Montali, M.; Santoso, A. (2017)
OBDA for Log Extraction in Process Mining. In: Ianni, G./Lembo, D./et al. (Hrsg.): Reasoning Web. Semantic Interoperability on the Web, Springer International Publishing, Cham, 2017, S. 292 - 345.

Calvanese, D.; Montali, M.; Syamsiyah, A.; van der Aalst, W. (2016)
Ontology-Driven Extraction of Event Logs from Relational Databases. In: Reichert, M./Reijers, H. A. (Hrsg.): Business Process Management Workshops, Springer International Publishing, Cham, 2016, S. 140 - 153.

Ceravolo, P.; van Keulen, M.; Gómez-López, M. (2020)
Data-Driven Process Discovery and Analysis, Springer International Publishing, Cham, 2020.

Chan, K.; Au, W.-H. (2001)
Mining Fuzzy Association Rules in a Database Containing Relational and Transactional Data. In: Kacprzyk, J./Kandel, A./et al. (Hrsg.): Data Mining and Computational Intelligence, Physica-Verlag HD, Heidelberg, 2001, S. 95 - 114.

Cherfi, S.; Perini, A.; Nurcan, S. (2021)
Research Challenges in Information Science, Springer International Publishing, Cham, 2021.

Cherni, J.; Martinho, R.; Ghannouchi, S. (2019)
Towards Improving Business Processes based on preconfigured KPI target values, Process Mining and Redesign Patterns. In: Procedia Computer Science, 164. Jg., 2019, S. 279 - 284.

Claes, J.; Poels, G. (2014)
Merging event logs for process mining: A rule based merging method and rule suggestion algorithm. In: Expert Systems with Applications, Nr. 16, 41. Jg., 2014, S. 7291 - 7306.

Coronel, C.; Morris, S. (2019)
Database systems - Design, implementation, and management, 13th e; Cengage Learning, Australia, United States, 2019.

Daniel, F.; Barkaoui, K.; Dustdar, S. (2012)
Business Process Management Workshops, Springer Berlin Heidelberg, Berlin, Heidelberg, 2012.

Dasu, T.; Johnson, T.; Muthukrishnan, S.; Shkapenyuk, V. (2002)
Mining database structure; or, how to build a data quality browser. In: DeWitt, D./Franklin, M./et al. (Hrsg.): Proceedings of the 2002 ACM SIGMOD international conference on Management of data - SIGMOD '02, ACM Press, New York, New York, USA, 2002, S. 240.

Davenport, T. H. (1993)
Process innovation - Reengineering work through information technology, Harvard Business School Press, Boston, Mass., 1993.

Davis, R. (2001)
Business process modelling with ARIS - A practical guide, 4th print; Springer, London, 2001.

Davis, R. (2008)
ARIS Design Platform - Advanced Process Modelling and Administration, Springer-Verlag London Limited, London, 2008.

del-Río-Ortega, A.; Cabanillas, C.; Resinas, M.; Ruiz-Cortés, A. (2010)
PPINOT Tool Suite: A Performance Management Solution for Process-Oriented Organisations. In: Maglio, P. P./Weske, M./et al. (Hrsg.): Service-Oriented Computing, Springer Berlin Heidelberg, Berlin, Heidelberg, 2010, S. 675 - 678.

del-Río-Ortega, A.; Resinas, M.; Cabanillas, C.; Ruiz-Cortés, A. (2013)
On the definition and design-time analysis of process performance indicators. In: Information Systems, Nr. 4, 38. Jg., 2013, S. 470 - 490.

del-Río-Ortega, A.; Resinas, M.; Ruiz-Cortés, A. (2010)
Defining Process Performance Indicators: An Ontological Approach. In: Meersman, R./Dillon, T./et al. (Hrsg.): On the Move to Meaningful Internet Systems: OTM 2010, Springer Berlin Heidelberg, Berlin, Heidelberg, 2010, S. 555 - 572.

DeWitt, D.; Franklin, M.; Moon, B. (2002)
Proceedings of the 2002 ACM SIGMOD international conference on Management of data - SIGMOD '02, the 2002 ACM SIGMOD international conference, 03.06.2002 - 06.06.2002. ACM Press, New York, New York, USA (2002)

Di Ciccio, C.; Marrella, A.; Russo, A. (2015)
Knowledge-Intensive Processes: Characteristics, Requirements and Analysis of Contemporary Approaches. In: Journal on Data Semantics, Nr. 1, 4. Jg., 2015, S. 29 - 57.

Diaz, D.; Cortes-Cornax, M.; Front, A.; Labbe, C.; Faure, D. (2021)
A Method for Modeling Process Performance Indicators Variability Integrated to Customizable Processes Models. In: Cherfi, S./Perini, A./et al. (Hrsg.): Research Challenges in Information Science, Springer International Publishing, Cham, 2021, S. 72 - 87.

DIN Deutsches Institut für Normung e. V. (1997)
Projektabwicklung, DIN 69905, 1997.

DIN Deutsches Institut für Normung e.V. (2017)
Ergonomie der Mensch-System-Interaktion, DIN EN ISO 9241-112, 2017.

Doleski, O. (2020)
Realisierung Utility 4.0 Band 2, Springer Fachmedien Wiesbaden, Wiesbaden, 2020.

Dombrowski, U.; Kubin, G.; Ortmeier, C.; Kellermann, S.; Peters, J. (2020)
Reifegradbasierte Implementierung von Business Intelligence in der Auftragsabwicklung. In: Zeitschrift für wirtschaftlichen Fabrikbetrieb, Nr. 12, 115. Jg., 2020, S. 904 - 908.

Dreher, S.; Reimann, P.; Gröger, C. (2020)
Application Fields and Research Gaps of Process Mining in Manufacturing Companies. In: INFORMATIK 2020. Gesellschaft für Informatik, Bonn, 2020, S. 621 - 634.

Dudenredaktion (2015)
Duden - Deutsches Universalwörterbuch ; das umfassende Bedeutungswörterbuch der deutschen Gegenwartssprache, 8. Auflage; Duden, Berlin, 2015.

Dues, C.; Albers, E. (2016)
Schlüsselkennzahlen statt Zahlenfriedhöfe. In: Sozialwirtschaft, Nr. 3, 26. Jg., 2016, S. 28 - 29.

Dumas, M.; La Rosa, M.; Mendling, J.; Reijers, H. (2018)
Essential Process Modeling. In: Dumas, M./La Rosa, M./et al. (Hrsg.): Fundamentals of Business Process Management, Springer Berlin Heidelberg, Berlin, Heidelberg, 2018, S. 75 - 115.

Dumas, M.; La Rosa, M.; Mendling, J.; Reijers, H. (2018)
Fundamentals of Business Process Management, Springer Berlin Heidelberg, Berlin, Heidelberg, 2018.

Dumas, M.; La Rosa, M.; Mendling, J.; Reijers, H. A. (2018)
Fundamentals of Business Process Management, 2nd ed. 2018; Springer, Berlin, Heidelberg, 2018.

Dzepina, A.; Lehner, F. (2021)
Identifikation von Gestaltungsfaktoren der Prozessmodellierung - Erste Ergebnisse einer qualitativen Studie. In: Reussner, R./Koziolek, A./et al. (Hrsg.): Informatik 2020 - Lecture Notes in Informatics (LNI),, 2021

Efthymiou, K.; Pagoropoulos, A.; Papakostas, N.; Mourtzis, D.; Chryssolouris, G. (2014)
Manufacturing systems complexity: An assessment of manufacturing performance indicators unpredictability. In: CIRP Journal of Manufacturing Science and Technology, Nr. 4, 7. Jg., 2014, S. 324 - 334.

Ehrlenspiel, K. (2009)
Integrierte Produktentwicklung - Denkabläufe, Methodeneinsatz, Zusammenarbeit, 4., aktualisierte Aufl., [elektronische Ressource]; Hanser, München, 2009.

Emamjome, F.; Andrews, R.; ter Hofstede, A. (2019)
A Case Study Lens on Process Mining in Practice. In: Panetto, H./Debruyne, C./et al. (Hrsg.): On the Move to Meaningful Internet Systems: OTM 2019 Conferences, Springer International Publishing, Cham, 2019, S. 127 - 145.

Er, M.; Astuti, H.; Wardhani, I. (2015)
Material Movement Analysis for Warehouse Business Process Improvement with Process Mining: A Case Study. In: Bae, J./Suriadi, S./et al. (Hrsg.): Asia Pacific Business Process Management - Third Asia Pacific Conference, AP-BPM 2015, Busan, South Korea, June 24-26, 2015, Proceedings, Springer International Publishing, Cham, s.l., 2015, S. 115 - 127.

Erlach, K. (2013)
Value stream design - The way towards a lean factory, Springer, Berlin, Heidelberg, 2013.

Eversheim, W. (1989)
Organisation in der Produktionstechnik Band 4 - Fertigung und Montage, 2. Aufl.; Springer, Berlin, Heidelberg, 1989.

Eversheim, W. (1996)
Organisation in der Produktionstechnik - Band 1: Grundlagen, Dritte, neu bearbeitete und erweiterte Auflage; Springer, Berlin, Heidelberg, 1996.

Eversheim, W. (2002)
Organisation in der Produktionstechnik 3 - Arbeitsvorbereitung, 4., bearbeitete und korrigierte Auflage; Springer, Berlin, Heidelberg, 2002.

Eversheim, W.; Schuh, G. (1999)
Produktion und Management 3 - Gestaltung von Produktionssystemen, Springer, Berlin, Heidelberg, 1999.

Fayyad, U.; Piatetsky-Shapiro, G.; Smyth, P. (1996)
Knowledge Discovery and Data Mining: - Towards a Unifying Framework. In: KDD-96 Proceedings, 1996, S. 82 - 88.

Ferreira, F.; Faria, J.; Azevedo, A.; Marques, A. (2016)
Industry 4.0 as Enabler for Effective Manufacturing Virtual Enterprises. In: Afsarmanesh, H./Camarinha-Matos, L. M./et al. (Hrsg.): Collaboration in a Hyperconnected World, Springer International Publishing, Cham, 2016, S. 274 - 285.

Fischer, L. (2015)
BPM everywhere, Future Strategies, Lighthouse Point, 2015.

Flack, C.; Dreher, S.; Birk, A.; Wilhelm, Y. (2020)
Process Mining in der Produktion. In: Zeitschrift für wirtschaftlichen Fabrikbetrieb, Nr. 11, 115. Jg., 2020, S. 829 - 833.

Fortuin, L. (1988)
Performance indicators — Why, where and how. In: European Journal of Operational Research, Nr. 1, 34. Jg., 1988, S. 1 - 9.

Frese, E.; Noetel, W. (1992)
Kundenorientierung in der Auftragsabwicklung - Strategie, Organisation und Informationstechnologie, VDI-Verl., Düsseldorf, 1992.

Frické, M. (2009)
The knowledge pyramid: a critique of the DIKW hierarchy. In: Journal of Information Science, Nr. 2, 35. Jg., 2009, S. 131 - 142.

Frink, D.; Lassen, S.; Luczak, H. (2003)
Ausgangssituation und Zielsetzung. In: Luczak, H./Becker, J. (Hrsg.): Workflowmanagement in der Produktionsplanung und -steuerung - Qualität und Effizienz der Auftragsabwicklung steigern, Springer, Berlin, Heidelberg, 2003, S. 1 - 11.

Fritzsche, K. (2020)
Grundkurs Analysis 1 - Differentiation und Integration in einer Veränderlichen, 3. Auflage; Springer Spektrum, Berlin, Germany, 2020.

Gaaloul, K.; Schmidt, R.; Nurcan, S.; Guerreiro, S.; Ma, Q. (2015)
Enterprise, Business-Process and Information Systems Modeling, Springer International Publishing, Cham, 2015.

Gadatsch, A. (2017)
Grundkurs Geschäftsprozess-Management - Analyse, Modellierung, Optimierung und Controlling von Prozessen, 8., vollständig überarbeitete Auflage; Springer Vieweg, Wiesbaden, 2017.

Gadatsch, A. (2020)
Grundkurs Geschäftsprozess-Management - Analyse, Modellierung, Optimierung und Controlling von Prozessen, 9., aktualisierte und erweiterte Auflage, 2020.

Gaitanides, M. (2013)
Prozessorganisation - Entwicklung, Ansätze und Programme des Managements von Geschäftsprozessen, 3. ed.; Vahlen, München, 2013.

Galic, G.; Wolf, M. (2021)
Delivering Value with Process Analytics - Process Mining adoption and success factors,, 2021.

George, M. L. (2002)
Lean Six Sigma - Combining Six Sigma quality with lean speed, McGraw-Hill, [New York], 2002.

Gilani, W.; Soban, D.; Molka, T.; Redlich, D.; Drobek, M. (2014)
On Advanced Business Simulations - Converging Operational and Strategic Levels. In: Proceedings of the Fourth International Symposium on Business Modeling and Software Design - BMSD, 2014, S. 166 - 171.

Gladen, W. (2014)
Performance Measurement - Controlling mit Kennzahlen, 6., überarb. Aufl.; Springer Gabler, Wiesbaden, 2014.

Goede, G. W. (2018)
Marketing-Lexikon. Marketing Dictionary - Englisch-Deutsch, Deutsch-Englisch, Reprint 2018; Oldenbourg Wissenschaftsverlag, Berlin, Boston, 2018.

González López de Murillas, E.; Reijers, H.; van der Aalst, W. (2019)
Connecting databases with process mining: a meta model and toolset. In: Software and systems modeling, Nr. 2, 18. Jg., 2019, S. 1209 - 1247.

Grabner, T. (2019)
Operations Management, Springer Fachmedien Wiesbaden, Wiesbaden, 2019.

Greitemann, J. (2016)
Methodik für die systematische Identifikation von Produktionstechnologien, Dissertation, Technische Universität München, 2016.

Gressel, S.; Pauleen, D. J.; Taskin, N. (2020)
Management decision-making, big data and analytics, SAGE PUBLICATIONS, 2020.

Gschwandtner, T.; Gärtner, J.; Aigner, W.; Miksch, S. (2012)
A Taxonomy of Dirty Time-Oriented Data. In: Hutchison, D./Kanade, T./et al. (Hrsg.): Multidisciplinary Research and Practice for Information Systems, Springer Berlin Heidelberg, Berlin, Heidelberg, 2012, S. 58 - 72.

Gudehus, T. (2012)
Aufgaben und Aspekte der Logistik. In: Gudehus, T. (Hrsg.): Logistik 1, Springer Berlin Heidelberg, Berlin, Heidelberg, 2012, S. 1 - 40.

Gudehus, T. (2012)
Logistik 1, Springer Berlin Heidelberg, Berlin, Heidelberg, 2012.

Gudmundsson, H.; Hall, R. P.; Marsden, G.; Zietsman, J. (2016)
Sustainable Transportation - Indicators, Frameworks, and Performance Management, Springer Berlin Heidelberg, Berlin, Heidelberg, s.l., 2016.

Günther, C.; van der Aalst, W. (2007)
Fuzzy Mining – Adaptive Process Simplification Based on Multi-perspective Metrics. In: Hutchison, D./Kanade, T./et al. (Hrsg.): Business Process Management, Springer Berlin Heidelberg, Berlin, Heidelberg, 2007, S. 328 - 343.

Gupta, E. (2014)
Process Mining A Comparative Study. In: IJARCCE, Nr. 3, 11. Jg., 2014, S. 8594 - 8598.

Habermann, F. (2001)
Management von Geschäftsprozesswissen - IT-basierte Systeme und Architektur, Deutscher Universitätsverlag, Wiesbaden, 2001.

Habermann, T.; Doch, J. (2009)
Projektauswahlprozess als Erfolgsfaktor für Business Process Excellence (BPE) in einem Pharmaunternehmen. In: Töpfer, A. (Hrsg.): Lean Six Sigma, Springer Berlin Heidelberg, Berlin, Heidelberg, 2009, S. 233 - 248.

Hachtel, G.; Holzbaur, U. (2010)
Management für Ingenieure - Technisches Management für Ingenieure in Produktion und Logistik, Vieweg + Teubner, Wiesbaden, 2010.

Hadeler, T.; Arentzen, U. (2013)
Gabler Wirtschafts Lexikon, 15., vollständig überarbeitete und aktualisierte Auflage; Gabler Verlag, Wiesbaden, s.l., 2013.

Hammer, B.; Zhou, Z.-H.; Wang, L.; Chawla, N. (2013)
2013 IEEE Symposium on Computational Intelligence and Data Mining (CIDM), 16.04.2013 - 19.04.2013. IEEE (2013)

Hammer, M.; Champy, J. (1994)
Business reengineering - Die Radikalkur für das Unternehmen, Campus-Verl., Frankfurt/Main, 1994.

Hammer, M.; Champy, J. (2002)
Reengineering the corporation - A manifesto for business revolution, PerfectBound, 2002.

Hammer, N. (2008)
Mediendesign für Studium und Beruf, Springer Berlin Heidelberg, Berlin, Heidelberg, 2008.

Hämmerle, M.; Rally, P.; Spath, D. (2010)
Wertschöpfung steigern - Ergebnisse der Datenerhebung über die Verbreitung und Ausgestaltung von Methoden zur Prozessoptimierung in der Produktion mit besonderem Fokus auf die Wertstrommethode, Fraunhofer Verl., Stuttgart, 2010.

Hanschke, I. (2012)
Enterprise Architecture Management - einfach und effektiv - Ein praktischer Leitfaden für die Einführung von EAM, Hanser, München, 2012.

Harmon, P.; Garcia, J. (2020)
The State of Business Process Management 2020,, 2020.

Heinecke, A. M. (2012)
Mensch-Computer-Interaktion, Springer Berlin Heidelberg, Berlin, Heidelberg, 2012.

Heinrich, L. J.; Roithmayr, F. (2018)
Wirtschaftsinformatik-Wörterbuch - Dictionary of Economic Informatics - Deutsch-Englisch. Englisch-Deutsch. German-English. English-German, 4., vollständig überarbeitete und erweiterte Auflage. Reprint 2018; Oldenbourg Wissenschaftsverlag, Berlin, Boston, 2018.

Hellmich, K. P. (2003)
Kundenorientierte Auftragsabwicklung - Engpassorientierte Planung und Steuerung des Ressourceneinsatzes, Gabler Edition Wissenschaft; Deutscher Universitätsverlag, Wiesbaden, s.l., 2003.

Herz, C.; Kröner, A.; Schnell, C. (2020)
Deutsche Börse lässt untersuchen, wie sinnvoll Quartalszahlen wirklich sind. URL: https://www.handelsblatt.com/finanzen/maerkte/marktberichte/nach-allianz-vorstoss-deutsche-boerse-laesst-untersuchen-wie-sinnvoll-quartalszahlen-wirklich-sind/25576922.html?ticket=ST-20397107-5H3I6WeO5VfxcPSbb93W-ap6 26.12.2020.

Hesse, J. (2004)
Erfolgsforschung im Vertrieb - Empirische Analysen von Herstellerunternehmen schnelldrehender Konsumgüter, Gabler Edition Wissenschaft; Deutscher Universitätsverlag, Wiesbaden, 2004.

Hoffmann, W. (1999)
Objektorientiertes Qualitätsinformationssystem - Referenzmodell und Realisierungsansätze, Deutscher Universitätsverlag, Wiesbaden, s.l., 1999.

Hofmann, M. (2020)
Prozessoptimierung als ganzheitlicher Ansatz, Springer Fachmedien Wiesbaden, Wiesbaden, 2020.

Höhne, M.; Fahr, P.; Schabicki, T.; Schnägelberger, S.; Feddern, U.; Bernstorf, J.; Varnholt, S.; Schrodt, S.; Porst, J.; Huu, L. N.; Kinzel, T.; Hinzmann, M.; Sysavanh, M. (2021)
Prozesse effizient managen und nachhaltig verbessern - Process Management & Analytics Studie,, 2021.

Huang, Z.; Beek, W.; Wang, H.; Zhou, R.; Zhang, Y. (2020)
Web Information Systems Engineering – WISE 2020, Springer International Publishing, Cham, 2020.

Hutchison, D.; Kanade, T.; Kittler, J.; Kleinberg, J.; Mattern, F.; Mitchell, J.; Naor, M.; Nierstrasz, O.; Pandu Rangan, C.; Steffen, B.; Sudan, M.; Terzopoulos, D.; Tygar, D.; Vardi, M.; Weikum, G.; Alonso, G.; Dadam, P.; Rosemann, M. (2007)
Business Process Management, Springer Berlin Heidelberg, Berlin, Heidelberg, 2007.

Hutchison, D.; Kanade, T.; Kittler, J.; Kleinberg, J.; Mattern, F.; Mitchell, J.; Naor, M.; Nierstrasz, O.; Pandu Rangan, C.; Steffen, B.; Sudan, M.; Terzopoulos, D.; Tygar, D.; Vardi, M.; Weikum, G.; Colom, J.-M.; Desel, J. (2013)
Application and Theory of Petri Nets and Concurrency, Springer Berlin Heidelberg, Berlin, Heidelberg, 2013.

Hutchison, D.; Kanade, T.; Kittler, J.; Kleinberg, J.; Mattern, F.; Mitchell, J.; Naor, M.; Nierstrasz, O.; Pandu Rangan, C.; Steffen, B.; Sudan, M.; Terzopoulos, D.; Tygar, D.; Vardi, M.; Weikum, G.; Meersman, R.; Panetto, H.; Dillon, T.; Rinderle-Ma, S.; Dadam, P.; Zhou, X.; Pearson, S.; Ferscha, A.; Bergamaschi, S.; Cruz, I. (2012)
On the Move to Meaningful Internet Systems: OTM 2012, Springer Berlin Heidelberg, Berlin, Heidelberg, 2012.

Hutchison, D.; Kanade, T.; Kittler, J.; Kleinberg, J.; Mattern, F.; Mitchell, J.; Naor, M.; Nierstrasz, O.; Pandu Rangan, C.; Steffen, B.; Sudan, M.; Terzopoulos, D.; Tygar, D.; Vardi, M.; Weikum, G.; Quirchmayr, G.; Basl, J.; You, I.; Xu, L.; Weippl, E. (2012)
Multidisciplinary Research and Practice for Information Systems, Springer Berlin Heidelberg, Berlin, Heidelberg, 2012.

Ianni, G.; Lembo, D.; Bertossi, L.; Faber, W.; Glimm, B.; Gottlob, G.; Staab, S. (2017)
Reasoning Web. Semantic Interoperability on the Web, Springer International Publishing, Cham, 2017.

Ingvaldsen, J.; Gulla, J. (2006)
Model-Based Business Process Mining. In: Information Systems Management, Nr. 1, 23. Jg., 2006, S. 19 - 31.

International Organisation for Standardization (2014)
Automation systems, ISO 22400-1, 2014.

Jansen, H. (2020)
ABB: From Mining Processes Towards Driving Processes. In: Reinkemeyer, L. (Hrsg.): Process Mining in Action, Springer International Publishing, Cham, 2020, S. 119 - 128.

Janßen, J.; Schröer, T. (2020)
Anwendung der Datenfusion zur Qualitätssteigerung betrieblicher Rückmeldedaten. In: Zeitschrift für wirtschaftlichen Fabrikbetrieb, Nr. 11, 115. Jg., 2020, S. 838 - 841.

Jasti, N.; Kota, S.; Sangwan, K. (2020)
An application of value stream mapping in auto-ancillary industry: a case study. In: The TQM Journal, Nr. 1, 32. Jg., 2020, S. 162 - 182.

Kacprzyk, J.; Kandel, A.; Last, M.; Bunke, H. (2001)
Data Mining and Computational Intelligence, Physica-Verlag HD Heidelberg, 2001.

Kalenkova, A.; van der Aalst, W.; Lomazova, I.; Rubin, V. (2017)
Process mining using BPMN: relating event logs and process models. In: Software and systems modeling, Nr. 4, 16. Jg., 2017, S. 1019 - 1048.

Kasim, T.; Haracic, M.; Haracic, M. (2018)
The Improvement Of Business Efficiency Through Business Process Management,, 2018.

Kerremans, M.; Searle, S.; Srivastava, T.; Iijima, K. (2020)
Market Guide for Process Mining. URL: https://www.gartner.com/doc/reprints?id=1-24ARMY34&ct=201002&st=sb&utm_source=linkedin 15.06.2021.

King, P. L.; King, J. S. (2015)
Value Stream Mapping for the Process Industries - Creating a Roadmap for Lean Transformation, CRC Press, Portland, 2015.

Klaus, P.; Krieger, W.; Krupp, M. (2012)
Gabler Lexikon Logistik - Management logistischer Netzwerke und Flüsse, 5. Aufl. 2012; Gabler Verlag, Wiesbaden, 2012.

Klee, J.; Türks, M. (1970)
Aufgaben und Organisationen der Warenverteilung. In: Poth, L. (Hrsg.): Praxis der betrieblichen Warenverteilung - Marketing-Logistik, Handelsblatt, Düsseldorf, 1970, S. 64 - 89.

Kletti, J.; Schumacher, J. (2011)
Die perfekte Produktion - Manufacturing Excellence durch Short Interval Technology (SIT), Springer-Verlag Berlin Heidelberg, Berlin, Heidelberg, 2011.

Kletti, J.; Schumacher, J. (2014)
Die perfekte Produktion, Springer Berlin Heidelberg, Berlin, Heidelberg, 2014.

Klug, F. (2018)
Logistikmanagement in der Automobilindustrie, Springer Berlin Heidelberg, Berlin, Heidelberg, 2018.

Knoll, D.; Reinhart, G.; Prüglmeier, M. (2019)
Enabling value stream mapping for internal logistics using multidimensional process mining. In: Expert Systems with Applications, 124. Jg., 2019, S. 130 - 142.

Köhler, R. (1977)
Empirische und handlungstheoretische Forschungskonzeptionen in der Betriebswirtschaftslehre - Bericht über d. Tagung in Aachen, März 1976, Poeschel, Stuttgart, 1977.

Kong, Q.; Siauw, T.; Bayen, A. M. (2021)
Python programming and numerical methods - A guide for engineers and scientists, Academic Press is an imprint of Elsevier, London, United Kingdom, 2021.

Kornmeier, M. (2007)
Wissenschaftstheorie und wissenschaftliches Arbeiten - Eine Einführung für Wirtschaftswissenschaftler, Physica-Verlag Heidelberg, Heidelberg, 2007.

Koutny, M.; Pomello, L.; Kristensen, L. (2019)
Transactions on Petri Nets and Other Models of Concurrency XIV, Springer Berlin Heidelberg, Berlin, Heidelberg, 2019.

Krogstie, J.; Mouratidis, H.; Su, J. (2016)
Advanced Information Systems Engineering Workshops, Springer International Publishing, Cham, 2016.

Krüger, M.; Helmers, I. (2020)
Process Mining in der Energiewirtschaft – Einsatzgebiete und Erfahrungen. In: Doleski, O. D. (Hrsg.): Realisierung Utility 4.0 Band 2, Springer Fachmedien Wiesbaden, Wiesbaden, 2020, S. 51 - 59.

Kubicek, H. (1977)
Heuristische Bezugsrahmen und heuristisch angelegte Forschungsdesigns als Elemente einer Konstruktionsstrategie empirischer Forschung. In: Köhler, R. (Hrsg.): Empirische und handlungstheoretische Forschungskonzeptionen in der Betriebswirtschaftslehre - Bericht über d. Tagung in Aachen, März 1976, Poeschel, Stuttgart, 1977, S. 3 - 36.

Kummer, S.; Grün, O.; Jammernegg, W. (2013)
Grundzüge der Beschaffung, Produktion und Logistik, 2., aktualisierte Aufl., [Nachdr.]; Pearson Studium, München, 2013.

Kurbel, K. (2016)
Enterprise Resource Planning und Supply Chain Management in der Industrie - Von MRP bis Industrie 4.0, 8., vollst. überarb. und erw. Auflage; De Gruyter, Berlin/Boston, 2016.

Lang, M.; Bürkle, T.; Laumann, S.; Prokosch, H.-U. (2008)
Process mining for clinical workflows: challenges and current limitations. In: Studies in health technology and informatics, 136. Jg., 2008, S. 229 - 234.

Lanza, G. (2015)
Operational KPI evaluation framework,, 2015.

Laudon, K. C.; Laudon, J. P.; Schoder, D. (2016)
Wirtschaftsinformatik - Eine Einführung, 3., vollständig überarbeitete Auflage; Pearson, Hallbergmoos, 2016.

Laufenberg, L. (1996)
Methodik zur integrierten Projektgestaltung für die situative Umsetzung des simultaneous engineering, Als Ms. gedr; Shaker, Aachen, 1996.

Leario, I.; Studer, L.; Kykalová, D.; Brucker-Kley, E. (2018)
Fallstudie Stadt Lausanne: Prozessanalyse in Kombination mit Process Mining. In: Brucker-Kley, E./Kykalová, D./et al. (Hrsg.): Prozessintelligenz - Business-Process-Management-Studie - Status quo und Erfolgsmuster, Springer Open, Berlin, 2018, S. 45 - 60.

Lee, S.-k.; Kim, B.; Huh, M.; Cho, S.; Park, S.; Lee, D. (2013)
Mining transportation logs for understanding the after-assembly block manufacturing process in the shipbuilding industry. In: Expert Systems with Applications, Nr. 1, 40. Jg., 2013, S. 83 - 95.

Leemans, S.; Fahland, D.; van der Aalst, W. (2013)
Discovering Block-Structured Process Models from Event Logs - A Constructive Approach. In: Hutchison, D./Kanade, T./et al. (Hrsg.): Application and Theory of Petri Nets and Concurrency, Springer Berlin Heidelberg, Berlin, Heidelberg, 2013, S. 311 - 329.

Leemans, S.; Fahland, D.; van der Aalst, W. (2018)
Scalable process discovery and conformance checking. In: Software and systems modeling, Nr. 2, 17. Jg., 2018, S. 599 - 631.

Leemans, S. J.J.; Poppe, E.; Wynn, M. T. (2019)
Directly Follows-Based Process Mining: Exploration & a Case Study,, 2019.

Lemke, C.; Brenner, W.; Kirchner, K. (2017)
Einführung in die Wirtschaftsinformatik - Band 2: Gestalten des digitalen Zeitalters, Springer Gabler, Berlin, 2017.

Li, G.; Carvalho, R. de; **van der Aalst, W. (2017)**
Automatic Discovery of Object-Centric Behavioral Constraint Models. In: Abramowicz, W. (Hrsg.): Business Information Systems, Springer International Publishing, Cham, 2017, S. 43 - 58.

Li, G.; Medeiros de Carvalho, R.; van der Aalst, W. (2018)
Configurable Event Correlation for Process Discovery from Object-Centric Event Data. In: 2018 IEEE International Conference on Web Services (ICWS), 2018, S. 203 - 210.

Li, G.; Murillas, E. de; **Carvalho, R.** de; **van der Aalst, W. (2018)**
Extracting Object-Centric Event Logs to Support Process Mining on Databases. In: Mendling, J./Mouratidis, H. (Hrsg.): Information Systems in the Big Data Era, Springer International Publishing, Cham, 2018, S. 182 - 199.

Lian, Y.-H.; van Landeghem, H. (2007)
Analysing the effects of Lean manufacturing using a value stream mapping-based simulation generator. In: International Journal of Production Research, Nr. 13, 45. Jg., 2007, S. 3037 - 3058.

Lindberg, C.-F.; Tan, S.; Yan, J.; Starfelt, F. (2015)
Key Performance Indicators Improve Industrial Performance. In: Energy Procedia, 75. Jg., 2015, S. 1785 - 1790.

Liu, C.; Pei, Y.; Zeng, Q.; Duan, H.; Zhang, F. (2020)
LogRank+: A Novel Approach to Support Business Process Event Log Sampling. In: Huang, Z./Beek, W./et al. (Hrsg.): Web Information Systems Engineering – WISE 2020, Springer International Publishing, Cham, 2020, S. 417 - 430.

Lödding, H. (2016)
Verfahren der Fertigungssteuerung - Grundlagen, Beschreibung, Konfiguration, 3. Auflage; Springer Vieweg, Berlin, Heidelberg, 2016.

Lödding, H.; Koch, C. (2020)
Value stream analysis and design for make-to-order companies. In: Production Planning & Control, 2020, S. 1 - 13.

Lohman, C.; Fortuin, L.; Wouters, M. (2004)
Designing a performance measurement system: A case study. In: European Journal of Operational Research, Nr. 2, 156. Jg., 2004, S. 267 - 286.

Lohmann, N.; Song, M.; Wohed, P. (2014)
Business Process Management Workshops, Springer International Publishing, Cham, 2014.

Lu, X.; Nagelkerke, M.; van Wiel, D. de; Fahland, D. (2015)
Discovering Interacting Artifacts from ERP Systems. In: IEEE Transactions on Services Computing, Nr. 6, 8. Jg., 2015, S. 861 - 873.

Lucassen, G.; Dalpiaz, F.; van der Werf, J.; Brinkkemper, S. (2016)
Improving agile requirements: the Quality User Story framework and tool. In: Requirements Engineering, Nr. 3, 21. Jg., 2016, S. 383 - 403.

Luczak, H.; Becker, J. (2003)
Workflowmanagement in der Produktionsplanung und -steuerung - Qualität und Effizienz der Auftragsabwicklung steigern, Springer, Berlin, Heidelberg, 2003.

Lugert, A. (2019)
Dynamisches Wertstrommanagement im Kontext von Industrie 4.0, Logos Berlin, Berlin, 2019.

MacCarthy, B.; Brabazon, P.; Bramham, J. (2003)
Fundamental modes of operation for mass customization. In: International Journal of Production Economics, Nr. 3, 85. Jg., 2003, S. 289 - 304.

Maglio, P.; Weske, M.; Yang, J.; Fantinato, M. (2010)
Service-Oriented Computing, Springer Berlin Heidelberg, Berlin, Heidelberg, 2010.

Mahendrawathi, E.; Zayin, S.; Pamungkas, F. (2017)
ERP Post Implementation Review with Process Mining: A Case of Procurement Process. In: Procedia Computer Science, 124. Jg., 2017, S. 216 - 223.

Mangold, R. (2015)
Informationspsychologie - Wahrnehmen und Gestalten in der Medienwelt, 2. Auflage; Springer, Berlin, Heidelberg, 2015.

Mannhardt, F.; Leoni, M.; Reijers, H.; van der Aalst, W. (2016)
Measuring the Precision of Multi-perspective Process Models. In: Reichert, M./Reijers, H. A. (Hrsg.): Business Process Management Workshops, Springer International Publishing, Cham, 2016, S. 113 - 125.

Mariscal, G.; Marbán, Ó.; Fernández, C. (2010)
A survey of data mining and knowledge discovery process models and methodologies. In: The Knowledge Engineering Review, Nr. 2, 25. Jg., 2010, S. 137 - 166.

Marr, B. (2015)
Big data - Using SMART big data, analytics and metrics to make better decisions and improve performance, John Wiley & Sons, Hoboken, 2015.

Măruşter, L.; Weijters, A.; van der Aalst, W.; van den Bosch, A. (2006)
A Rule-Based Approach for Process Discovery: Dealing with Noise and Imbalance in Process Logs. In: Data Mining and Knowledge Discovery, Nr. 1, 13. Jg., 2006, S. 67 - 87.

Medeiros, A. de; Weijters, A.; van der Aalst, W. (2007)
Genetic process mining: an experimental evaluation. In: Data Mining and Knowledge Discovery, Nr. 2, 14. Jg., 2007, S. 245 - 304.

Meersman, R.; Dillon, T.; Herrero, P. (2010)
On the Move to Meaningful Internet Systems: OTM 2010, Springer Berlin Heidelberg, Berlin, Heidelberg, 2010.

Meincheim, A.; Garcia, C.; Nievola, J.; Scalabrin, E. (2017)
Combining Process Mining with Trace Clustering: Manufacturing Shop Floor Process - An Applied Case. In: Brodsky, A. (Hrsg.): 2017 IEEE 29th International Conference on Tools with Artificial Intelligence (ICTAI), IEEE, 2017, S. 498 - 505.

Meinholz, H.; Förtsch, G. (2019)
Führungskraft Ingenieur, Springer Fachmedien Wiesbaden, Wiesbaden, 2019.

Meinholz, H.; Förtsch, G. (2019)
Prozesse im Unternehmen. In: Meinholz, H./Förtsch, G. (Hrsg.): Führungskraft Ingenieur, Springer Fachmedien Wiesbaden, Wiesbaden, 2019, S. 531 - 562.

Meise, V. (2001)
Ordnungsrahmen zur prozessorientierten Organisationsgestaltung. Modelle für das Management komplexer Reorganisationsprojekte, Verlag Dr. Kovac GmbH, Hamburg, 2001.

Mendling, J.; Aalst, W.; Mylopoulos, J.; Sadeh, N. M.; Shaw, M. J.; Szyperski, C. (2009)
Metrics for Process Models - Empirical Foundations of Verification, Error Prediction, and Guidelines for Correctness, Springer Berlin Heidelberg, Berlin, Heidelberg, 2009.

Mendling, J.; Mouratidis, H. (2018)
Information Systems in the Big Data Era, Springer International Publishing, Cham, 2018.

Meyer, J.-A. (1999)
Visualisierung von Informationen, Gabler Verlag, Wiesbaden, 1999.

Milani, F. (2019)
Digital Business Analysis, Springer International Publishing, Cham, 2019.

Minonne, C. (2016)
Business-Analyse - Konzepte, Methoden und Instrumente zur Optimierung der Business-Architektur, 1. Aufl.; Schäffer-Poeschel Verlag, s.l., 2016.

Minonne, C.; Ginsburg, V.; Koch, A. (2015)
Reifegrad des Geschäftsprozessmanagements 2015 - Eine empirische Untersuchung, iProcessPublishing, Luzern, 2015.

Momm, C.; Gebhart, M.; Abeck, S. (2009)
A Model-Driven Approach for Monitoring Business Performance in Web Service Compositions. In: Perry, M./Sasaki, H./et al. (Hrsg.): Fourth International Conference on Internet and Web Applications and Services, IEEE, 2009, S. 343 - 350.

Moos, A. (2004)
Datenbank-Engineering - Analyse, Entwurf und Implementierung objektrelationaler Datenbanken - Mit UML, DB2-SQL und Java, 3., überarbeitete und erweiterte Auflage; Vieweg+Teubner Verlag, Wiesbaden, 2004.

Mourtzis, D.; Fotia, S.; Doukas, M. (2015)
Performance Indicators for the Evaluation of Product-Service Systems Design: A Review. In: Umeda, S./Nakano, M./et al. (Hrsg.): Advances in Production Management Systems: Innovative Production Management Towards Sustainable Growth, Springer International Publishing, Cham, 2015, S. 592 - 601.

Mukhlash, I.; Rumana, W.; Adzkiya, D.; Sarno, R. (2018)
Business Process Improvement of Production Systems Using Coloured Petri Nets. In: Bulletin of Electrical Engineering and Informatics, Nr. 1, 7. Jg., 2018, S. 102 - 112.

Müller, M.; Kühn, M.; Schmidt, T. (2019)
Methodik zur Temporären Analyse Logistischer Systeme auf Basis von Entfernungsdaten und Methoden der Prozessklassifizierung, Wissenschaftliche Gesellschaft für Technische Logistik, 2019.

Nash, M. A. (2008)
Mapping the Total Value Stream - A Comprehensive Guide for Production and Transactional Processes, Taylor & Francis, Hoboken, 2008.

Natschläger, C.; Kossak, F.; Lettner, C.; Geist, V.; Denkmayr, A.; Käferböck, B. (2017)
A Practical Approach for Process Mining in Production Processes. In: Piazolo, F./Geist, V./et al. (Hrsg.): Innovations in Enterprise Information Systems Management and Engineering, Springer International Publishing, Cham, 2017, S. 87 - 95.

Neumann, S. (2003)
Gestaltung Workflow-integrierter Architekturen von PPS-Systemen. In: Luczak, H./Becker, J. (Hrsg.): Workflowmanagement in der Produktionsplanung und -steuerung - Qualität und Effizienz der Auftragsabwicklung steigern, Springer, Berlin, Heidelberg, 2003, S. 162 - 185.

Nguyen, G.-T. (2020)
Siemens: Driving Global Change with the Digital Fit Rate in Order2Cash. In: Reinkemeyer, L. (Hrsg.): Process Mining in Action, Springer International Publishing, Cham, 2020, S. 49 - 58.

Nooijen, E.; van Dongen, B.; Fahland, D. (2013)
Automatic Discovery of Data-Centric and Artifact-Centric Processes. In: van der Aalst, W./Mylopoulos, J./et al. (Hrsg.): Business Process Management Workshops, Springer Berlin Heidelberg, Berlin, Heidelberg, 2013, S. 316 - 327.

North, K. (2016)
Wissensorientierte Unternehmensführung - Wissensmanagement gestalten, 6., aktualisierte und erweiterte Auflage; Springer Gabler, Wiesbaden, 2016.

North, K.; Brandner, A.; Steininger, M. (2016)
Wissensmanagement für Qualitätsmanager, Springer Fachmedien Wiesbaden, Wiesbaden, 2016.

Olhager, J. (2003)
Strategic positioning of the order penetration point. In: International Journal of Production Economics, Nr. 3, 85. Jg., 2003, S. 319 - 329.

Ölveczky, P.; Salaün, G. (2019)
Software Engineering and Formal Methods, Springer International Publishing, Cham, 2019.

Otto, A. (2012)
Auftragsabwicklung. In: Klaus, P./Krieger, W./et al. (Hrsg.): Gabler Lexikon Logistik - Management logistischer Netzwerke und Flüsse, 5. Aufl. 2012; Gabler Verlag, Wiesbaden, 2012, S. 19 - 26.

Pahl, G.; Beitz, W.; Feldhusen, J.; Grote, K.-H. (2007)
Konstruktionslehre - Grundlagen erfolgreicher Produktentwicklung ; Methoden und Anwendung, 7. Aufl.; Springer, Berlin, Heidelberg, 2007.

Panetto, H.; Debruyne, C.; Hepp, M.; Lewis, D.; Ardagna, C.; Meersman, R. (2019)
On the Move to Meaningful Internet Systems: OTM 2019 Conferences, Springer International Publishing, Cham, 2019.

Panetto, H.; Debruyne, C.; Proper, H.; Ardagna, C.; Roman, D.; Meersman, R. (2018)
On the Move to Meaningful Internet Systems. OTM 2018 Conferences, Springer International Publishing, Cham, 2018.

Pappas, L.; Whitman, L. (2011)
Riding the Technology Wave: Effective Dashboard Data Visualization. In: Smith, M. J./Salvendy, G. (Hrsg.): Human Interface and the Management of Information. Interacting with Information, Springer Berlin Heidelberg, Berlin, Heidelberg, 2011, S. 249 - 258.

Park, M.; Song, M.; Baek, T.; Son, S.; Ha, S.; Cho, S. (2015)
Workload and Delay Analysis in Manufacturing Process Using Process Mining. In: Bae, J./Suriadi, S./et al. (Hrsg.): Asia Pacific Business Process Management - Third Asia Pacific Conference, AP-BPM 2015, Busan, South Korea, June 24-26, 2015, Proceedings, Springer International Publishing, Cham, s.l., 2015, S. 138 - 151.

Parmenter, D. (2015)
Key Performance Indicators - Developing, implementing, and using winning KPIs, Third edition; Wiley, Hoboken, New Jersey, 2015.

Perry, M.; Sasaki, H.; Ehmann, M.; Bellot, G.; Dini, O. (2009)
Fourth International Conference on Internet and Web Applications and Services, 2009 Fourth International Conference on Internet and Web Applications and Services, 2009. IEEE (2009)

Peters, R.; Nauroth, M. (2019)
Process-Mining, Springer Fachmedien Wiesbaden, Wiesbaden, 2019.

Pfeffer, J. (2019)
Grundlagen der agilen Produktentwicklung - Basiswissen zu Scrum, Kanban, Lean Development, Erste Auflage; peppair Verlag, Wangen, 2019.

Pfohl, H.-C. (2018)
Logistiksysteme - Betriebswirtschaftliche Grundlagen, 9., neu bearbeitete und aktualisierte Auflage; Springer Vieweg, Berlin, 2018.

Piazolo, F.; Geist, V.; Brehm, L.; Schmidt, R. (2017)
Innovations in Enterprise Information Systems Management and Engineering, Springer International Publishing, Cham, 2017.

Popova, V.; Sharpanskykh, A. (2011)
Formal analysis of executions of organizational scenarios based on process-oriented specifications. In: Applied Intelligence, Nr. 2, 34. Jg., 2011, S. 226 - 244.

Poth, L. (1970)
Praxis der betrieblichen Warenverteilung - Marketing-Logistik, Handelsblatt, Düsseldorf, 1970.

Powell, D.; Strandhagen, J.; Tommelein, I.; Ballard, G.; Rossi, M. (2014)
A New Set of Principles for Pursuing the Lean Ideal in Engineer-to-order Manufacturers. In: Procedia CIRP, 17. Jg., 2014, S. 571 - 576.

Qlik (2018)
Lead with Data - How to Drive Data Literacy in the Enterprise,, 2018.

Raichelson, L.; Soffer, P.; Verbeek, E. (2017)
Merging event logs: Combining granularity levels for process flow analysis. In: Information Systems, 71. Jg., 2017, S. 211 - 227.

R'bigui, H.; Cho, C. (2017)
Customer Oder Fulfillment Process Analysis with Process Mining - An Industrial Application in a Heavy Manufacturing Company. In: Proceedings of the 2017 International Conference on Computer Science and Artificial Intelligence, 2017, S. 247 - 252.

Reder, B.; Freimark, A. J.; Holzwart, G.; Mauerer, J.; Schonschek, O.; Schweizer, M. (2019)
Studie Process Mining & RPA 2019,, 2019.

Reichert, M.; Reijers, H. (2016)
Business Process Management Workshops, Springer International Publishing, Cham, 2016.

Reinkemeyer, L. (2020)
Process Mining in a Nutshell. In: Reinkemeyer, L. (Hrsg.): Process Mining in Action, Springer International Publishing, Cham, 2020, S. 3 - 10.

Reinkemeyer, L. (2020)
Process Mining in Action, Springer International Publishing, Cham, 2020.

Reinkemeyer, L. (2020)
Processtraces: Technology. In: Reinkemeyer, L. (Hrsg.): Process Mining in Action, Springer International Publishing, Cham, 2020, S. 31 - 35.

Reinkemeyer, L. (2020)
Purpose: Identifying the Right Use Cases. In: Reinkemeyer, L. (Hrsg.): Process Mining in Action, Springer International Publishing, Cham, 2020, S. 15 - 26.

Reisert, C.; Zelt, S.; Wacker, J. (2018)
How to Move from Paper to Impact in Business Process Management: The Journey of SAP. In: Vom Brocke, J./Mendling, J. (Hrsg.): Business Process Management Cases, Springer International Publishing, Cham, 2018, S. 21 - 36.

Renz, B. (2018)
Softwaretechnik - Systematisches Entwickeln von Softwaresystemen, Vorlesungsskript, Technische Hochschule Mittelhessen, 2018.

Reussner, R.; Koziolek, A.; Heinrich, R. (2021)
Informatik 2020 - Lecture Notes in Informatics (LNI),, 2021.

Rosemann, M. (2006)
Potential pitfalls of process modeling: part A. In: Business Process Management Journal, Nr. 2, 12. Jg., 2006, S. 249 - 254.

Rosenberg, A. (2011)
Applying real-world BPM in an SAP environment, 1st ed.; Galileo Press, Bonn, 2011.

Rozinat, A.; van der Aalst, W. (2008)
Conformance checking of processes based on monitoring real behavior. In: Information Systems, Nr. 1, 33. Jg., 2008, S. 64 - 95.

Rücker, B.; Freund, J. (2019)
Praxishandbuch BPMN - Mit Einführung in DMN, 6., aktualisierte Auflage; Hanser; Hanser eLibrary, München, 2019.

Sackmann, D.; Deil, T. (2019)
Procurement Analytics – Lieferketten digital betrachtet. In: Wellbrock, W./Ludin, D. (Hrsg.): Nachhaltiges Beschaffungsmanagement, Springer Fachmedien Wiesbaden, Wiesbaden, 2019, S. 407 - 428.

Saito, S. (2019)
Identifying and Understanding Stakeholders using Process Mining: Case Study on Discovering Business Processes that Involve Organizational Entities. In: 2019 IEEE 27th International Requirements Engineering Conference Workshops (REW), 2019, S. 216 - 219.

Salinesi, C.; Norrie, M.; Pastor, O. (2013)
Advanced Information Systems Engineering - 25th International Conference, CAiSE 2013, Valencia, Spain, June 17-21, 2013. Proceedings, Springer Berlin Heidelberg, Berlin/Heidelberg, 2013.

Sani, M. (2020)
Preprocessing Event Data in Process Mining. In: CAiSE 2020, 2020, S. 1 - 10.

Sani, M.; van Zelst, S.; van der Aalst, W. (2018)
Improving Process Discovery Results by Filtering Outliers Using Conditional Behavioural Probabilities. In: Teniente, E./Weidlich, M. (Hrsg.): Business Process Management Workshops, Springer International Publishing, Cham, 2018, S. 216 - 229.

Santos Garcia, C.; Meincheim, A.; Faria Junior, E.; Dallagassa, M.; Vecino Sato, D.; Carvalho, D.; Portela Santos, E.; Scalabrin, E. (2019)
Process Mining Techniques and Applications - A Systematic Mapping Study. In: Expert Systems with Applications, 2019

Sarno, R.; Haryadita, F.; Sunaryono, D.; Munif, A. (2015)
Model discovery of parallel business processes using modified Heuristic Miner. In: 2015 International Conference on Science in Information Technology (ICSITech), 2015, S. 30 - 35.

Scheer, A.-W. (1999)
ARIS - Business Process Frameworks, Third Edition; Springer Berlin Heidelberg, Berlin, Heidelberg, s.l., 1999.

Scheer, A.-W. (2020)
Process Mining. In: Scheer, A.-W. (Hrsg.): Unternehmung 4.0, Springer Fachmedien Wiesbaden, Wiesbaden, 2020, S. 85 - 102.

Scheer, A.-W. (2020)
Unternehmung 4.0, Springer Fachmedien Wiesbaden, Wiesbaden, 2020.

Schmelzer, H. J.; Sesselmann, W. (2013)
Geschäftsprozessmanagement in der Praxis - Kunden zufriedenstellen, Produktivität steigern, Wert erhöhen : [das Standardwerk, 8., überarbeitete und erweiterte Auflage; Hanser, München, 2013.

Schmelzer, H. J.; Sesselmann, W. (2020)
Geschäftsprozessmanagement in der Praxis - Kunden zufriedenstellen, Produktivität steigern, Wert erhöhen, 9., vollständig überarbeitete Auflage, 2020.

Schmidt, C.; Bauhoff, F.; Schoth, A. (2012)
Reorganisation der PPS. In: Schuh, G./Stich, V. (Hrsg.): Produktionsplanung und -steuerung, 4. überarbeitete Auflage; Springer Vieweg, Berlin, Heidelberg, 2012, S. 306 - 331.

Schmied, S.; Großmann, D.; Mathias, S.; Banerjee, S. (2020)
Vertical Integration via Dynamic Aggregation of Information in OPC UA. In: Sitek, P./Pietranik, M./et al. (Hrsg.): Intelligent Information and Database Systems, Springer Singapore, Singapore, 2020, S. 204 - 215.

Schmitz, S.; Renneberg, F.; Cremer, S.; Gützlaff, A.; Schuh, G. (2021)
Definition of Process Performance Indicators for the Application of Process Mining in End-to-End Order Processing Processes. In: Behrens, B.-A./Brosius, A./et al. (Hrsg.): Production at the leading edge of technology, Springer Berlin Heidelberg, Berlin, Heidelberg, 2021, S. 670 - 679.

Schomburg, E. (1980)
Entwicklung eines betriebstypologischen Instrumentariums zur systematischen Ermittlung der Anforderungen an EDV-gestützte Produktionsplanungs- und -steuerungssysteme im Maschinenbau, Dissertation, Rheinisch-Westfälischen Technischen Hochschule Aachen, 1980.

Schönsleben, P. (2007)
Integrales Logistikmanagement - Operations und Supply Chain Management in umfassenden Wertschöpfungsnetzwerken, 5., bearb. und erw. Aufl.; Springer, Berlin, 2007.

Schuh, G. (2013)
Lean Innovation, Springer Berlin Heidelberg, Berlin, Heidelberg, 2013.

Schuh, G.; Boos, W.; Kuhlmann, K. (2010)
Modelling Business Processes for Limited-Lot Producers with Aixperanto. In: 2010 international conference on management and service science (mass 2010), 2010, S. 1 - 4.

Schuh, G.; Gützlaff, A.; Cremer, S.; Schmitz, S.; Ayati, A. (2020)
A Data Model to Apply Process Mining in End-to-End Order Processing Processes of Manufacturing Companies. In: 2020 IEEE International Conference on Industrial Engineering and Engineering Management (IEEM), 2020, S. 151 - 155.

Schuh, G.; Gützlaff, A.; Schmitz, S.; Kuhn, C.; Klapper, N. (2022)
A Methodology to Apply Process Mining in End-To-End Order Processing of Manufacturing Companies. In: Agarwal, R. K. (Hrsg.): Recent Advances in Manufacturing Engineering and Processes - Proceedings of ICMEP 2021, Springer Singapore, 2022

Schuh, G.; Gützlaff, A.; Schmitz, S.; van der Aalst, W. (2020)
Data-based description of process performance in end-to-end order processing. In: CIRP Annals, Nr. 1, 69. Jg., 2020, S. 381 - 384.

Schuh, G.; Kampker, A. (2011)
Strategie und Management produzierender Unternehmen - Handbuch Produktion und Management 1, 2., vollst. neu bearb. und erw. Aufl.; Springer-Verlag Berlin Heidelberg, Berlin, Heidelberg, 2011.

Schuh, G.; Kampker, A.; Stich, V.; Kuhlmann, K. (2011)
Prozessmanagement. In: Schuh, G./Kampker, A. (Hrsg.): Strategie und Management produzierender Unternehmen - Handbuch Produktion und Management 1, 2., vollst. neu bearb. und erw. Aufl.; Springer-Verlag Berlin Heidelberg, Berlin, Heidelberg, 2011, S. 327 - 382.

Schuh, G.; Potente, T.; Bachmann, F.; Froitzheim, T. (2013)
An Integrated Approach: Combining Process Management, Organizational Structure and Company Layout. In: Windt, K. (Hrsg.): Robust Manufacturing Control, Springer Berlin Heidelberg, Berlin, Heidelberg, 2013, S. 481 - 494.

Schuh, G.; Reinhart, G.; Prote, J.-P.; Sauermann, F.; Horsthofer, J.; Oppolzer, F.; Knoll, D. (2019)
Data Mining Definitions and Applications for the Management of Production Complexity. In: Procedia CIRP, 81. Jg., 2019, S. 874 - 879.

Schuh, G.; Schmidt, C. (2014)
Grundlagen des Produktionsmanagements. In: Schuh, G./Schmidt, C. (Hrsg.): Produktionsmanagement, Springer Berlin Heidelberg, Berlin, Heidelberg, 2014, S. 1 - 62.

Schuh, G.; Schmidt, C. (2014)
Produktionsmanagement, Springer Berlin Heidelberg, Berlin, Heidelberg, 2014.

Schuh, G.; Schmidt, C.; Helmig, J. (2012)
Prozesse. In: Schuh, G./Stich, V. (Hrsg.): Produktionsplanung und -steuerung, 4. überarbeitete Auflage; Springer Vieweg, Berlin, Heidelberg, 2012, S. 109 - 194.

Schuh, G.; Stich, V. (2012)
Produktionsplanung und -steuerung, 4. überarbeitete Auflage; Springer Vieweg, Berlin, Heidelberg, 2012.

Seidlmeier, H. (2019)
Prozessmodellierung mit ARIS®, Springer Fachmedien Wiesbaden, Wiesbaden, 2019.

Serrano Lasa, I.; Ochoa Laburu, C.; Castro Vila, R. de (2008)
An evaluation of the value stream mapping tool. In: Business Process Management Journal, Nr. 1, 14. Jg., 2008, S. 39 - 52.

Siedenbiedel, G. (2020)
Organisationale Gestaltung, Springer Fachmedien Wiesbaden, Wiesbaden, 2020.

Siedenbiedel, G. (2020)
Prozessorientierte Organisation. In: Siedenbiedel, G. (Hrsg.): Organisationale Gestaltung, Springer Fachmedien Wiesbaden, Wiesbaden, 2020, S. 179 - 216.

Silver, B. (2011)
BPMN method and style - With BPMN implementer's guide, 2. ed.; Cody-Cassidy Press, Aptos, Calif., 2011.

Simon, C.; Hientzsch, B. (2014)
Prozesseigner, Springer Fachmedien Wiesbaden, Wiesbaden, 2014.

Sitek, P.; Pietranik, M.; Krótkiewicz, M.; Srinilta, C. (2020)
Intelligent Information and Database Systems, Springer Singapore, Singapore, 2020.

Smith, M.; Salvendy, G. (2011)
Human Interface and the Management of Information. Interacting with Information, Springer Berlin Heidelberg, Berlin, Heidelberg, 2011.

Sokal, R.; Rohlf, F. (1962)
The Comparison of Dendograms by objective Methods. In: TAXON, Nr. 2, 11. Jg., 1962, S. 33 - 40.

Steinhauer, A. (2016)
Duden - Das Wörterbuch der Synonyme, 3., vollständig überarbeitete und erweiterte Auflage; Dudenverlag, Berlin, 2016.

Stiehl, V. (2014)
Process-Driven Applications with BPMN, Springer International Publishing, Cham, 2014.

Stierle, M.; Zilker, S.; Dunzer, S.; Tenscher, J.; Karagegova, G. (2020)
Design Principles for Comprehensible Process Discovery in Process Mining. In: Proceedings of the 28th European Conference on Information Systems (ECIS), 2020, S. 1 - 16.

Stoltenberg, G. (1969)
Bundesbericht Forschung III - Bericht der Bundesregierung über Stand und Zusammenhang aller Maßnahmen zur Förderung der wissenschaftlichen Forschung und Entwicklung in der Bundesrepublik Deutschland,, 1969.

Suriadi, S.; Andrews, R.; ter Hofstede, A.H.M.; Wynn, M. (2017)
Event log imperfection patterns for process mining: Towards a systematic approach to cleaning event logs. In: Information Systems, 64. Jg., 2017, S. 132 - 150.

Suriadi, S.; Wynn, M.; Ouyang, C.; ter Hofstede, A.; van Dijk, N. (2013)
Understanding Process Behaviours in a Large Insurance Company in Australia: A Case Study. In: Salinesi, C./Norrie, M. C./et al. (Hrsg.): Advanced Information Systems Engineering - 25th International Conference, CAiSE 2013, Valencia, Spain, June 17-21, 2013. Proceedings, Springer Berlin Heidelberg, Berlin/Heidelberg, 2013, S. 449 - 464.

Teniente, E.; Weidlich, M. (2018)
Business Process Management Workshops, Springer International Publishing, Cham, 2018.

Tjaden, G. (1999)
Business Process Structural Analysis,, 1999.

Tomczak, T. (1992)
Forschungsmethoden in der Marketingwissenschaft - Ein Plädoyer für den qualitativen Forschungsansatz. In: Marketing Zeitschrift für Forschung und Praxis, Jg. Heft 2, 1992, S. 77 - 87.

Töpfer, A. (2007)
Six Sigma - Konzeption Und Erfolgsbeispiele Für Praktizierte Null-Fehler-Qualität, Springer, Dordrecht, 2007.

Töpfer, A. (2009)
Lean Six Sigma, Springer Berlin Heidelberg, Berlin, Heidelberg, 2009.

Ulrich, H.; Dyllick, T.; Probst, G. J. B. (1984)
Management - Hrsg. von Thomas Dyllick u. Gilbert J. B. Probst, Haupt, Bern & Stuttgart, 1984.

Ulrich, P.; Hill, W. (1976)
Wissenschaftstheoretische Grundlagen der Betriebswirtschaftslehre (Teil 1). In: Wirtschaftswissenschaftliches Studium : Zeitschrift für Ausbildung und Hochschulkontakt, 1976, S. 304 - 309.

Umeda, S.; Nakano, M.; Mizuyama, H.; Hibino, H.; Kiritsis, D.; Cieminski, G. von (2015)
Advances in Production Management Systems: Innovative Production Management Towards Sustainable Growth, Springer International Publishing, Cham, 2015.

Unbehauen, H. (2008)
Regelungstechnik I - Klassische Verfahren zur Analyse und Synthese linearer kontinuierlicher Regelsysteme, Fuzzy-Regelsysteme, 15., überarbeitete und erweiterte Auflage; Vieweg+Teubner Verlag /GWV Fachverlage GmbH Wiesbaden, Wiesbaden, 2008.

Utescher-Dabitz, T.; Mix, L.; Brückner Iris; Wörz, M.; Reith, J.; Mönch, T. (2021)
Arbeitswelt der Zukunft im Energiesektor - Was zu tun ist, um den digitalen Wandel erfolgreich zu gestalten,, 2021.

Valencia-Parra, Á.; Ramos-Gutiérrez, B.; Varela-Vaca, Á.; Gómez-López, M.; Bernal, A. (2019)
Enabling Process Mining in Aircraft Manufactures: Extracting Event Logs and Discovering Processes from Complex Data. In: Proceedings of the Industry Forum at BPM 2019, 2019, S. 166 - 177.

van der Aalst, W. (2016)
Process mining - Data science in action, Second edition; Springer, Heidelberg, 2016.

van der Aalst, W. (2016)
Process Mining - Data Science in Action, Springer Berlin Heidelberg, Berlin, Heidelberg, 2016.

van der Aalst, W. (2018)
Spreadsheets for business process management. In: Business Process Management Journal, Nr. 1, 24. Jg., 2018, S. 105 - 127.

van der Aalst, W. (2019)
Object-Centric Process Mining: Dealing with Divergence and Convergence in Event Data. In: Ölveczky, P. C./Salaün, G. (Hrsg.): Software Engineering and Formal Methods, Springer International Publishing, Cham, 2019, S. 3 - 25.

van der Aalst, W. (2020)
Academic View: Development of the Process Mining Discipline. In: Reinkemeyer, L. (Hrsg.): Process Mining in Action, Springer International Publishing, Cham, 2020, S. 181 - 196.

van der Aalst, W.; Adriansyah, A.; Medeiros, A. de; **Arcieri, F.; Baier, T.; Blickle, T.; Bose, J.; van den Brand, P.; Brandtjen, R.; Buijs, J.; Burattin, A.; Carmona, J.; Castellanos, M.; Claes, J.; Cook, J.; Costantini, N.; Curbera, F.; Damiani, E.; Leoni, M.; Delias, P.; van Dongen, B.; Dumas, M.; Dustdar, S.; Fahland, D.; Ferreira, D.; Gaaloul, W.; van Geffen, F.; Goel, S.; Günther, C.; Guzzo, A.; Harmon, P.; ter Hofstede, A.; Hoogland, J.; Ingvaldsen, J.; Kato, K.; Kuhn, R.; Kumar, A.; La Rosa, M.; Maggi, F.; Malerba, D.; Mans, R.; Manuel, A.; McCreesh, M.; Mello, P.; Mendling, J.; Montali, M.; Motahari-Nezhad, H.; Zur Muehlen, M.; Munoz-Gama, J.; Pontieri, L.; Ribeiro, J.; Rozinat, A.; Seguel Pérez, H.; Seguel Pérez, R.; Sepúlveda, M.; Sinur, J.; Soffer, P.; Song, M.; Sperduti, A.; Stilo, G.; Stoel, C.; Swenson, K.; Talamo, M.; Tan, W.; Turner, C.; Vanthienen, J.; Varvaressos, G.; Verbeek, E.; Verdonk, M.; Vigo, R.; Wang, J.; Weber, B.; Weidlich, M.; Weijters, T.; Wen, L.; Westergaard, M.; Wynn, M. (2012)**
Process Mining Manifesto. In: Daniel, F./Barkaoui, K./et al. (Hrsg.): Business Process Management Workshops, Springer Berlin Heidelberg, Berlin, Heidelberg, 2012, S. 169 - 194.

van der Aalst, W.; Berti, A. (2020)
Discovering Object-centric Petri Nets. In: Fundamenta Informaticae, Nr. 1-4, 175. Jg., 2020, S. 1001 - 1040.

van der Aalst, W.; Carmona, J.; Chatain, T.; van Dongen, B. (2019)
A Tour in Process Mining: From Practice to Algorithmic Challenges. In: Koutny, M./Pomello, L./et al. (Hrsg.): Transactions on Petri Nets and Other Models of Concurrency XIV, Springer Berlin Heidelberg, Berlin, Heidelberg, 2019, S. 1 - 35.

van der Aalst, W.; Mylopoulos, J.; Rosemann, M.; Shaw, M.; Szyperski, C.; La Rosa, M.; Soffer, P. (2013)
Business Process Management Workshops, Springer Berlin Heidelberg, Berlin, Heidelberg, 2013.

van der Aalst, W.; Mylopoulos, J.; Sadeh, N.; Shaw, M.; Szyperski, C.; Abramowicz, W.; Fensel, D. (2008)
Business Information Systems, Springer Berlin Heidelberg, Berlin, Heidelberg, 2008.

van der Aalst, W.M.P. (2015)
Viewing the internet of events through a process lens. In: Fischer, L. (Hrsg.): BPM everywhere, Future Strategies, Lighthouse Point, 2015, S. 213 - 221.

van der Aalst, W.M.P.; Gunther, C. (2007)
Finding Structure in Unstructured Processes: The Case for Process Mining. In: Seventh International Conference on Application of Concurrency to System Design (ACSD 2007), 2007, S. 3 - 12.

van der Aalst, W.M.P.; van Dongen, B.; Herbst, J.; Maruster, L.; Schimm, G.; Weijters, A.J.M.M. (2003)
Workflow mining: A survey of issues and approaches. In: Data & Knowledge Engineering, Nr. 2, 47. Jg., 2003, S. 237 - 267.

van der Aalst, W.M.P.; Weijters, A.J.M.M. (2004)
Process mining - A research agenda. In: Computers in Industry, Nr. 3, 53. Jg., 2004, S. 231 - 244.

van Eck, M.; Lu, X.; Leemans, S.; van der Aalst, W. (2015)
PM^2: A Process Mining Project Methodology. In: Zdravkovic, J./Kirikova, M./et al. (Hrsg.): Advanced Information Systems Engineering, Springer International Publishing, Cham, 2015, S. 297 - 313.

van Looy, A.; Shafagatova, A. (2016)
Business process performance measurement: a structured literature review of indicators, measures and metrics. In: SpringerPlus, Nr. 1, 5. Jg., 2016, S. 1797.

van Randen, H.; Bercker, C.; Fieml, J. (2016)
Daten in einem Klassendiagramm abbilden. In: van Randen, H. J./Bercker, C./et al. (Hrsg.): Einführung in UML, Springer Fachmedien Wiesbaden, Wiesbaden, 2016, S. 5 - 24.

van Randen, H.; Bercker, C.; Fieml, J. (2016)
Einführung in UML, Springer Fachmedien Wiesbaden, Wiesbaden, 2016.

vanden Broucke, S.; Delvaux, C.; Freitas, J.; Rogova, T.; Vanthienen, J.; Baesens, B. (2014)
Uncovering the Relationship Between Event Log Characteristics and Process Discovery Techniques. In: Lohmann, N./Song, M./et al. (Hrsg.): Business Process Management Workshops, Springer International Publishing, Cham, 2014, S. 41 - 53.

vanden Broucke, S.; Weerdt, J. de; **Vanthienen, J.; Baesens, B. (2013)**
A comprehensive benchmarking framework (CoBeFra) for conformance analysis between procedural process models and event logs in ProM. In: Hammer, B./Zhou, Z.-H./et al. (Hrsg.): 2013 IEEE Symposium on Computational Intelligence and Data Mining (CIDM), IEEE, 2013, S. 254 - 261.

Völker, R.; Sauer, S.; Simon, M. (2007)
Wissensmanagement im Innovationsprozess, Physica-Verlag Heidelberg, Heidelberg, 2007.

Volling, T. (2009)
Auftragsbezogene Planung bei variantenreicher Serienproduktion - Eine Untersuchung mit Fallstudien aus der Automobilindustrie, 1. Aufl.; Gabler Verlag /GWV Fachverlage GmbH Wiesbaden, Wiesbaden, 2009.

Vom Brocke, J.; Mendling, J. (2018)
Business Process Management Cases, Springer International Publishing, Cham, 2018.

Waller, M.; Woolsey, D.; Seaker, R. (1995)
Reengineering Order Fulfillment. In: The International Journal of Logistics Management, Nr. 2, 6. Jg., 1995, S. 1 - 10.

Wang, J.; Wong, R.; Ding, J.; Guo, Q.; Wen, L. (2013)
Efficient Selection of Process Mining Algorithms. In: IEEE Transactions on Services Computing, Nr. 4, 6. Jg., 2013, S. 484 - 496.

Warnecke, H.-J. (1993)
Der Produktionsbetrieb 2 - Produktion, Produktionssicherung, Zweite, völlig neubearbeitete Auflage; Springer Berlin Heidelberg, Berlin, Heidelberg, 1993.

Weber, W. (2008)
Kompendium Informationsdesign, Springer Berlin Heidelberg, Berlin, Heidelberg, 2008.

Weerdt, J. de; Backer, M. de; Vanthienen, J.; Baesens, B. (2012)
A multi-dimensional quality assessment of state-of-the-art process discovery algorithms using real-life event logs. In: Information Systems, Nr. 7, 37. Jg., 2012, S. 654 - 676.

Weijters, A.J.M.M.; van der Aalst, W.M.P. (2003)
Rediscovering workflow models from event-based data using little thumb. In: Integrated Computer-Aided Engineering, Nr. 2, 10. Jg., 2003, S. 151 - 162.

Welker, G. A. (2004)
Patterns of order processing - A study of the formalization of the ordering process in order-driven manufacturing companies, Labyrint Publ, Ridderkerk, 2004.

Wellbrock, W.; Ludin, D. (2019)
Nachhaltiges Beschaffungsmanagement, Springer Fachmedien Wiesbaden, Wiesbaden, 2019.

Wetzstein, B.; Ma, Z.; Leymann, F. (2008)
Towards Measuring Key Performance Indicators of Semantic Business Processes. In: van der Aalst, W./Mylopoulos, J./et al. (Hrsg.): Business Information Systems, Springer Berlin Heidelberg, Berlin, Heidelberg, 2008, S. 227 - 238.

White, S. A.; Miers, D. (2008)
BPMN modeling and reference guide - Understanding and using BPMN ; develop rigorous yet understandable graphical representations of business processes, Future Strategies Inc, Lighthouse Point, Fla., 2008.

Wiendahl, H.-H. (2012)
Auftragsmanagement der industriellen Produktion - Grundlagen, Konfiguration, Einführung, 2011. Aufl.; Springer Berlin Heidelberg, Berlin, Heidelberg, 2012.

Wiendahl, H.-P.; Reichardt, J.; Nyhuis, P. (2010)
Handbuch Fabrikplanung - Konzept, Gestaltung und Umsetzung wandlungsfähiger Produktionsstätten, 1. Aufl.; Carl Hanser Fachbuchverlag, s.l., 2010.

Wikner, J.; Noroozi, S. (2016)
A modularised typology for flow design based on decoupling points – a holistic view on process industries and discrete manufacturing industries. In: Production Planning & Control, Nr. 16, 27. Jg., 2016, S. 1344 - 1355.

Windt, K. (2013)
Robust Manufacturing Control, Springer Berlin Heidelberg, Berlin, Heidelberg, 2013.

Zdravkovic, J.; Kirikova, M.; Johannesson, P. (2015)
Advanced Information Systems Engineering, Springer International Publishing, Cham, 2015.

Zerbino, P.; Stefanini, A.; Aloini, D. (2021)
Process Science in Action: A Literature Review on Process Mining in Business Management. In: Technological Forecasting and Social Change, 172. Jg., 2021, S. 121021.

Zhang, M.; Hadjieleftheriou, M.; Ooi, B.; Procopiuc, C.; Srivastava, D. (2010)
On multi-column foreign key discovery. In: Proceedings of the VLDB Endowment, Nr. 1-2, 3. Jg., 2010, S. 805 - 814.

Zhu, L.; Johnsson, C.; Varisco, M.; Schiraldi, M. (2018)
Key performance indicators for manufacturing operations management – gap analysis between process industrial needs and ISO 22400 standard. In: Procedia Manufacturing, 25. Jg., 2018, S. 82 - 88.

Zrzavý, J.; Burda, H.; Storch, D.; Begall, S.; Mihulka, S. (2013)
Evolution - Ein Lese-Lehrbuch, 2., vollständig überarbeitete Aufl. 2013; Springer Berlin Heidelberg, Berlin, Heidelberg, s.l., 2013.

Betreute studentische Arbeiten

Während der Erstellung der Dissertation hat der Autor unter wissenschaftlicher und inhaltlicher Leitung verschiedene studentische Arbeiten betreut, die eine datenbasierte Beschreibung der Prozessperformance in der Auftragsabwicklung untersucht haben. Die Erkenntnisse wurden im Rahmen der vorliegenden Dissertation an unterschiedlichen Stellen aufgegriffen:

Fischer, Vincent
End-to-end Anwendung von Process Mining in der Auftragsabwicklung produzierender Unternehmen, Masterarbeit, 2020. Erkenntnisse sind in Kapitel 5.1.1 und 5.2.1 eingeflossen

Lücke, Daniel
Entwicklung eines Visualisierungskonzeptes zur wertungsneutralen Beschreibung der Prozessperformance in der Auftragsabwicklung mittels Process Mining, Bachelorarbeit, 2020. Erkenntnisse sind in Kapitel 5.3 eingeflossen

Müller-Roden, Moritz
Entwicklung eines Ansatzes zur Datenvorverarbeitung im Kontext einer Anwendung von Process Mining auf den Auftragsabwicklungsprozess, Masterarbeit, 2020. Erkenntnisse sind in Kapitel 5.2.1 eingeflossen

Richter, Andra
Anwendung von Process Mining in der Auftragsabwicklung produzierender Unternehmen, Masterarbeit, 2021. Erkenntnisse sind in Kapitel 5.2 und 6.1 eingeflossen

9 Anhang

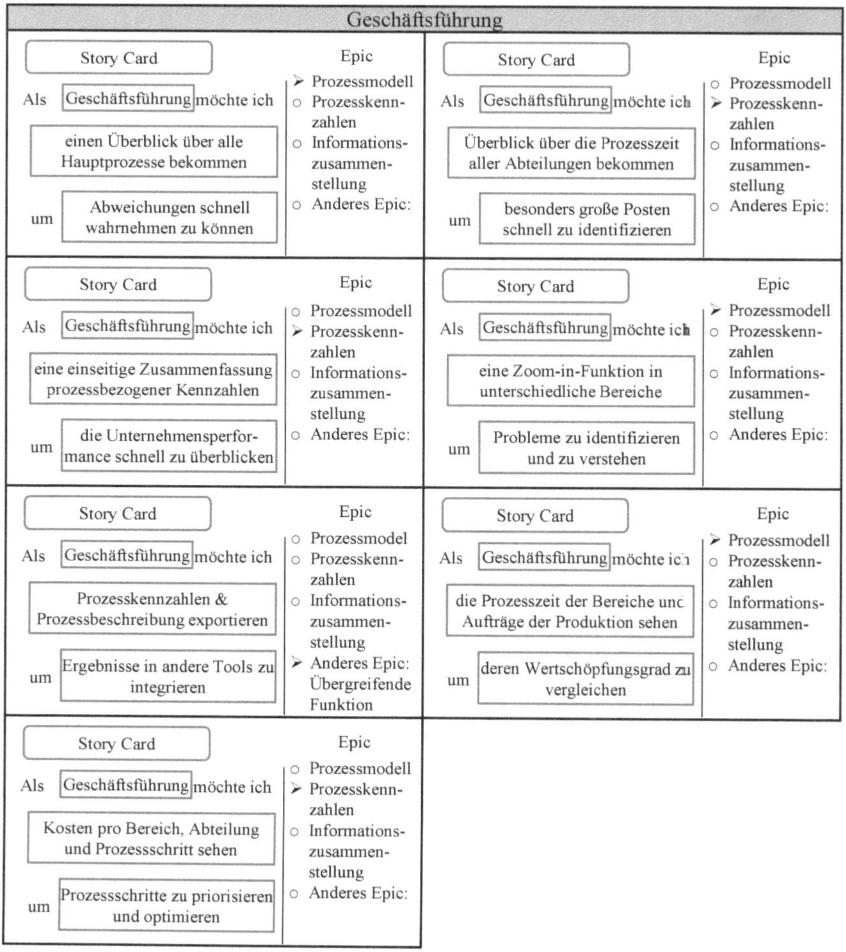

Abbildung 9-1: User-Stories aus Perspektive der Geschäftsführung

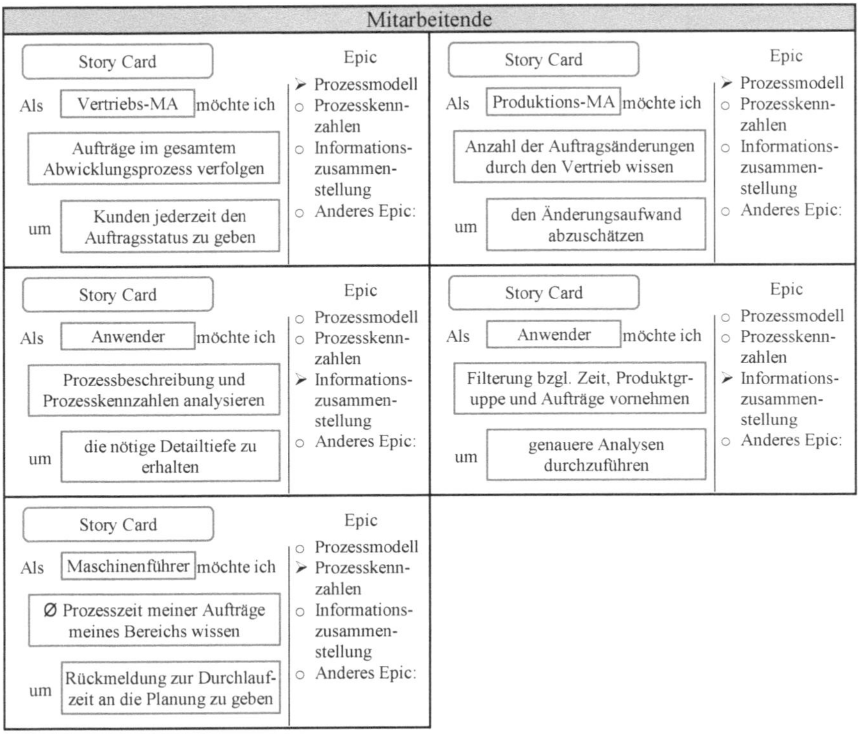

Abbildung 9-2: User-Stories aus Perspektive der Mitarbeitenden

Teilprozess der Fahrzeug GmbH im Prozessabbild (1/3):

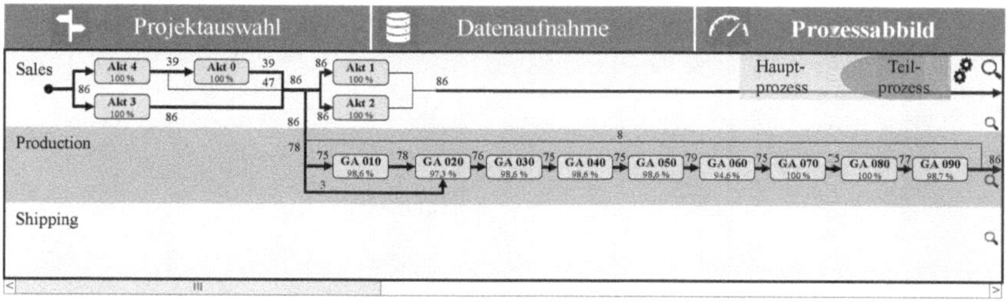

Teilprozess der Fahrzeug GmbH im Prozessabbild (2/3):

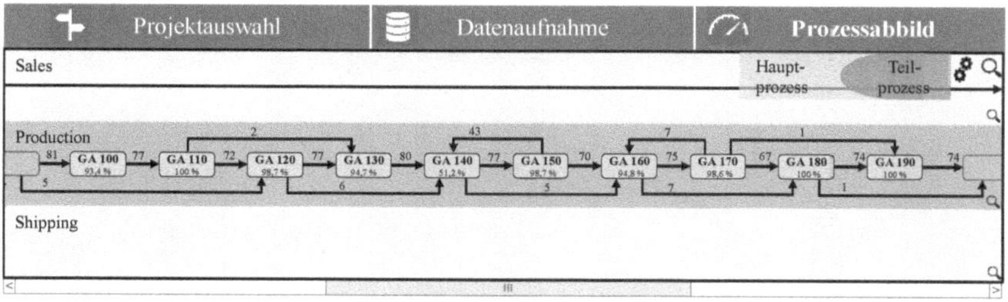

Teilprozess der Fahrzeug GmbH im Prozessabbild (3/3):

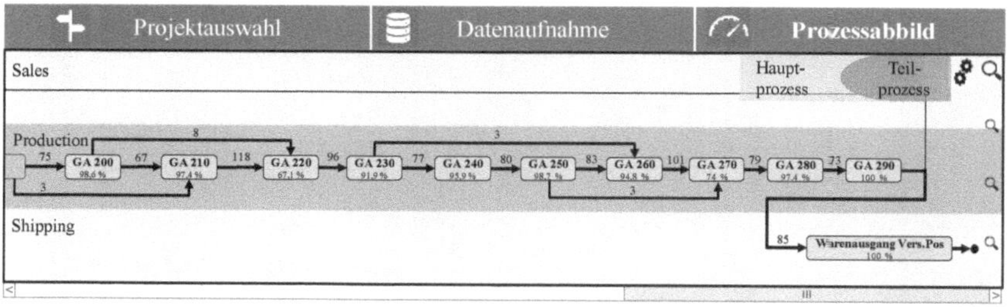

Abbildung 9-3: Teilprozesse der Fahrzeug GmbH

In der Reihe **Ergebnisse aus der Produktionstechnik** zuletzt erschienen:

Busch, Max:
Intelligente Produktionsplanungsprozesse im Werkzeugbau
ISBN: 978-3-98555-095-1
Erscheinungsdatum: 14.07.2022

Eßer, Bastian:
Analyse des Betriebsverhaltens von Kugelgewindetrieben unter statischen axialen Betriebslasten
ISBN: 978-3-98555-065-4
Erscheinungsdatum: 11.07.2022

Fölling, Carsten:
Komplexitätsbeherrschung durch hybride Montageplanung
ISBN: 978-3-98555-090-6
Erscheinungsdatum: 30.06.2022

Schulz, Martin:
Optimierung des Temperaturfeldes beim Laserstrahlhärten
ISBN: 978-3-98555-078-4
Erscheinungsdatum: 23.06.2022

Ays, Johanna:
Kontextbasierte Integration agiler und plangetriebener Entwicklungsprozesse
ISBN: 978-3-98555-087-6
Erscheinungsdatum: 23.06.2022

Ebade Esfahani, Matthias:
Ontologie der Fabrikplanung mit Hilfe von Building Information Modeling (BIM)
ISBN: 978-3-98555-084-5
Erscheinungsdatum: 07.06.2022

Maslo, Semir:
Simulation of the Dynamic Vibration Behaviour and Spindle Speed Optimization During the Milling Process of Turbomachinery Components
ISBN: 978-3-98555-082-1
Erscheinungsdatum: 25.05.2022

Schmitz, Seth:
Datenbasierte Beschreibung der Prozessperformance in der Auftragsabwicklung
ISBN: 978-3-98555-079-1
Erscheinungsdatum: 19.05.2022

Goertz, David:
Gestaltungsmodell für eine vernetzte adaptive Montage im Werkzeugbau
ISBN 978-3-98555-072-2
Erscheinungsdatum: 05.05.2022

Scholz, Paul:
Applikation maschinell lernender Systeme in der vernetzten adaptiven Produktion
ISBN 978-3-98555-069-2
Erscheinungsdatum: 28.04.2022

Edition Wissenschaft
Apprimus

Wollbrink, Moritz:
Methodik zur Integration pulverbettbasierter additiver Fertigungstechnologien in Fertigungsprozessketten
ISBN 978-3-98555-070-8
Erscheinungsdatum: 22.04.2022

Menges, Alexander:
Bewertung von Produktvarianten mittels Process Data Mining
ISBN 978-3-98555-066-1
Erscheinungsdatum: 13.04.2022

Krauß, Jonathan:
Optimizing Hyperparameters for Machine Learning Algorithms in Production
ISBN 978-3-98555-020-3
Erscheinungsdatum: 13.04.2022

Schwenzer, Max:
Closing the Loop of Model Predictive Force Control in Milling with Ensemble Kalman Filtering
ISBN 978-3-98555-057-9
Erscheinungsdatum: 11.04.2022

Gützlaff, Andreas:
Entscheidungsprozess zur kontinuierlichen Gestaltung von Produktionsnetzwerken
ISBN 978-3-98555-058-6
Erscheinungsdatum: 22.03.2022

Patzwald, Marc:
Entwicklung von Technologiestrategien in einem volatilen Unternehmensumfeld
ISBN 978-3-98555-044-9
Erscheinungsdatum: 16.03.2022

Ochs, Jelena Katherina:
Model-Based Process Prediction for Predictive-Reactive Scheduling in Automated Stem Cell Production
ISBN 978-3-98555-059-3
Erscheinungsdatum: 22.04.2022

Fränken, Bastian:
Standortrollen in Produktionsnetzwerken
ISBN 978-3-98555-052-4
Erscheinungsdatum: 13.04.2022

Schäfer, Alexander:
Werkzeugseitiger Einsatz von NiTi-FGL zur Verbesserung der dynamischen Prozessstabilität bei der Fräsbearbeitung
ISBN 978-3-98555-060-9
Erscheinungsdatum: 11.04.2022

Grünebaum, Timm:
Methodik zur Gestaltung von Technologieketten und Prozessfolgen nach lebensphasenübergreifend ökologisch-ökonomischen Kriterien
ISBN 978-3-98555-043-2
Erscheinungsdatum: 24.03.2022

Hardt, Marvin:
Modeling the Material Behavior under Metal Cutting Conditions
ISBN 978-3-98555-045-6
Erscheinungsdatum: 16.03.2022

Buschhoff, Clemens:
Beitrag zur Qualitätssicherung beim in-situ Tape-Legen komplexer Laminate
ISBN 978-3-98555-047-0
Erscheinungsdatum: 14.03.2022

Edition Wissenschaft
Apprimus

FSC
www.fsc.org
MIX
Papier | Fördert
gute Waldnutzung
FSC® C083411

Zeitfracht Medien GmbH
Ferdinand-Jühlke-Straße 7
99095 Erfurt, Deutschland
produktsicherheit@kolibri360.de